# 产品创新设计与开发——实战项目教程

禹诚 曹佳燕 田蔓 编著

華中科技大学出版社
http://press.hust.edu.cn
中国·武汉

## 内容简介

本书以徽章产品创新设计与开发工作过程为主线，以“有意义”的产品为载体，通过设计准备、设计组队、调研分析、创意构思、设计建模、虚拟仿真、实操加工、质量检测、评价总结、拓展延伸等任务，实施产品的创新设计和制作，驱动学习者有序掌握产品创新设计的共性知识和素养、产品开发的一般技术和技能。

本书可作为职业院校装备制造类专业学生产品创新设计、产品创新制作、产品创新设计与开发等课程教学用书，也可作为企业产品设计人员参考用书。

**图书在版编目(CIP)数据**

产品创新设计与开发：实战项目教程/禹诚，曹佳燕，田蔓编著. —武汉：华中科技大学出版社，2023.12
ISBN 978-7-5680-9980-6

Ⅰ.①产… Ⅱ.①禹… ②曹… ③田… Ⅲ.①产品设计-教材 ②产品开发-教材 Ⅳ.①TB472 ②F273.2

中国国家版本馆 CIP 数据核字(2023)第 236092 号

**产品创新设计与开发——实战项目教程** 禹 诚 曹佳燕 田 蔓 编著
Chanpin Chuangxin Sheji yu Kaifa——Shizhan Xiangmu Jiaocheng

策划编辑：王红梅
责任编辑：王红梅
封面设计：原色设计
责任校对：陈元玉
责任监印：周治超
出版发行：华中科技大学出版社(中国·武汉) 电话：(027)81321913
武汉市东湖新技术开发区华工科技园 邮编：430223
录 排：武汉市洪山区佳年华文印部
印 刷：湖北新华印务有限公司
开 本：787mm×1092mm 1/16
印 张：19.5
字 数：448 千字
版 次：2023 年 12 月第 1 版第 1 次印刷
定 价：78.00 元

# 前　言

党的二十大报告强调"必须坚持科技是第一生产力、人才是第一资源、创新是第一动力，深入实施科教兴国战略、人才强国战略、创新驱动发展战略，开辟发展新领域新赛道，不断塑造发展新动能新优势。"在以中国式现代化推进中华民族伟大复兴的新征程上，具有创新思维和创新能力的职业教育人才将对"教育强国"和"制造强国"战略发挥不可估量的作用。为培育装备制造类专业学生的创新精神和创新能力，助力"中国制造向中国创造转变"，职业院校为学生开设产品创新设计与开发课程显得尤为重要。

长期以来职业院校开设创新设计类课程均采用本科院校用书，缺少符合职业院校教学规律的教材。本编写团队坚持课程思政，发挥课程育人作用，拓展课程思政方式方法，创新教材编写思路，将价值塑造、知识传授和能力培养三者融入教材内容，有效落实立德树人根本任务，编写了适合中高职院校装备制造类专业学生用的《产品创新设计与开发》教材。本教材是"创、做、学、教、评"一体化活页式教材，有效破解专业教育和思政教育"两张皮"、技术技能培养与创新创业难融合等问题。本教材特点如下。

**1. 思政教育与专业教育有机融合**

本教材以"徽章我设计◎产品我代言"为主题，通过"有意义"的徽章创新设计与制作过程，将"知识传授、能力培养、价值塑造"有机融合。其中"有意义"是指创新设计的徽章产品加载了一定主题，学习者通过加入"致敬祖国、致敬家乡、致敬母校、致敬父母"等设计团队，进行"有意义"的徽章产品创新设计与制作，从而沉浸在"爱国、爱家乡、爱学校、爱父母"的情感共鸣中，有效达成沉浸式课程思政效果。此外，本教材充分挖掘各项目、子任务及技术要点中蕴含的思政教育元素，根植敬业、精益、专注、创新的工匠精神培育，通过案例分析、言传身教、小组角色扮演等形式，增强了课程思政的亲和力和感染力。

**2. 专业教学与创新创业无缝对接**

传统的装备制造类专业教学偏向知识传授和技能实践，学生往往按照老师一步步要求操作即可完成学习，但整个过程中缺乏创新思维的教育，学生创新创业的能力无法得到有效的提升。本教材各个工作任务遵循创新设计的共性方法和流程，以创新设计与开发的工作过程为导向，引导学习者完成产品创新设计与原型制作，各任务结果均是发散性的，学习者从开始创意到最终产品实现及创业理想各环节，主创能动性得到有效激发和培育。通过最终产品知识产权的申请任务学习，为学习者创业奠定基础，有效实现专业教学和创新创业的无缝对接。

**3. "创、做、学、教、评"一体实施**

学习者通过"有意义"产品的创新设计与制作打样，获得自己的创新产品实物，有效提高学习获得感。本教材强调以学习者为中心，以创新设计与制作工作过程为导向，采用任务驱动式项目教学。坚持“以创定做、以做定学，以学定教，以评促学”，需要创新设计什么就做什么、需要做什么就学什么，需要学什么就教什么、需要教什么就评什么，同步一体实施“创”“做”“学”“教”“评”任务，有效推进教学过程，确保项目教学效果。

**4. “三维一体”教程分册印刷活页装订**

本教材从“创新设计工作手册”“创新设计链接知识”“建模与加工实作”三个维度，采用“三维一体”同步编写，分册分色印刷，活页式装订，方便学习者快速查找和阅读，其项目任务明细如附表所示。其中A教程为产品创新设计工作手册、B教程为产品创新设计链接知识、C教程为产品建模与加工实作（其中A、C教程为原创著作，B教程为编写），A、B、C三分册教程需同步对照使用。

本教材由武汉城市职业学院和中优智能科技有限公司联合开发，武汉城市职业学院禹诚、曹佳燕、田蔓编著，参与编写的还有武汉城市职业学院王燚、李杰和中优智能科技有限公司设计总监欧阳兆升等企业设计大师。特别感谢为教材编写提供帮助的企业专家刘青宗和毕业生张扬！由于教学团队的教学改革还在持续进行，教学项目还在不断优化，教材编写还存在很多不足，敬请各位专家、读者原谅，欢迎大家多提宝贵修改意见，谢谢！

编者

2023年9月2日于武汉

附表 “徽章我设计◎产品我代言”徽章创新设计与制作项目任务明细

| 项目名称 | “徽章我设计◎产品我代言”徽章创新设计与制作 |
| --- | --- |
| 项目情境 | 1岁学走路、6岁上小学、18岁上大学，在人生各个重要时刻，我们需要常怀感谢之心，如感谢党和祖国的培育，感谢家乡的孕育，感谢母校的教育，感谢父母的养育等等。本项目通过产品创新的设计规划、方案设计、优化设计、样品制作四个流程学习，完成一款徽章的设计与制作。具体任务是通过成立“致敬祖国”“致敬乡组”“致敬母校”“致敬父母”四个设计团队，分别为献礼党和祖国设计一款献礼徽章、为同乡会设计一款友情徽章、为毕业校友设计一款纪念徽章、为父母生日设计一款礼物徽章 |

模块/任务/方式/课时/教学建议

| 模块 | | 任务名称 | 方式 | 课时 | 教学建议 |
| --- | --- | --- | --- | --- | --- |
| 模块A 产品创新设计工作任务手册 | 任务导入 | 任务A-1　徽章设计任务明晰 | 智慧职教 | — | 自主学习 |
| | | 任务A-2　徽章设计任务导入 | 理实一体 | 1 | 课堂导学 |
| | 设计准备 | 任务A-3　经典徽章设计识读 | 理实一体 | 3 | 课堂导学 |
| | | 任务A-4　徽章设计团队组建 | | 1 | |
| | 设计规划 | 任务A-5　徽章项目计划制订 | | 1 | |
| | | 任务A-6　徽章设计问题提出 | | 4 | |
| | | 任务A-7　徽章设计点提炼 | | 4 | |
| | | 任务A-8　徽章设计元素提炼 | | 4 | |
| | | 任务A-9　徽章设计项目市场调研 | 调研实践 | 2 | 课堂导学 |
| | 方案设计 | 任务A-10　徽章设计项目用户调研 | | 4 | |
| | | 任务A-11　徽章设计手绘训练 | 理实一体 | 4 | 课堂导学 |
| | | 任务A-12　徽章草图设计 | | 4 | |
| | | 任务A-13　徽章设计方案优选 | | 4 | |
| 模块B 产品创新设计知识链接 | 知识储备 | 模块B的B-1～B-13是与模块A的任务A-1～A-13一一对应的相关知识点链接内容 | 微课视频理论学习 | — | 自主学习 |
| 模块C 产品建模与加工实作 | 优化设计 | 任务C-1　徽章设计三维建模 | 理实一体 | 8 | 课堂导学 |
| | | 任务C-2　工程图绘制 | | 4 | |
| | 样品制作 | 任务C-3　徽章数控加工制作 | 加工实作 | 8 | 在校生可选课外完成，校外社会人士可选代加工、云加工等方式完成 |
| | | 任务C-4　徽章3D打印制作 | | 4 | |
| | | 任务C-5　徽章激光内雕制作 | | 4 | |
| 合计 | | | | 64(48+16) | 任务C-3、C-4、C-5共16课时，可选为课外完成 |

# 目　录

# 模块 A　产品创新设计工作任务手册

**任务导入**

任务 A-1　徽章设计任务明晰

任务 A-2　徽章设计任务导入

**设计准备**

任务 A-3　经典徽章设计识读

任务 A-4　徽章设计团队组建

任务 A-5　徽章项目计划制订

**设计规划**

任务 A-6　徽章设计问题提出

任务 A-7　徽章设计点提炼

任务 A-8　徽章设计元素提炼

任务 A-9　徽章设计项目市场调研

任务 A-10　徽章设计项目用户调研

**方案设计**

任务 A-11　徽章设计手绘训练

任务 A-12　徽章草图设计

任务 A-13　徽章设计方案优选

# 任务 A-1　徽章设计任务明晰

## 任务目标

（1）按前言中“徽章我设计◎产品我代言”徽章创新设计与制作项目任务明细表内容宏观了解整个项目任务。

（2）完成相关知识问答并初步了解产品设计与开发整体流程。

## 知识链接

查阅模块 B 学习内容。



## 工具准备

水性笔和智能终端/信息化设备(手机、平板、电脑等)。

## 实施要点

（1）认真阅读徽章创新设计与制作项目任务明细表。

（2）认真查阅产品设计与开发整体流程等相关资料。

## 实施步骤

工作步骤1:完成任务A-1工作单的【仔细阅读前言中"徽章我设计◎产品我代言"徽章创新设计与制作项目任务明细表】。

工作步骤2:完成任务A-1工作单的【知识测试】。

工作步骤3:完成任务A-1工作单的【任务评价】。

姓名__________ 学号__________ 班级__________

**任务 A-1 工作单**

工作步骤 1 【仔细阅读前言中"徽章我设计◎产品我代言"徽章创新设计与制作项目任务明细表】

阅读完前言中"徽章我设计◎产品我代言"徽章创新设计与制作项目任务明细表，请在下面横线上抄写以下内容：

(自己姓名)已认真阅读前言中"徽章我设计◎产品我代言"徽章创新设计与制作项目任务明细表。

______________________________________________________________

______________________________________________________________

工作步骤 2 【知识测试】

1. 排序题

按照时间顺序，设计项目从立项到完成一般需要经过以下四个主要阶段__________。

① 设计的准备阶段； ② 设计的制作阶段；

③ 设计的展开阶段； ④ 设计的深入阶段。

2. 判断题

(1) 产品的设计流程大致包括以下 6 个主要步骤：(　　　　)。

① 情报收集，情报分析，提出设计设想； ② 设计草图阶段；

③ 各种草图、方案的讨论和分析； ④ 安全性因素；

⑤ 完整的外形和色彩； ⑥ 耐用性因素。

(2) 项目完成后的工作内容：(　　　　)。

① 设计师和客户听取项目报告并回顾项目流程、完成结果(成功或失败反馈)、额外的生意机会；

② 设计师完成项目档案，同时还要及时记录项目执行过程中的细节，将这些作为项目总结和自我学习与提升的工具；

③ 设计师提交所有项目资料，项目完结；

④ 客户将剩余的委托费用支付给设计师。

工作步骤 3 【任务评价】

| 工作任务 | 自我评价 | 同学评价 | 教师评价 | 总评 |
| --- | --- | --- | --- | --- |
| 学知识 | □B-1-1 □B-1-2 □B-1-3 □B-1-4 □知识测试 | | | |
| 阅读徽章创作项目任务流程/模块 | □A □B □C | □A □B □C | □A □B □C | |

# 任务 A-2　徽章设计任务导入

## 任务目标

(1) 回忆自己的成长经历。
(2) 找出自己记忆深刻的照片或视频。
(3) 根据自己的照片或视频进行小组讨论分享自己的故事。

## 知识链接

查阅模块 B 学习内容。



## 工具准备

水性笔、照片或视频、智能终端/信息化设备(手机、平板、电脑等)。

## 实施要点

(1) 深刻回忆自己的成长经历。
(2) 找出最能代表自己回忆的照片或视频。

## 实施步骤

工作步骤 1:完成任务 A-2 工作单的【寻找记忆】。
工作步骤 2:完成任务 A-2 工作单的【知识测试】。
工作步骤 3:完成任务 A-2 工作单的【任务评价】。

姓名__________ 学号__________ 班级__________

任务 A-2 工作单

工作步骤 1 【寻找记忆】

将寻找记忆的过程填在表 A-2-1 中。

表 A-2-1 寻找记忆表

| | |
|---|---|
| 回忆 | 回忆你的成长经历，把你记忆最深的故事找出来，可以是对父母、学校、家乡、祖国的一张图片、一个物件或一段视频等。 |
| 讲述 | 根据你找出的对父母、学校、家乡、祖国的一张图片、一个物件或一段视频，讲述关于它的故事。(时间、地点、发生的事情、感想) |
| 分享与记录 | 记录本组内各位同学讲述的故事，并投票选出最打动人的故事。 |

姓名__________ 学号__________ 班级__________

**任务 A-2 工作单**



工作步骤 2 【知识测试】

1 岁学走路、6 岁上小学、18 岁步入大学，请结合自身成长历程，回忆最难忘的一刻。通过产品创新的__________、__________、__________、__________这四个流程逐步进行学习和训练，完成一款徽章设计与制作。分成 4 个设计小组：祖国组、家乡组、母校组、父母组；分别给中国国家博物馆设计一款徽章礼物；给同乡会设计一款纪念徽章；给毕业校友设计一款纪念徽章；给父亲节、母亲节或父母生日设计一款徽章礼物。

工作步骤 3 【任务评价】

| 工作任务 | 自我评价 | 同学评价 | 教师评价 | 总评 |
|---|---|---|---|---|
| 学知识 | □B-2 | □知识测试 | | |
| 寻找记忆 | □A □B □C | □A □B □C | □A □B □C | |

# 任务 A-3　经典徽章设计识读

## 任务目标

(1) 按步骤在格子纸上画出正确图形。
(2) 识别图形并填写在横线上。
(3) 查阅该图形设计的意义进行小组讨论。

## 知识链接

查阅模块 B 学习内容。

图形相关知识

## 工具准备

铅笔、橡皮、直尺、三角尺、圆规和智能终端/信息化设备(手机、平板、电脑等)。

## 实施要点

(1) 严格按要求绘制图形。

(2) 认真查阅图形意义等相关资料。

## 实施步骤

工作步骤 1:完成任务 A-3 工作单的【图形绘制】。

工作步骤 2:完成任务 A-3 工作单的【猜图形】。

工作步骤 3:完成任务 A-3 工作单的【知识测试】。

工作步骤 4:完成任务 A-3 工作单的【任务评价】。

姓名__________ 学号__________ 班级__________

**任务 A-3 工作单**

工作步骤 1 【图形绘制】

绘制图形的步骤见表 A-3-1。

图形绘制微课

表 A-3-1 图形 A 和 B 绘图步骤

| | |
|---|---|
| 图形 A 画法 | 说明:横向编号为 1～33,竖向编号为 1′～33′<br>① 标出 E 点(29,33′)、F 点(33,29′),连接 EF。<br>② 标出 G 点(8.5,18.5′)、H 点(19.5,7.5′);连接 GH。<br>③ 从 E、F 两点分别作 AC 的平行线至 GH。<br>④ 标出 I 点(4,14′)、J 点(17,5′);连接 GI 和 HJ。<br>⑤ 从 I 点作 BD 的平行线。<br>⑥ 标出 K 点(13.5,1′);以 K 点为圆心、KJ 为半径画弧,与经过 I 点的 BD 平行线交于 L 点,画实圆弧$\overset{\frown}{LJ}$、画实线段 IL。 |
| 图形 B 画法 | ① 标出 M 点(17、17′)、N 点(17、1′)和 O 点(17、33′)。<br>② 以 M 点为圆心、MN 为半径画弧$\overset{\frown}{NO}$。<br>③ 标出 P 点(17、15′),以 P 点为圆心、PO 为半径画弧$\overset{\frown}{OQ}$,与 HG 的延长线交于 Q 点。<br>④ 标出 R 点(11,16.5′);通过 R 点向右画水平线。<br>⑤ 以 R 点为圆心、RN 为半径画弧$\overset{\frown}{NS}$,与通过 R 点的水平线交于 S 点。<br>⑥ 标出 T 点(16.5,16.5′);通过 T 点向下画垂直线。<br>⑦ 以 T 点为圆心、TS 为半径画弧$\overset{\frown}{SU}$,与通过 T 点的垂直线交于 U 点。<br>⑧ 标出 V 点(16.5,11′),以 V 点为圆心、VU 为半径画弧$\overset{\frown}{UW}$,与 HG 的延长线交于 W 点。<br>⑨ 标出 X 点(3.5,30.5′);以 X 点为圆心画圆,该圆与 AB、BC 相切。<br>⑩ 标出 Y 点(6、30′)Z 点(4、28′);从 Y、Z 两点分别作平行于 BD 的两段直线至$\overset{\frown}{OQ}$弧。 |
| 说明:参考 2021 年 6 月 26 日中共中央发布的《中国共产党党徽党旗条例》附件 1《中国共产党党徽制法说明》。 | |

根据表 A-3-1 所示的绘图步骤,在任务 A-3 工作单的图 A-3-1 绘图方格纸上规范绘制图形 A 和图形 B。

工作步骤 2 【猜图形】

(1) 猜一猜工作步骤(1)中绘制的图形是什么?请将答案填写在横线上________________。

(2) 图形 A 代表的含义是__________;图形 B 代表的含义是__________。

由图形 A、B 组成的__________中,不同颜色分别代表的含义是______________________和______________________。

姓名__________ 学号__________ 班级__________

**任务 A-3 工作单**



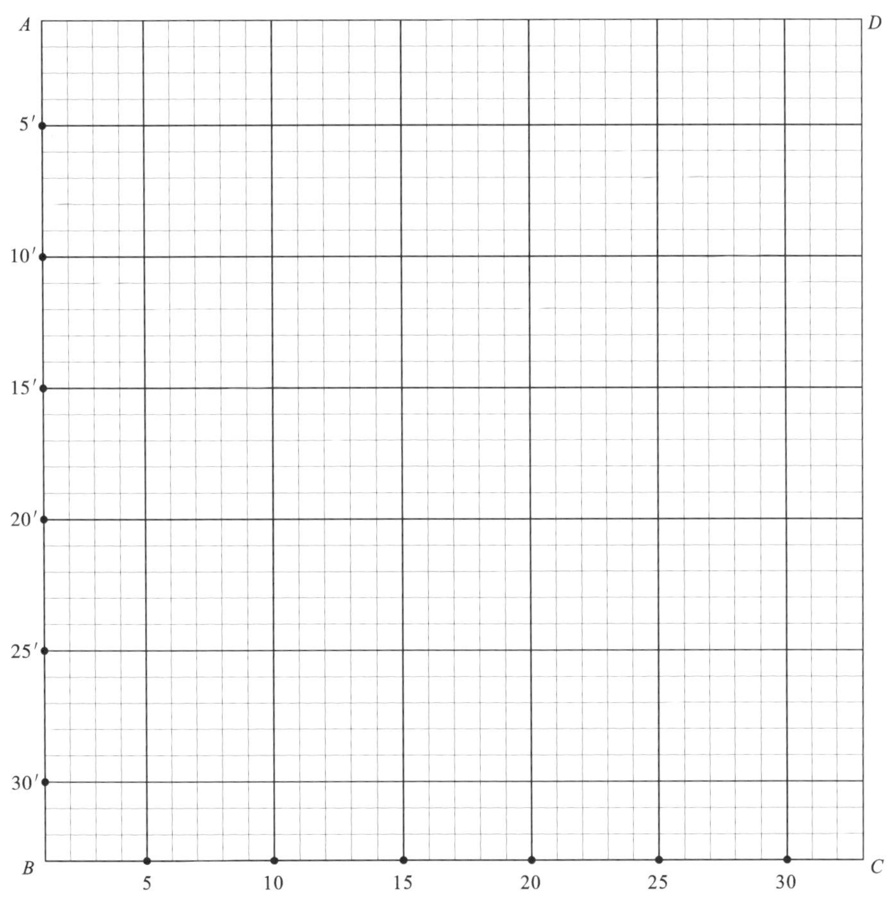


图 A-3-1 绘图方格纸

设计语义

徽章案例

## 工作步骤 3 【知识测试】

1. 判断题

图形的起源是伴随着人类产生而产生的，由早期人类劳动生活记事符号开始。当人类祖先在他们居住的洞穴和岩壁上进行以记录生活事件、宗教、部落之间联络沟通的符号开始，图形就成为了联络信息沟通、表达情感和意识的媒介。(　　)

2. 多选题(将正确的选项填入横线中)

(1) 图形的历史进程可以分为几个阶段：______。

A. 记事性原始图画　　　　B. 图画式符号变为文字

C. 文字推动图形的发展

(2) 图形发展经历了几次重大革命：______。

A. 原始符号演变成为文字　　　　　B. 中国造纸术和印刷术的诞生

C. 始于19世纪的科技和工业的变革　D. 第二次工业革命

(3) 图形的语言特征是什么？______。

A. 创造性　　　　　B. 寓意性

C. 审美性　　　　　D. 手绘性

3. 填空题

视觉传达设计由________、________、________三大要素构成，图形在视觉传达设计中以其不可替代的形象化特征成为设计三大要素中的视觉焦点。它的成功与否直接影响三要素之间的关系和信息传播的准确。

工作步骤 4 【任务评价】

| 工作任务 | 自我评价 | 同学评价 | 教师评价 | 总评 |
|---|---|---|---|---|
| 学知识 | □B-3-1 □B-3-2 □B-3-3 □B-3-4 □B-3-5 □B-3-6 □知识测试 | | | |
| 画图形 | □A □B □C | □A □B □C | □A □B □C | |
| 猜图形 | □A □B □C | □A □B □C | □A □B □C | |

# 任务 A-4 徽章设计团队组建

## 任务目标

(1) 每组成员 5 人,进行组队。
(2) 学习相关法律法规并出题。
(3) 小组讨论确定徽章创作主题。
(4) 小组讨论确定每位成员工作职责。

## 知识链接

查阅模块 B 学习内容。



## 工具准备

铅笔、橡皮、水性笔和智能终端/信息化设备(手机、平板、电脑等)。

## 实施要点

(1) 结合组员成长背景,确定最合适的徽章创作主题。
(2) 根据组员不同性格特点和个人优势,合理进行组员责任分工。

## 实施步骤

工作步骤 1:完成任务 A-4 工作单的【组建团队】。
工作步骤 2:完成任务 A-4 工作单的【选择主题】。
工作步骤 3:完成任务 A-4 工作单的【团队分工】。
工作步骤 4:完成任务 A-4 工作单的【法规查阅】。
工作步骤 5:完成任务 A-4 工作单的【我来考考你】。
工作步骤 6:完成任务 A-4 工作单的【知识测试】。
工作步骤 7:完成任务 A-4 工作单的【任务评价】。

姓名__________ 学号__________ 班级__________

**任务 A-4 工作单**



## 工作步骤 1 【组建团队】

小组讨论、确定,为自己的小组取一个响亮的名字(                    )。

组长:__________

组员:______________________________

## 工作步骤 2 【选择主题】

请小组讨论选择一个徽章创作主题方向,在括号内打"√"。

(1) 父母组(  )　　(2) 母校组(  )

(3) 家乡组(  )　　(4) 祖国组(  )

选择主题和责任分工

## 工作步骤 3 【团队分工】

在表 A-4-1 中填写组员名字,明确个人职责。

表 A-4-1 团队责任分工

| 序号 | 姓名 | 角色 | 职 责 |
|---|---|---|---|
| 1 | | 项目经理 | 管理项目团队,评估项目成员表现。负责制定创作项目计划、设计调研计划;制定修正措施,控制项目进度及成果。<br>______________________________ |
| 2 | | 市场总监 | 负责设计准备模块(负责任务 A-3 至任务 A-5 内容)。协助项目经理制定、设计调研计划,负责设计调研。<br>______________________________ |
| 3 | | 创意总监 | 负责设计规划模块(负责任务 A-6 至任务 A-10 内容)。负责组织提炼设计点、构建用户画像、构建情景剧本;负责组织草图绘制。<br>______________________________ |
| 4 | | 设计总监 | 负责方案设计模块(负责任务 A-11 至任务 A-13 内容)。负责组织设计展开、优化设计方案;负责三维建模。<br>______________________________ |
| 5 | | 产品主管 | 负责优化设计和样品制作模块(负责任务 C-1 至任务 C-5 内容)。负责设计产品的加工与质量管理。<br>______________________________ |

姓名__________　学号__________　班级__________





工作步骤 4 【法规查阅】

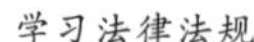

学习法律法规

请小组讨论选择一个法律法规进行查阅，在选定的括号内打“√”。

(1)《中华人民共和国国旗法》(　　)。

(2)《中华人民共和国国徽法》(　　)。

(3)《地图管理条例》(　　)。

(4)《中华人民共和国商标法》(　　)。

工作步骤 5 【我来考考你】

法律法规微课

(1) 根据小组选择的法律法规，出 5 道题目，题目形式不限。

(2) 出题完成后与其他组随机交换工作手册，答题人填写姓名并答题。

(3) 各组答题人互相评价出题质量，完成表 A-4-2 的填写。

表 A-4-2　评价出题质量

| 出题人填写区 | 答题人填写区 |
| --- | --- |
| 题 1： | 答题人： |
| | 评价出题质量：□A　□B　□C |
| | 答： |
| 题 2： | 答题人： |
| | 评价出题质量：□A　□B　□C |
| | 答： |
| 题 3： | 答题人： |
| | 评价出题质量：□A　□B　□C |
| | 答： |

姓名________ 学号________ 班级________

任务 A-4 工作单



续表

| 出题人填写区 | 答题人填写区 |
| --- | --- |
| 题 4： | 答题人： |
| | 评价出题质量：□A □B □C |
| | 答： |
| 题 5： | 答题人： |
| | 评价出题质量：□A □B □C |
| | 答： |

工作步骤 6 【知识测试】

1. 连线题

成功的设计团队要具有以下六个特征，将下图中的特征和陈述连在一起。

|  |  |
| --- | --- |
| 技能互补 | 团队中的每个成员，不管资历深浅，都在鼓励下积极贡献自己的想法和建议。 |
| 个人获得授权 | 所有的团队成员都在项目过程中积极参与，视自己为项目的主人。 |
| 积极参与 | 团队成员的技术相当，但并不相互重叠。 |
| 真正的紧密合作 | 所有人，都愿意抓住机会，勇于在设计工作中挑战极限。 |
| 冒险精神 | 团队成员相互尊重并且彼此信任；持续沟通和不断聆听会使团队形成开放的氛围。 |
| 文明的争论 | 不同的想法可以激发新的点子，为团队增加新的灵感。 |

姓名____________ 学号____________ 班级____________



2. 自选题

根据知识点，在下面空白处给同学们出一道题来检验学习效果。题型不限，可以是选择、填空、连线等有意思的题型。

工作步骤 7 【任务评价】

| 工作任务 | 自我评价 | 同学评价 | 教师评价 | 总评 |
| --- | --- | --- | --- | --- |
| 学知识 | □B-4-1 □B-4-2 □B-4-3 □B-4-4 □知识测试 | | | |
| 我来考考你 | □A □B □C | □A □B □C | □A □B □C | |
| 选定角色 | □A □B □C | □A □B □C | □A □B □C | |
| 明确职责 | □A □B □C | □A □B □C | □A □B □C | |

# 任务 A-5　徽章项目计划制订

## 任务目标

(1) 市场总监、创意总监、设计总监、产品主管制订项目计划。
(2) 项目经理根据各部门计划调配后合理分配任务时间。
(3) 填涂完成项目工作进度表。
(4) 学会头脑风暴的方法。
(5) 合理判断风险并设法避免。

## 知识链接

查阅模块 B 学习内容。



## 工具准备

A4 纸、黑色笔。

## 实施要点

(1) 各部门需制订详细项目计划及所需时间,并与项目经理充分沟通交流。

(2) 项目经理需考虑各种因素,合理制订工作进度表,推进项目进程。

(3) 熟练掌握头脑风暴法,并归纳总结。

(4) 合理考虑风险因素,并尽可能的提前规避风险。

## 实施步骤

工作步骤 1:完成任务 A-5 工作单的【填写进度表】。

工作步骤 2:完成任务 A-5 工作单的【用头脑风暴法讨论徽章创作项目潜在的风险】。

工作步骤 3:完成任务 A-5 工作单的【知识测试】。

工作步骤 4:完成任务 A-5 工作单的【任务评价】。

姓名__________　学号__________　班级__________

**任务 A-5　工作单**



工作步骤 1　【填写进度表】

甘特图

各部门与项目经理充分沟通完成各项目所需时间后，所有成员用马克笔填写项目工作进度表 A-5-1。填写表头时间的计量单位（如小时/天/课时），以及第一行的时间数据分布和最后一列的资金预算。

表 A-5-1　项目工作进度表

<table>
<tr><td colspan="2">时间（　　）<br>任务</td><td></td><td></td><td></td><td></td><td></td><td></td><td></td><td></td><td></td><td></td><td></td><td></td><td></td><td></td><td></td><td></td><td></td><td></td><td></td><td></td><td></td><td></td><td></td><td></td><td></td><td></td><td></td><td></td><td></td><td></td><td>资金预算（元）</td></tr>
<tr><td>举例</td><td>任务 5</td><td></td><td></td><td></td><td></td><td></td><td></td><td></td><td></td><td></td><td></td><td></td><td></td><td></td><td></td><td></td><td></td><td></td><td></td><td></td><td></td><td></td><td></td><td></td><td></td><td></td><td></td><td></td><td></td><td></td><td></td><td></td></tr>
<tr><td rowspan="7">设计规划</td><td>提出设计问题</td><td colspan="31" rowspan="7"></td></tr>
<tr><td>提炼设计点</td></tr>
<tr><td>提炼设计元素</td></tr>
<tr><td>需求分析、竞品分析</td></tr>
<tr><td>市场预测、可行性分析</td></tr>
<tr><td>调查用户、消费者</td></tr>
<tr><td>确定设计方向</td></tr>
<tr><td rowspan="2">方案设计</td><td>产品功能、材料分析</td><td colspan="31" rowspan="2"></td></tr>
<tr><td>设计多种方案草图</td></tr>
<tr><td rowspan="4">优化设计</td><td>方案比较、分析、优选</td><td colspan="31" rowspan="4"></td></tr>
<tr><td>优化设计</td></tr>
<tr><td>产品结构三视图</td></tr>
<tr><td>产品效果图及设计模型</td></tr>
<tr><td rowspan="3">深入设计</td><td>产品设计定型</td><td colspan="31" rowspan="3"></td></tr>
<tr><td>产品详细结构图</td></tr>
<tr><td>产品设计模型</td></tr>
<tr><td rowspan="3">施工设计</td><td>绘制零件图</td><td colspan="31" rowspan="3"></td></tr>
<tr><td>工艺文件</td></tr>
<tr><td>制作设计、使用说明书</td></tr>
<tr><td rowspan="4">样品制作</td><td>加工前准备</td><td colspan="31" rowspan="4"></td></tr>
<tr><td>调试加工程序</td></tr>
<tr><td>产品加工制作</td></tr>
<tr><td>产品后处理</td></tr>
</table>

姓名＿＿＿＿＿＿ 学号＿＿＿＿＿＿ 班级＿＿＿＿＿＿

头脑风暴法

工作步骤 2 【用头脑风暴法讨论徽章创作项目潜在的风险】

**1. 组织形式**

小组人数：4～5 人。在头脑风暴分工记录表 A-5-2 里填写姓名，确定主持人、记录者、参与者的身份。

表 A-5-2 头脑风暴分工记录表

| 角色 | 主持人 | 记录员 1 | 参与者 1 | 参与者 2 | 参与者 3 |
| --- | --- | --- | --- | --- | --- |
| 要求 | 只主持会议，对设想不作评论 | 要求认真、完整地记录与会者每一个设想 | 积极提供自己的想法，不批判不否定 | 积极提供自己的想法，不批判不否定 | 积极提供自己的想法，不批判不否定 |
| 姓名 | | | | | |
| 讨论记录（记录员记录） | 主持人介绍流程提纲：<br>(1)<br>＿＿＿＿＿＿<br>＿＿＿＿＿＿<br>(2)<br>＿＿＿＿＿＿<br>＿＿＿＿＿＿<br>(3)<br>＿＿＿＿＿＿<br>＿＿＿＿＿＿<br>(4)<br>＿＿＿＿＿＿<br>＿＿＿＿＿＿<br>(5)<br>＿＿＿＿＿＿<br>＿＿＿＿＿＿<br>(6)<br>＿＿＿＿＿＿<br>＿＿＿＿＿＿ | | | | |

姓名＿＿＿＿＿＿ 学号＿＿＿＿＿＿ 班级＿＿＿＿＿＿





**2. 头脑风暴图(见图 A-5-1)**

认真阅读知识链接“B-7-1 头脑风暴法”的知识内容，并按照知识内容完成头脑风暴图 A-5-1，至少写 5 层。

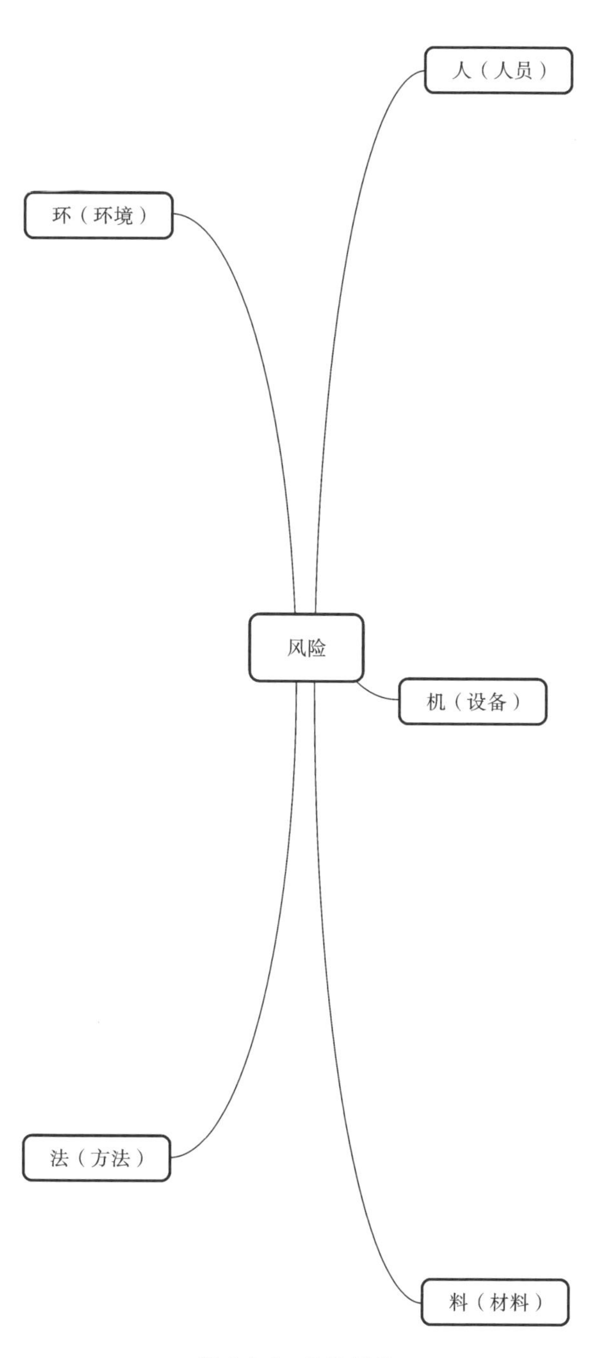


图 **A-5-1** 头脑风暴

姓名＿＿＿＿＿＿　学号＿＿＿＿＿＿　班级＿＿＿＿＿＿



**3. 结论总结与整理**

总结归纳前面的内容，并将结论写在归纳总结记录表 A-5-3 里。

说明：主持人需要主持整场头脑风暴，宣读知识链接 B-7-1 主要流程，并按照流程主持，不批判不否定，最后和参与者总结归纳得出想法。

记录员应熟知主要流程和如何使用头脑风暴法，在头脑风暴分工记录表 A-5-2 里填写讨论记录，并在头脑风暴图 A-5-1 里记录关键词或图画。最后根据主持人和参与者的总结归纳记录在总结归纳记录表内。

参与者应尽可能多的提出天马行空的想法，不批判不否定，最后和主持人一起归纳总结头脑风暴得出的想法。

表 A-5-3　归纳总结记录表

| | |
|---|---|
| 主持人 | |
| 记录员 | |
| 参与者 1 | |
| 参与者 2 | |
| 参与者 3 | |

姓名____________ 学号____________ 班级____________

**任务 A-5 工作单**



工作步骤 3 【知识测试】

1. 判断题

(1) 时间管理是团队中所有成员都必须在整个项目过程中全程参与的持续性活动。但是,时间管理并不是设计项目在计划阶段必须首先解决的问题。( )

(2) 头脑风暴是一种激发参与者产生大量创意的特别方法。在头脑风暴过程中,参与者必须遵守活动规则与程序。它是众多创造性思考方法中的一种,该方法的假设前提为数量成就质量。( )

2. 多选题(将正确的选项填入括号中)

(1) 从以下几个方面努力,可以有效地实现时间管理。( )

A. 设计师需要时间表　　B. 让客户参与进来　　C. 时间表软件

(2) 头脑风暴的创意原点有哪些?( )

A. 头脑风暴　　B. 插头　　C. 云朵　　D. 手机　　E. 风险

3. 填空题

传统意义上的项目管理主要围绕________、________、________三个因素。这三个因素之间的关系通常被形容为一个三角形,而有些人会把"质量"作为影响以上三个因素的统一主题,并把它放在这个三角形的中央位置。

工作步骤 4 【任务评价】

| 工作任务 | 自我评价 | 同学评价 | 教师评价 | 总评 |
|---|---|---|---|---|
| 学知识 | □B-5-1　□B-5-2　□B-5-3　□B-5-4　□知识测试 | | | |
| 合理制定项目进度表 | 你的角色<br>□项目经理□市场总监□创意总监□设计总监□产品主管<br>□A　□B　□C | 你评价的角色<br>□项目经理□市场总监□创意总监□设计总监□产品主管<br>□A　□B　□C | □A　□B　□C | |
| 头脑风暴责任分工 | 你的角色<br>□主持人□记录员□参与者( )<br>□A　□B　□C | 你评价的角色<br>□主持人□记录员□参与者( )<br>□A　□B　□C | □A　□B　□C | |
| 头脑风暴图 | 你的角色<br>□主持人□记录员□参与者( )<br>□A　□B　□C | 你评价的角色<br>□主持人□记录员□参与者( )<br>□A　□B　□C | □A　□B　□C | |
| 结论总结与整理 | 你的角色<br>□主持人□记录员□参与者( )<br>□A　□B　□C | 你评价的角色<br>□主持人□记录员□参与者( )<br>□A　□B　□C | □A　□B　□C | |

# 任务 A-6　徽章设计问题提出

## 任务目标

（1）提出设计问题。
（2）分析问题要素。

## 知识链接

查阅模块 B 学习内容。



## 工具准备

铅笔、橡皮、智能终端/信息化设备(手机、平板、电脑等)。

## 实施要点

（1）人的需求需要“打破砂锅问到底”的态度，找到真正的问题。
（2）分析问题要素需要全面周全考虑项目以及会遇到的困难、风险。

## 实施步骤

工作步骤 1:完成任务 A-6 工作单的【痛点、爽点、痒点判断】。

工作步骤 2:完成任务 A-6 工作单的【痛点、爽点、痒点验证】。

工作步骤 3:完成任务 A-6 工作单的【产品要素分析】、【要素猜猜猜】。

工作步骤 4:完成任务 A-6 工作单的【知识测试】。

工作步骤 5:完成任务 A-6 工作单的【任务评价】。

姓名____________ 学号____________ 班级____________

**任务 A-6 工作单**

人的需要

痛爽痒点判断

## 工作步骤 1 【痛点、爽点、痒点判断】

(1) 根据问题描述判定是痛点、爽点还是痒点，并在表 A-6-1 相应□内打"√"。

(2) 自主学习 B-6-1 中人的需要，再次在表 A-6-1 的□外画圈，并对比两次选择的结果。

表 A-6-1 痛点、爽点、痒点判断

| 问题描述 | 问题判断 | | | |
|---|---|---|---|---|
| 1. 一天到晚接到推销广告电话 | □A 痛点 | □B 爽点 | □C 痒点 | □D 不痛不痒 |
| 2. 你感冒发烧了，但又不想去医院 | □A 痛点 | □B 爽点 | □C 痒点 | □D 不痛不痒 |
| 3. 你收到"时空伴随"短信警告 | □A 痛点 | □B 爽点 | □C 痒点 | □D 不痛不痒 |
| 4. 有视频网站 VIP，可以超前看剧情 | □A 痛点 | □B 爽点 | □C 痒点 | □D 不痛不痒 |
| 5. 第一次约会，不会穿衣打扮 | □A 痛点 | □B 爽点 | □C 痒点 | □D 不痛不痒 |
| 6. 看偶像剧带入角色，幻想自己是男女主角 | □A 痛点 | □B 爽点 | □C 痒点 | □D 不痛不痒 |
| 7. 手机长时间玩游戏发热 | □A 痛点 | □B 爽点 | □C 痒点 | □D 不痛不痒 |
| 8. 下雨天鞋打湿 | □A 痛点 | □B 爽点 | □C 痒点 | □D 不痛不痒 |
| 9. 即将放寒假但没抢到火车票 | □A 痛点 | □B 爽点 | □C 痒点 | □D 不痛不痒 |
| 10. 打电话问候领导 | □A 痛点 | □B 爽点 | □C 痒点 | □D 不痛不痒 |
| 11. 爬山运动后，喝了一杯冰可乐 | □A 痛点 | □B 爽点 | □C 痒点 | □D 不痛不痒 |
| 12. 上班 996，经常熬夜加班，头发一抓掉一把 | □A 痛点 | □B 爽点 | □C 痒点 | □D 不痛不痒 |
| 13. 打怪捡装备升级 | □A 痛点 | □B 爽点 | □C 痒点 | □D 不痛不痒 |
| 14. 全职妈妈没有自己的时间，时间全部被孩子占据 | □A 痛点 | □B 爽点 | □C 痒点 | □D 不痛不痒 |
| 15. 洗澡时卫生间下水管道堵塞，徒手清理毛发 | □A 痛点 | □B 爽点 | □C 痒点 | □D 不痛不痒 |
| 16. 逛商场时肚子痛要拉肚子了，打开门发现是马桶 | □A 痛点 | □B 爽点 | □C 痒点 | □D 不痛不痒 |
| 17. 看网红照片，网购服装 | □A 痛点 | □B 爽点 | □C 痒点 | □D 不痛不痒 |

## 工作步骤 2 【痛点、爽点、痒点验证】

痛爽痒点验证

结合小组产品设计主题，完成表 A-6-2。表内填写设计解决的痛点、痒点、爽点问题，先选择组别，在括号里打"√"，根据不同组别，组内讨论用户是谁，写出这类用户的痛、爽、痒点；再向其他小组询问这个是否为痛点、爽点、痒点问题，或者是不痛不痒的问题；最后对痛点、爽点、痒点进行语言描述。

姓名＿＿＿＿＿＿　学号＿＿＿＿＿＿　班级＿＿＿＿＿＿



表 A-6-2　痛点、爽点、痒点验证表

| 组别 | 痛点 | 爽点 | 痒点 |
|---|---|---|---|
| 示例 | | | |
| 父母组(√) | ① 父母担心在外求学的子女发生危险或意外<br>②突破性头发变白 | 很久没见的子女出现在面前 | 出去旅游发朋友圈 |
| 国家组(　　)<br>家乡组(　　)<br>母校组(　　)<br>父母组(　　) | | | |
| 验证 | | | |
| 向其他小组随机询问三个人：你觉得这是痛点/爽点/痒点吗？填写被问人姓名，并在是否上打钩 | 1. 姓名(　　　)是□　否□<br>2. 姓名(　　　)是□　否□<br>3. 姓名(　　　)是□　否□ | 1. 姓名(　　　)是□　否□<br>2. 姓名(　　　)是□　否□<br>3. 姓名(　　　)是□　否□ | 1. 姓名(　　　)是□　否□<br>2. 姓名(　　　)是□　否□<br>3. 姓名(　　　)是□　否□ |
| 验证后对选定的痛点/爽点/痒点进行描述 | | | |

工作步骤 3

**1.【产品要素分析】**

在产品设计要素构成图 A-6-1 中钩选产品需要考虑的问题要素，并在相应□内打“√”。

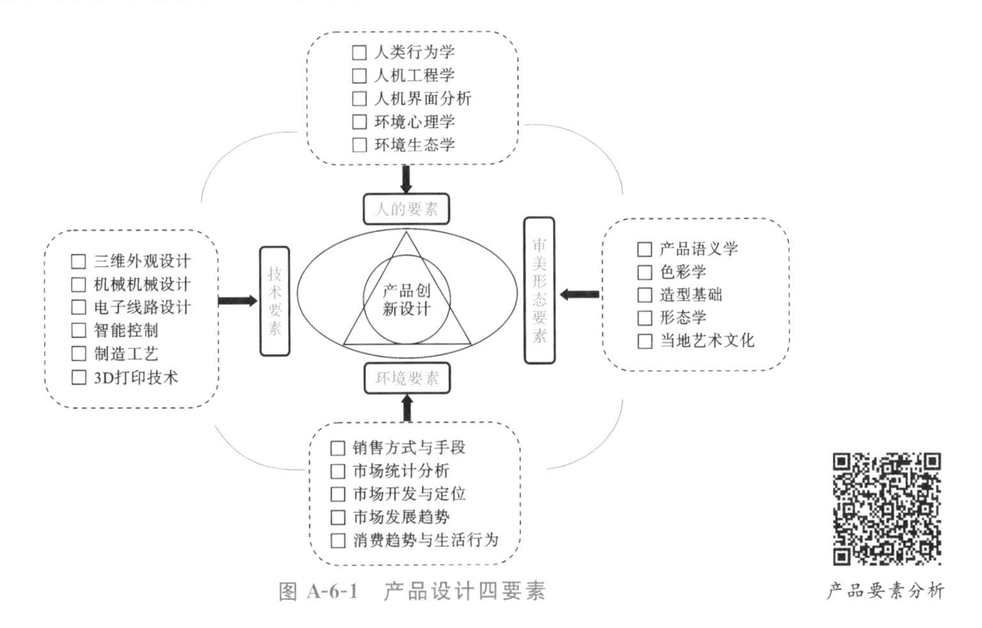


图 A-6-1　产品设计四要素

产品要素分析

**2.【要素猜猜猜】**

小组选择一个框内的名词或词组进行网络搜索，了解每一个名词或词组是什么含义，包含哪些内容，并在表 A-6-3 框内完成要素猜猜猜游戏的出题工作。

表 A-6-3 出题

| 你们选择的要素是（ ）要素 | |
|---|---|
| 名词或词组的描述 | 答案 |
| 1. | |
| 2. | |
| 3. | |
| 4. | |
| 5. | |
| 6. | |

## 工作步骤 4 【知识测试】

1. 判断题

（1）对于产品来说，痛点多是指尚未被满足而又被广泛渴望的需求。（ ）

（2）用户的难受点就是痛点。（ ）

（3）正是因为网红很好地抓住了大家的痛点，所有才会如此火爆。（ ）

2. 填空题

（1）按照系统论的观点，设计部门与企业及企业外部环境是一个统一体，是一个系统。产品设计成功与否不仅取决于设计师的水平与努力，还受到企业和外部环境要素的制约与影响。这些外部环境要素包括的内容极广、因素众多。如＿＿＿＿＿＿、＿＿＿＿＿＿、＿＿＿＿＿＿、＿＿＿＿＿＿、＿＿＿＿＿＿、＿＿＿＿＿＿、＿＿＿＿＿＿。

（2）痒点满足的是人的＿＿＿＿＿＿。

3. 多选题（将正确的选项填入括号中）

（1）产品设计的要素有哪些？（ ）

A. 人的要素　　B. 技术要素

C. 市场环境要素　　D. 审美形态要素

（2）以下哪些是产品最主要的机会？（ ）

A. 痛点　　B. 痒点

C. 需求点　　D. 爽点

姓名__________ 学号__________ 班级__________

任务 **A-6** 工作单



工作步骤 **5** 【任务评价】

| 工作任务 | 自我评价 | 同学评价 | 教师评价 | 总评 |
| --- | --- | --- | --- | --- |
| 学知识 | □B-6-1 | □B-6-2 | □知识测试 | |
| 痛、爽、痒点验证 | □A □B □C | □A □B □C | □A □B □C | |
| 产品分析要素 | □A □B □C | □A □B □C | □A □B □C | |
| 要素猜猜猜 | □A □B □C | □A □B □C | □A □B □C | |

# 任务 A-7 徽章设计点提炼

## 任务目标

(1) 掌握希望点列举法。
(2) 掌握机会 Paper 法。

## 知识链接

查阅模块 B 学习内容。



## 工具准备

水性笔、A4 纸、智能终端/信息化设备(手机、平板、电脑等)。

## 实施要点

(1) 利用希望点列举法提出你的希望并写出希望的落脚点,最后画出或写出解决方案。
(2) 尝试机会 Paper 法,体验使用此方法解决问题。

## 实施步骤

工作步骤 1:完成任务 A-7 工作单的【希望点列举法】。

工作步骤 2:完成任务 A-7 工作单的【机会 Paper】。

工作步骤 3:完成任务 A-7 工作单的【知识测试】。

工作步骤 4:完成任务 A-7 工作单的【任务评价】。

姓名__________ 学号__________ 班级__________

**任务 A-7 工作单**

工作步骤 1 【希望点列举法】

希望点列举法

希望点列举法的实施主要有三个步骤：

(1) 激发和收集人们的希望；

(2) 仔细研究人们的希望，以形成“希望点”；

(3) 以“希望点”为依据，创造新产品以满足人们的希望。

请同学们依据希望点列举法实施步骤填写表 A-7-1，写出对于徽章的希望（如希望是可以插眼镜的徽章）。

表 A-7-1 希望点列举法实施步骤

| | 希望 | 希望点 | 解决方案（新产品） |
|---|---|---|---|
| | ⬇ | ⬇ | ⬇ |
| | 希望 | 希望点 | 新产品（文字或图） |
| 例 | ①希望可以插眼镜；<br>②希望可以净化雨水；<br>③希望可以听音乐；<br>④希望可以装糖果；<br>⑤希望可以装饮料 | ①可以插眼镜的帽子；<br>②可以将雨水净化后饮用的帽子；<br>③可以享受音乐的帽子；<br>④可以装糖果的帽子；<br>⑤可以装啤酒，让啤酒的泡沫散落在帽檐上，让人感觉到快乐的帽子 | |
| 1 | | | |
| 2 | | | |
| 3 | | | |
| 4 | | | |
| 5 | | | |

姓名__________ 学号__________ 班级__________



续表

| | 希望 | 希望点 | 解决方案(新产品) |
| --- | --- | --- | --- |
| 6 | | | |
| 7 | | | |
| 8 | | | |

工作步骤 2 【机会 Paper】

机会 Paper

(1) 第一栏,问题点。

把你这条线索上所有的事,带入你个人的感受,全都过一遍,你觉得哪个点特别不爽,是有问题的,把它写出来。"痛点、爽点和痒点,都是产品入手的机会点"。填写机会 Paper 的第一点,就是找到你的线索上的这些事中,哪些事情让你特别不爽,哪些让你痛,哪些你想痒却痒不起来,把这些列出来。

(2) 第二栏,把你遇到的问题归类一下。

如果仅就具体问题而解决问题,只是头疼医头、脚疼医脚,很有可能没抓住问题的本质。所以我们先要去做归类,看这件事的本质是怎么回事。然后基于本质,考虑如何处理这个矛盾。如果对问题的本质搞错了,可能出现痛点虽然看到了,病因却搞错了,那下一步还会接着错。

(3) 第三栏,根据问题的本质提出解决方案。

我们四个组,把所有的线索扫了一遍之后,做了若干机会 Paper,也就是我们共同发现了若干机会点。你是不是觉得好乐观,这么多机会?

(4) 评估机会点。

我们先做一个动作,不讨论,不争论,直接请 20 个同学,一个一个看我们的机会 Paper。

(5) 客观校验。

面对面,向这些同学访谈三个问题:

第一,我觉得这一点你不爽,有问题,你觉得我的感受是对的吗?我觉得你不爽,你是不是真的不爽啊?

第二,我是这样理解你为什么不爽的,你觉得我对这个问题的归类、理解是对的吗?

第三,我给了这样的解决方案,你觉得能解决你的问题吗?

(6) 划除幻想。

让你的用户直接告诉你,它到底是幻想还是希望,把幻想的项目划除。

依据机会 Paper 法的运用方法填写表 A-7-2。

姓名________ 学号________ 班级________

**任务 A-7 工作单**

表 A-7-2 机会 Paper 法的运用方法

| 序号 | 问题点（所有事带入你个人感受） | 问题归类 | 问题本质 | 问题本质解决方案 | 投票 | |
|---|---|---|---|---|---|---|
| 1 | | | | | | |
| 2 | | | | | | |
| 3 | | | | | | |
| 4 | | | | | | |
| 5 | | | | | | |
| 6 | | | | | | |
| 7 | | | | | | |
| 8 | | | | | | |
| 9 | | | | | | |
| 10 | | | | | | |
| 11 | | | | | | |
| 12 | | | | | | |

| | ⬇ Q1： | ⬇ Q2： | ⬇ Q3 | | |
|---|---|---|---|---|---|
| | 我觉得这一点你不爽，有问题，你觉得我的感受是对的吗？我觉得你不爽，你是不是真的不爽？ | 我是这样理解你为什么不爽的，你觉得我对这个问题的抽象，我的理解是对的吗？ | 我给了这样的解决方案，你觉得能解决你的问题吗？ | | |

姓名__________ 学号__________ 班级__________





## 工作步骤 3 【知识测试】

1. 填空题

(1) 一些常用的创造技巧和方法有______、______、______。

(2) 破局点的特性有______、______、______。

2. 排序题

(1) 运用缺点列举法进行概念创新的步骤：______________。

① 根据掌握的信息，分别从外形、结构、材料、使用方式等角度；将产品的缺点一一列举出来，尽可能全面地列举出这一对象的缺点和不足；

② 确定某一个需要进行革新的产品对象；

③ 思考存在上述缺点的原因，然后根据原因找出解决的办法；

④ 将众多的缺点加以归类和整理。

(2) 希望点列举法实施的步骤为：______________。

① 仔细研究人们的希望，以形成“希望点”；

② 激发和收集人们的希望；

③ 以“希望点”为依据，创造新产品以满足人们的希望。

## 工作步骤 4 【任务评价】

| 工作任务 | 自我评价 | 同学评价 | 教师评价 | 总评 |
| --- | --- | --- | --- | --- |
| 学知识 | □B-7-1 □B-7-2 □知识测试 | | | |
| 希望列举法 | □A □B □C | □A □B □C | □A □B □C | |
| 机会 paper 法 | □A □B □C | □A □B □C | □A □B □C | |

# 任务 A-8　徽章设计元素提炼

## 任务目标

（1）掌握具象逻辑联想法。

（2）掌握同构联想法。

（3）掌握丢弃淘汰法。

## 知识链接

查阅模块 B 学习内容。

图形联想
训练微课

## 工具准备

铅笔、橡皮、A4 纸、智能终端/信息化设备（手机、平板、电脑等）。

## 实施要点

（1）利用具象逻辑联想法时，设计者根据随意勾勒出的形态，进行具象物体的捕捉从而得出具象的图形。

（2）利用同构联想法时，应尽可能地发散思维，让联想的物体与物体之间差距很远，但又符合逻辑上的联想关系。

(3) 利用丢弃淘汰法找到设计元素时，需要穷尽最直接的想法，不断丢弃、深入找到最亮点。

## 实施步骤

工作步骤1：完成任务A-8工作单的【丢弃淘汰法】。

工作步骤2：完成任务A-8工作单的【具象逻辑联想法】。

工作步骤3：完成任务A-8工作单的【同构联想法】。

工作步骤4：完成任务A-8工作单的【知识测试】。

工作步骤5：完成任务A-8工作单的【任务评价】。

姓名________ 学号________ 班级________

**任务 A-8 工作单**

工作步骤 1 【丢弃淘汰法】



| ⑤最亮点 | |
|---|---|
| ④后期思维 | |
| ③中期思维 | |
| ②次初期思维 | |
| ①初期思维 | |

姓名＿＿＿＿＿＿ 学号＿＿＿＿＿＿ 班级＿＿＿＿＿＿

**任务 A-8 工作单**

形状联想法

具象逻辑联想法

工作步骤 2 【具象逻辑联想法】

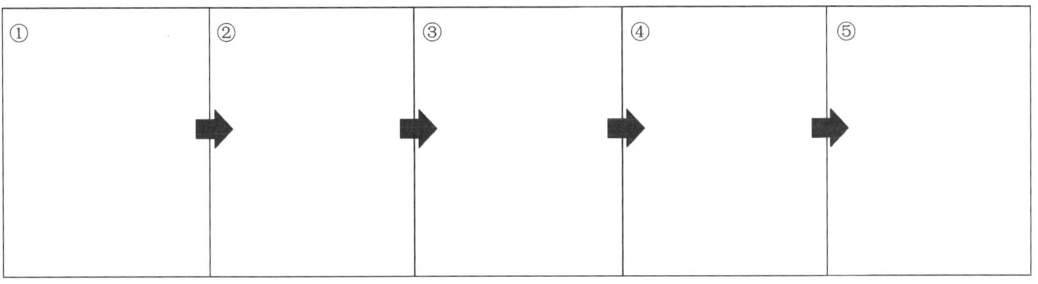


工作步骤 3 【同构联想法】

同构联想法

要求：祖国组、家乡组、母校组、父母组分别以各自获得的 2 个设计元素为基本图形，通过组合、嫁接等处理手段组合在一起，共同构成一个新图形，并且要传达出一个新的意义，能表现自己组别的主题。

| ① | |
| --- | --- |
| ② | |

姓名__________ 学号__________ 班级__________

工作步骤 4 【知识测试】

判断题

(1) 在固定出现的图形刺激下,可以让我们的思维得到扩散,从而达到拓宽思路的目的。( )

(2) 运用联想的方式寻找自然界外部形态相似的视觉形象,能够对学生思维方式进行初级训练。( )

(3) 丢弃淘汰法这种思维方式的整体趋势是呈金字塔形的,越往里深入,思考得到的面也越狭窄,与他人雷同或相似的机会也就越小。( )

工作步骤 5 【任务评价】

| 工作任务 | 自我评价 | 同学评价 | 教师评价 | 总评 |
| --- | --- | --- | --- | --- |
| 学知识 | □B-8-1 □B-8-2 □B-8-3 □B-8-4 □知识测试 | | | |
| 形状联想法 | □A □B □C | □A □B □C | □A □B □C | |
| 逻辑联想法 | □A □B □C | □A □B □C | □A □B □C | |
| 丢弃淘汰法 | □A □B □C | □A □B □C | □A □B □C | |

# 任务 A-9　徽章设计项目市场调研

## 任务目标

(1) 实施市场调查和竞品调查。
(2) 了解市场特点、市场需求量、地域市场细分情况。
(3) 根据调查结果及分析报告,提出明确解决意见和方案。

## 知识链接

查阅模块 B 学习内容。



## 工具准备

A4 纸、水性笔、智能终端。

## 实施要点

(1) 调查时要广泛查阅市场上各种类似的产品。
(2) 小组内要分工明确查阅不同平台。
(3) 客观记录答案,答案要建档、处理及分析。

## 实施步骤

工作步骤 1:完成任务 A-9 工作单的【竞品调查】。

工作步骤 2:完成任务 A-9 工作单的【知识测试】。

工作步骤 3:完成任务 A-9 工作单的【任务评价】。

姓名____________ 学号____________ 班级____________

**任务 A-9 工作单**



工作步骤 1 【竞品调查】

竞品调查

小组中每个成员分别寻找一个同类产品或者近似产品，分别对竞品进行分析并填入表 A-9-1，由市场总监组织讨论，并负责填写产品对比分析总结。

表 A-9-1 竞品分析

| 调查内容 | 产品 1<br>(　　) | 产品 2<br>(　　) | 产品 3<br>(　　) | 产品 4<br>(　　) | 产品 5<br>(　　) | 对比分析总结 |
|---|---|---|---|---|---|---|
| 功能 | | | | | | |
| 材料 | | | | | | |
| 外观 | | | | | | |
| 价格 | | | | | | |
| 销售状况 | | | | | | |
| 优势 | | | | | | |
| 缺点 | | | | | | |

姓名__________ 学号__________ 班级__________

**任务 A-9 工作单**

工作步骤 2 【知识测试】

1. 填空题

（1）________情况调查，即对设计服务对象的市场情况进行全面调查研究的过程，包括以下三方面内容：①________________，分析市场特点及市场稳定性等；②________________，了解市场需求量的大小，目前存在的品牌及品牌所占的地位和分量；③________________，主要是地域市场细分，包括区域文化、市场环境、国际市场信息等。

（2）________情况调查，即针对消费者的年龄、性别、民族、习惯、风俗、受教育程度、职业、爱好、群体成分、经济情况以及需求层次等进行广泛调查，对消费者的家庭、角色、地位等进行全面调研，从中了解消费者的看法和期望，并发现潜在的________。

（3）__________情况调查，消费者的购买行为受到一系列环境因素的影响，设计师们要对市场相关环境如__________、__________、__________和__________等内容进行调查。由于文化影响着道德观念、教育、法律等，对某一市场区域的文化背景进行调研时，一定要重视对____________的分析，并利用它创造出新的市场机会。

（4）________情况调查，对相关竞争对手的情况调查，包括企业文化、规模、资金规模、投资、成本、效益、新技术、新材料的开发情况以及______和______。另外，还包括有相当竞争力的同类产品的性能、材料、造型、价格、特色等，通过调查发现它们的______所在。

2. 判断题

（1）确定调查目的，按照调查内容分门别类地提出不同角度和不同层次的调查目的，其内容要尽量具体地限制在少数几个问题上，避免大而空泛的问题出现。（　　）

（2）准备样本、调查问卷和其他所需材料，按计划安排，并充分考虑到调查方法的可行性与转换性因素，做好调查工作前的准备。（　　）

（3）整理资料，此阶段尊重资料的“可信度”原则十分重要，统计数字要力求完整和准确。（　　）

（4）提出调研结果及分析报告，要注意针对调查计划中的问题进行回答，文字表述简明扼要，不需图示和表格，提出解决意见和方案即可。（　　）

工作步骤 3 【任务评价】

| 工作任务 | 自我评价 | 同学评价 | 教师评价 | 总评 |
|---|---|---|---|---|
| 学知识 | □B-9-1 | □B-9-2 | □知识测试 | |
| 竞品调查 | □A □B □C | □A □B □C | □A □B □C | |

# 任务 A-10　徽章设计项目用户调研

## 任务目标

(1) 明确调查的目的。

(2) 实施产品调查、分析调查数据,得出调查结果。

(3) 根据调查结果及分析报告,提出明确解决意见和方案。

## 知识链接

查阅模块 B 学习内容。



## 工具准备

A4 纸、水性笔、智能手机。

## 实施要点

（1）调查时要让受访者充分理解、不可超出受访者的知识及能力范围。

（2）能够引发受访者真实反应，不是敷衍了事。

（3）避免问题太广泛，以及语意不清的措词、引导或暗示、涉及社会禁忌/道德问题/种族问题等。

（4）忠实客观记录答案，答案要建档、处理及分析。

## 实施步骤

工作步骤1：完成任务A-10工作单的【面谈/电话调查】。

工作步骤2：完成任务A-10工作单的【知识测试】。

工作步骤3：完成任务A-10工作单的【任务评价】。

姓名＿＿＿＿＿＿　学号＿＿＿＿＿＿　班级＿＿＿＿＿＿

**任务 A-10　工作单**

用户观察与采访法

工作步骤 1 【面谈/电话调查】

面谈或者电话完成基本情况调查、差别化调查，并填写表 A-10-1；根据调查情况完成调研分析。

表 A-10-1　面谈/电话调查记录表

| 调查内容 | 访谈人 1 | 访谈人 2 | 访谈人 3 | 访谈人 4 | 访谈人 5 | 访谈人 6 |
|---|---|---|---|---|---|---|
| 基本情况调查 | | | | | | |
| 1. 请问您的年龄多大？ | | | | | | |
| 2. 性别(无需问，直接勾选) | 男□<br>女□ | 男□<br>女□ | 男□<br>女□ | 男□<br>女□ | 男□<br>女□ | 男□<br>女□ |
| 3. 您的民族？籍贯？ | | | | | | |
| 4. 您的家庭住址在哪个区域？ | | | | | | |
| 5. 您的文化程度？ | | | | | | |
| 6. 您的职业是什么？ | | | | | | |
| 7. 您的爱好？ | | | | | | |
| 8. 您的消费习惯是怎样的？ | | | | | | |
| 9. 您在家里是什么角色？子女？孙子女？父母？ | | | | | | |
| 10. 您认为在家里地位是什么样的？ | | | | | | |
| 差别化调查 | | | | | | |
| 11. (国家组)请问有去当地博物馆参观吗？为什么？<br>(家乡组)在学校参加过同乡会组织吗？同乡会组织过哪些活动？<br>(母校组)毕业时会有哪些活动？离开校园最想念校园什么？<br>(父母组)最近在忙什么？辛苦吗？身体怎么样？ | | | | | | |

姓名____________ 学号____________ 班级____________

**任务 A-10 工作单**

续表

| | | | | | | |
|---|---|---|---|---|---|---|
| 12. 消费者对此类产品的看法：<br>(国家组)您有喜欢的博物馆文创产品吗？是哪些产品？为什么？你一般会购买旅游景点的文创产品吗？<br>(家乡组)在学校你希望遇到老乡吗？老乡之间联系紧密吗？你们希望有属于自己这个群体的礼物吗？<br>(母校组)毕业后你会购买大学周边产品吗？为什么？你认为现在的大学周边产品怎么样？<br>(父母组)你知道现在市面上送给父母的礼物有哪些？你最喜欢哪一个？ | | | | | | |
| 13. 产品期望：<br>(国家组)你希望国家博物馆周边文创产品是什么样的？你会购买吗？<br>(家乡组)适合学校同乡会集体组织的文创产品是什么样的？你会购买吗？<br>(母校组)你期望的学校周边文创产品是什么样的？你会购买吗？<br>(父母组)你期望的送给父母的礼物是什么样的？你会购买吗？ | | | | | | |
| 14. 潜在需求：<br>(国家组)你认为游客游玩博物馆后真正想要什么？纪念拍照？再来一次？<br>(家乡组)你认为学校同乡会现在出现了什么问题？他们真正的需求是什么？需要联系？需要帮助？<br>(母校组)毕业后你会想念学校什么？食堂？奶茶？室友？氛围？<br>(父母组)你认为父母最需要什么？关心？问候？你的消息？一个拥抱？ | | | | | | |
| 你准备在什么时间使用产品？ | | | | | | |
| 你会在什么场合下使用产品？ | | | | | | |
| 你会在什么条件下使用？ | | | | | | |

续表

| 调研总结分析 | |
|---|---|
| 确定目标客户群体 | |
| 找出目标群体真实需求 | |
| 产品设计定位<br>① 产品定位是什么?<br>② 产品关键性设计参数? | |

工作步骤 2 【知识测试】

1. 排序题

(1) 用户观察与采访主要流程:(　　)

① 筛选并邀请参与人员。

② 确定研究的内容、对象以及地点(即全部情境)。

③ 准备开始观察。事先确认观察者是否允许进行视频或照片拍摄记录;制作观察表格(包含所有观察事项及访谈问题清单);做一次模拟观察试验。

④ 分析数据并转录视频(如记录视频中的对话等)。

⑤ 实施并执行观察。

⑥ 与项目利益相关者交流并讨论观察结果。

⑦ 明确观察的标准:时长、费用以及主要设计规范。

(2) 文化探析主要流程:(　　)

① 如果条件允许,提醒参与者及时送回材料或者亲自收集材料。

② 设计、制作探析工具。

③ 将文化探析工具包发送至选定的目标用户手中,并清楚地解释设计的期望。该工具包将直接由用户独立参与完成,期间设计师与用户并无直接接触,因此,所有的作业和材料必须有启发性且能吸引用户独立完成。

④ 在团队内组织一次创意会议,讨论并制定研究目标。

⑤ 在跟进讨论会议中与设计团队一同研究所得结果,例如,创意启发式工作坊,具体可参考情境地图。

⑥ 寻找一个目标用户,测试探析工具并及时调整设计。

2. 简答题

(1) 采用哪种方法能更好地了解客户,并且了解他们的心声或看法?请回答并简单说明理由。

______________________________

______________________________

______________________________

姓名__________ 学号__________ 班级__________

(2) 哪种方法适用于设计项目概念生成阶段之前？请回答并简单说明理由。

______________________________________________________________

______________________________________________________________

______________________________________________________________

______________________________________________________________

______________________________________________________________

工作步骤 3 【任务评价】

| 工作任务 | 自我评价 | 同学评价 | 教师评价 | 总评 |
| --- | --- | --- | --- | --- |
| 学知识 | □B-10-1 □B-10-2 □B-10-3 □B-10-4<br>□B-10-5 □B-10-6 □B-10-7 □知识测试 | | | |
| 电话/面谈调查 | □A □B □C | □A □B □C | □A □B □C | |
| 调研总结分析 | □A □B □C | □A □B □C | □A □B □C | |

# 任务 A-11　徽章设计手绘训练

## 任务目标

（1）能够进行具象、意象手绘表达。

（2）能够识别不同字体，并进行简单文字设计。

（3）能够进行简单的图案设计和图形设计。

## 知识链接

查阅模块 B 学习内容。



## 工具准备

A4 纸、铅笔、针管笔、水彩笔。

## 实施要点

（1）具象表达时用比较写实的手法来表现物象形态，尽可能把物品的细节特征手绘出来。

(2) 意象表达时可不拘泥于实际自然物的形态，来源于自然形态的高度概括，具有广泛的共识性。

(3) 变体美术字要依据文字内容，充分运用想象力，艺术性地重新组织字形。虽可以自由发挥，但一定要注意从内容出发塑造出能够体现词义和属性的字形。

## 实施步骤

工作步骤 1:完成任务 A-11 工作单的【具象表达】。

工作步骤 2:完成任务 A-11 工作单的【意象表达】。

工作步骤 3:完成任务 A-11 工作单的【基本字体】。

工作步骤 4:完成任务 A-11 工作单的【变体美术字】。

工作步骤 5:完成任务 A-11 工作单的【黄金分割】。

工作步骤 6:完成任务 A-11 工作单的【知识测试】。

工作步骤 7:完成任务 A-11 工作单的【任务评价】。

姓名____________　学号____________　班级____________

**任务 A-11　工作单**



工作步骤 1　【具象表达】

根据老师放置的静物，学生围坐成一个圈，从不同角度在下列空白框中画出看到的物品。

具象表达

姓名__________ 学号__________ 班级__________

任务 A-11 工作单

意象表达

工作步骤 2 【意象表达】

根据“热闹”和“孤独”的意境，分别在下面空白框中画出能够表达该词汇的内容，但不能出现人或人脸元素、不能出现文字。

| 热闹 |
| --- |
| 孤独 |

姓名__________ 学号__________ 班级__________

任务 A-11 工作单



工作步骤 3 【基本字体】

基本字体

根据不同字体的“武汉城市职业学院”连线出相应字体，并在按该字体写出“武汉城市职业学院”，最后在横线处填写你认为哪种字体最好看。

| 武汉城市职业学院 | 楷体 |
|---|---|
| 武汉城市职业学院 | 幼圆 |
| 武汉城市职业学院 | 黑体 |
| 武汉城市职业学院 | 宋体 |
| 武汉城市职业学院 | 仿体 |
| 武汉城市职业学院 | 隶书 |

你觉得最好看的字体是______________________________

工作步骤 4 【变体美术字】

变体美术字

根据自己的姓氏，独立完成两种不同方案的创意美术字体设计，填在下列空白框中。

| 方案一： | 方案二： |
|---|---|
| | |

姓名____________ 学号____________ 班级____________

任务 A-11 工作单



工作步骤 5 【黄金分割】

在空白处画出黄金分割。

黄金分割

## 工作步骤 6 【知识测试】

1. 判断题

(1) 图形概念可以从不同的层面去理解,泛指的图形可以理解为我们视觉能够感受到的各种影像,可以是具象的、抽象的,但不可以是平面的、立体的或是大的、小的。(　　)

(2) 所谓的比例指的是物象与物象之间,整体与局部之间,局部与局部之间的比较关系。(　　)

(3) 单独纹样是一种能独立存在、并能构成完整美感的纹样图案,是组成图案纹样的基本形式和单位,图案不受外轮廓的限制,能够单独应用的一种图案纹样,不必与外轮廓相适合,但在设计上必须注意力的平衡。(　　)

2. 选择题

(1) 以下不能体现人为形态源于自然形态的是:(　　)。

A. 由树桩制造轮子　　B. 由树枝制造三足器物

C. 由写信产生快递　　D. 由鸟制造飞机

(2) 中文字体设计虽然种类繁多,千变万化,但基本上可分为基本字体和创意字体两类。基本字体又分为:(　　)。

A. 宋体和楷体　　B. 黑体和楷体

C. 宋体和黑体　　D. 微软雅黑和楷体

## 工作步骤 7 【任务评价】

| 工作任务 | 自我评价 | 同学评价 | 教师评价 | 总评 |
|---|---|---|---|---|
| 具象表达 | □B-11-1 □B-11-2 □B-11-3 □B-11-4 □知识测试 | | | |
| 抽象表达 | □A □B □C | □A □B □C | □A □B □C | |
| 基本字体 | □A □B □C | □A □B □C | □A □B □C | |
| 变体美术字 | □A □B □C | □A □B □C | □A □B □C | |
| 黄金分割 | □A □B □C | □A □B □C | □A □B □C | |

# 任务 A-12　徽章草图设计

## 任务目标

（1）能够根据设计创意进行基础草图表达。

（2）能够画出产品基本结构设计图。

## 知识链接

查阅模块 B 学习内容。



## 工具准备

铅笔、橡皮、A4 纸、智能终端/信息化设备（手机、平板、电脑等）。

## 实施要点

（1）设计草图上要出现文字、尺寸、结构展示；构思稍纵即逝，需要快速准确地构思草图。

（2）根据设计要求需要从人机工程、结构等技术角度，对构思方案进行结构分析图绘制，要处理好形式、功能、结构三者之间的关系。

## 实施步骤

工作步骤 1:完成任务 A-12 工作单的【草图构思表达】。
工作步骤 2:完成任务 A-12 工作单的【结构分析图】。
工作步骤 3:完成任务 A-12 工作单的【徽章草图设计】。
工作步骤 4:完成任务 A-12 工作单的【知识测试】。
工作步骤 5:完成任务 A-12 工作单的【任务评价】。

姓名____________　学号____________　班级____________

工作步骤 1 【草图构思表达】

根据图片，临摹完成草图置于框中。

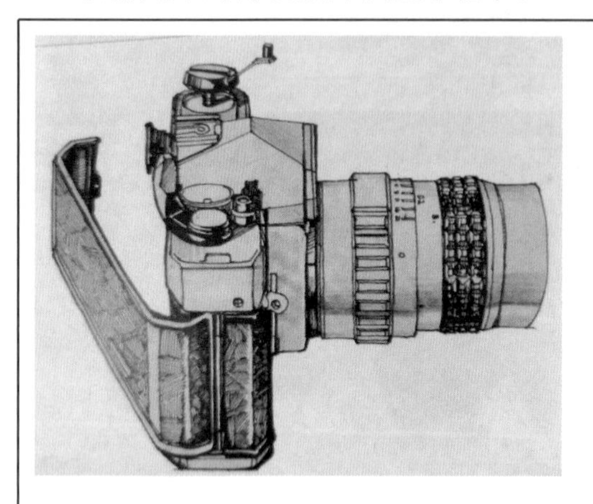

草图构思表达

姓名___________ 学号___________ 班级___________

任务 A-12 工作单



工作步骤 2 【结构分析图】

根据图片，临摹完成结构分析图，置于框中。

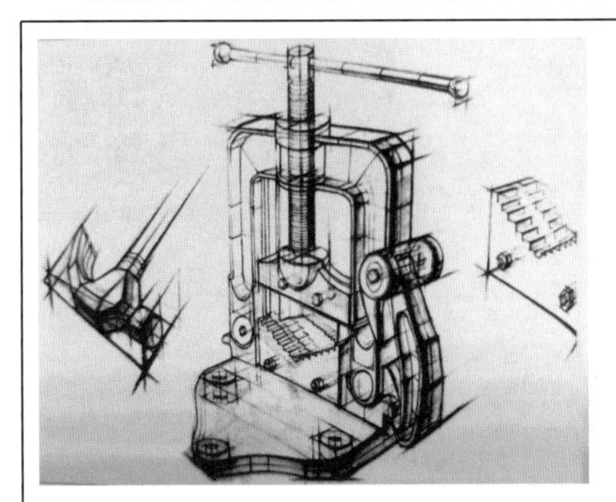

结构分析图

姓名__________ 学号__________ 班级__________

任务 A-12 工作单

工作步骤 3 【徽章草图设计】

结合小组产品设计主题，完成徽章草图设计，置于下列空白处。

徽章草图设计

姓名__________ 学号__________ 班级__________

**任务 A-12 工作单**

工作步骤 4 【知识测试】

1. 判断题

(1)设计草图是设计师将自己对设计目标的理解和构想逐渐明晰化的一个十分重要的创造过程。(    )

(2)功能的满足始终同结构不要求一定是紧密相连的。(    )

2. 多选题

(1) 构思会稍纵即逝,所以必须有十分快速和准确的速写能力。从草图功能上看,设计者主要应掌握(    )。

A. 记录性草图　　B. 思考性草图　　C. 手绘效果图

(2) 在明确了设计方向,并根据设计主题提出设计概念之后,就必须根据设计要求从人机工程以及结构等技术的角度,对构思方案进行筛选与推敲。其中结构设计表现形式有(    )。

A. 结构草图的表现　　B. 设计草模表现　　C. 电脑辅助设计表现

工作步骤 5 【任务评价】

| 工作任务 | 自我评价 | 同学评价 | 教师评价 | 总评 |
| --- | --- | --- | --- | --- |
| 学知识 | □B-12-1 | □B-12-2 | □知识测试 | |
| 草图构思表达 | □A □B □C | □A □B □C | □A □B □C | |
| 结构分析图 | □A □B □C | □A □B □C | □A □B □C | |
| 徽章草图设计 | □A □B □C | □A □B □C | □A □B □C | |

# 任务 A-13　徽章设计方案优选

## 任务目标

(1) 能够对草图方案进行比较优选。

(2) 能够修正优选后的草图方案。

## 知识链接

查阅模块 B 学习内容。



## 工具准备

铅笔、A4 纸、智能终端/信息化设备(手机、平板、电脑等)。

## 实施要点

(1) 在进行草图方案比较、优选时,要看设计者是否找到问题的根源,以及针对问题是否找到解决方法,判定该方案的合理性、创新性、可行性。

(2) 草图方案比较、优选就是进行定稿的过程,需要综合权衡各方面,进行筛选、评价和调整是对解决方案重新审视,使之与设计目标一致,选出最满意的设计并深化最终定稿。

## 实施步骤

工作步骤1:完成任务A-13工作单的【方案比较优选】。

工作步骤2:完成任务A-13工作单的【方案修正确定】。

工作步骤3:完成任务A-13工作单的【知识测试】。

工作步骤4:完成任务A-13工作单的【任务评价】。

姓名____________ 学号____________ 班级____________

**任务 A-13 工作单**

工作步骤 1 【方案比较优选】

根据任务 A-12 确定的草图方案，通过表 A-13-1 的评价标准完成方案比较优选。

方案比较优选

表 A-13-1 草图方案比较优选评价表

| | 标准说明 | 草图方案 1 | 草图方案 2 | 草图方案 3 | 草图方案 4 | 草图方案 5 |
|---|---|---|---|---|---|---|
| 切题性（20 分） | 1. 是否与设计主题切合<br>2. 是否找到了问题根源 | | | | | |
| 创新性（25 分） | 1. 功能、结构、形式、使用方式是否创新<br>2. 方案是否具有创意 | | | | | |
| 品质性（20 分） | 1. 是否直观表现设计概念与主题<br>2. 直观感受该方案的造型质量 | | | | | |
| 可行性（35 分） | 1. 从材料、结构、工艺等方面考虑方案合理性<br>2. 采用什么方式、何种技术可实现 | | | | | |
| 总计 | | | | | | |

工作步骤 2 【方案修正确定】

根据优选的草图方案，针对方案的不足，完成方案修正确定。

方案修正确定

姓名__________ 学号__________ 班级__________

任务 A-13 工作单



工作步骤 3 【知识测试】

1. 判断题

(1) 方案的确定是指根据设计命题或设计目标来评定备选方案是否达到设计要求的过程。( )

(2) 就像写命题文章不能跑题一样,快题设计同样不能“答非所问”。它的评价标准就是设计命题。( )

(3) 创新能力的培养是快题设计的重要训练目标,设计方案的创新程度是评价设计好坏的一个重要指标。( )

(4) 设计者只有较好地掌握了效果图的手绘技巧与方法,才能更为准确贴切地表达自己的想法与设计理念。( )

2. 选择题

(1) 在快题设计中,这个过程一般可以从以下几个方面来考虑:( )。

A. 方案的切题性　　B. 方案的创新性

C. 方案的感染力　　D. 方案的可行性

(2) 方案确定的表现形式有:( )。

A. 手绘设计效果图　　B. 电脑效果图

工作步骤 4 【任务评价】

| 工作任务 | 自我评价 | 同学评价 | 教师评价 | 总评 |
|---|---|---|---|---|
| 学知识 | □B-13-1 | □B-13-2 | □知识测试 | |
| 方案比较优选 | □A □B □C | □A □B □C | □A □B □C | |
| 方案修正确定 | □A □B □C | □A □B □C | □A □B □C | |

# 模块 B　产品创新设计知识链接

# B-1 徽章设计任务明晰

一般来说，设计有几个基本的程序：构思过程——设计创作的意识，即为何创作、怎样创作；行为过程——使自己的构思成为现实并最终形成实体；实现过程——在作品的消费中实现其所有价值。在整个设计过程中，设计师需要始终站在委托方与受众之间，为实现社会价值与经济目标而工作。按照时间顺序，设计从立项到完成一般要经过以下四个主要阶段。

1）设计的准备阶段

这是一切设计活动的开始。这一阶段可以分为“接受项目，制订计划”与“市场调研，寻找问题”两个步骤。设计师首先接受客户的设计委托，然后由委托方、设计师、工程师及有关专家组建项目团队，并且制定详细的设计计划。“市场调研，寻找问题”是所有设计活动开展的基础，任何一个好的设计都是根据实际需要与市场需求而诞生的。

2）设计的展开阶段

可分为两个步骤：“分析问题，提出概念”与“设计构思，解决问题”。前者是在前期调研的基础上，对所收集的资料进行分析、研究、总结，运用设计思维方法，发现问题的所在。“设计构思，解决问题”是在设计概念的指导下，把设计创意加以确定与具体化，对发现的问题提出各种解决方案。这个时期是设计中的草图阶段。

3）设计的深入阶段

可分为“设计展开”“优化方案”两个步骤。前者是指对构思阶段中所产生的多个方案进行比较、分析、优选等工作，后者是在设计方案基本确定后，再通过样板进行细节的调整，同时进行技术可行性分析。

4）设计的制作阶段

这是设计的实施阶段，在这个阶段里要进行“设计审核，制作实施”和“编制报告，综合评价”两个步骤的工作。

设计的准备阶段又可称为“设计理解”阶段，设计的展开和深入两个阶段又可称为“设计构思”阶段、设计的制作阶段又可称为“设计执行”阶段。

## B-1-1 设计理解

### 1. 项目制定

1）项目制定的内容

（1）客户提出需求与项目目标；

（2）客户评估项目并做初步的预算；

（3）客户制定初步的日程计划；

（4）如果可能，客户完成创意概要的草稿；

（5）客户寻找适合项目的设计师并且联系他们；

（6）客户与设计师会面，就设计项目达成初步共识；

（7）客户提交项目委托书；

（8）设计师确认设计项目，并提出相应看法；

（9）客户接受建议，并确认设计师；

（10）客户会根据设计师的要求提供项目的预付款。

2）阶段目标

（1）根据需求确定项目内容；

（2）选择合适的设计师。

### 2. 方向

1）项目研究的方向

（1）客户提供与项目相关的背景信息和资料；

（2）设计师引导客户共同完成创意概要；

（3）客户与设计师对项目需求进行研究，包括竞争对手分析、目标用户、市场研究、设计研究，研究方法包括观察法、采访、问卷调查、统计法等；

（4）客户与设计师确认所有技术或功能需求；

（5）客户与设计师确认需求分析的研究结果，将设计问题具体化。

2）阶段目标

（1）明确的目标和意图；

（2）确认机会；

（3）设定广泛的需求。

## B-1-2　设计构思

### 1. 战略

1）设计战略的内容

（1）设计师对收集到的信息和研究结论进行分析与整合；

（2）设计师制定设计标准；

（3）设计师制定功能标准；

（4）设计师选择投放媒体；

（5）设计师向客户提供上述材料，客户补充、修改并确认；

（6）设计师制定并明确提出设计战略；

（7）设计师制定初步的实施计划，并使用导航图、线框图等视觉表现方法；

（8）设计师向客户提供上述材料，客户补充、修改并确认。

2）阶段目标

（1）制定策略概要；

（2）确定设计方法；

（3）确认项目的交付清单。

### 2. 探索

1）探索的内容

（1）设计师根据客户确认后的设计战略来完成概念设计。

（2）设计师的构思过程可以包含以下形式：

① 草图/图示/手稿；

② 故事板；

③ 流程图；

④ 情景板/主题板；

⑤ 外观和情感；

⑥ 概念模型。

（3）设计师向客户提供上述材料，客户补充、修改并确认。

（4）客户理解、分析概念方向以形成明确的项目目标。

（5）通常设计师会提供多个设计概念以供比较与选择，然后选择其中一组概念进一步提炼与深化。

2）阶段目标

（1）构思设计概念；

（2）深化概念。

**3. 发展**

1）发展的内容

（1）设计师根据客户确认后的设计方向，深化设计概念；

（2）随着概念的不断深入，对设计进一步详细展示，包括设计打样、动画演示、主要页面及版式、模型；

（3）展示中包含或通常包含复本、信息、图像、动画、声音；

（4）设计师向客户提供上述材料，客户补充、修改并确认；

（5）客户理解、分析概念方向以形成明确的项目目的与目标；

（6）通常客户会选择一个设计方案，然后由设计师继续深化。

2）阶段目标

（1）深化概念；

（2）选择一个设计方向。

**4. 提炼**

1）项目提炼的内容

（1）设计师根据客户确认的设计方案，进一步提炼设计。

（2）通常需要修改的方面如下：

① 是否符合客户的需求；

② 次要部分是否自然；

③ 设计元素的应用是否恰到好处。

（3）设计师向客户提供上述材料，客户补充、修改并确认。

（4）可能需要对设计进行测试，测试后可能会引发新一轮的设计修改和提炼；测试的方法包括验证、可用性测试、设计师给客户提供额外的设计方案来进行比较。

（5）设计师召集与组织产品预生产会议，可能涉及的与会人员包括印刷工、装配工、制造商、摄影师、插画师、音效师、程序员等。

2）阶段目标

这一阶段的目标主要是通过最终的设计方案。

## B-1-3 设计执行

**1. 准备**

1）执行准备的内容

设计师根据通过的最终设计方案，着手实现设计。不同的设计产品，应投放不同的媒体，包含相应的关键因素，具体如下。

（1）印刷品：排版、印刷技术、文本格式、制版、后期装订。

（2）网页：网站构架、操作流程、页面内容、页面版式、平面元素、程序、测试。

（3）视频：脚本、动画制作，拍摄现场指导，编辑、后期制作，制片。

（4）环境：规格、最终效果、3D 数码空间模型、生产准备、管理技术团队。

（5）包装物：高分辨率文档、尺寸与规格、色彩矫正、结构。

2）阶段目标

（1）试生产；

（2）准备好生产时要用到的材料。

### 2. 生产

1）生产的内容

（1）根据项目和投放媒体的需要，设计师会将产品的数据资料交给其他专业人士处理。尽管这些专业人士有责任根据生产要求严格制造和批量生产，但是设计师也有义务监督其工作。这些专业人士包括分拣工、印刷工、装配工、制造商、工程师、程序员，以及媒体、广播（无线电广播）、网络（现场直播）从业人员。

（2）上述人员及其工作可以由设计师来监督与管理，也可以由客户来直接管理。

（3）潜在的维护工作，特别是网页的维护，可以是项目的一部分，也可以作为另外一个独立的项目。

2）阶段目标

（1）设计材料；

（2）制造完成并投入使用。




### 3. 项目完成

1）项目完成的内容

（1）设计师和客户听取项目报告并回顾项目流程、完成结果（成功或失败反馈）额外的生意机会；

（2）设计师完成项目档案，同时还要及时记录项目执行过程中的细节，将这些作为项目总结和自我学习与提升的工具；

（3）设计师提交所有项目资料，项目完结；

（4）客户将剩余的委托费用支付给设计师。

2）阶段目标

（1）建立客户与设计师之间的联系；

（2）设计师的自我推销；

（3）开始新的项目。

## B-1-4 设计流程案例

以飞利浦的设计流程为例开展讨论。

飞利浦的设计中心是由飞利浦公司总部负责的，中心内部设有若干小组，每个小组都由高水平的专业设计师组成，小组的研究和设计专题由公司管理总部下达，以保持与公司的研究目的一致。

飞利浦设计中心有几个技术支持部门，包括模型制作、资料分析、情报收集部门以及电脑设计部。除此之外，飞利浦公司的市场研究部门、消费心理研究部门也为设计提供资料和技术支持。

飞利浦的设计流程大致包括以下 6 个主要步骤。

1）情报收集、分析，提出设计设想

如图 B-1-1 所示，对于设计师而言，情报的收集以及对其进行详细分析，是产生正确指导思想的重要方法。

图 B-1-1 搜集情报

对于情报收集，我们可以有很多途径：从客户那里可以得到生产及现状的分析；走进市场可以了解产品的销售痛点及市场反馈；让消费者体验产品，将能够搜集真实的用户体验。

2）设计草图阶段

草图是设计师发散思维、记录灵感的重要手段。其实每个设计师的草图不一定都需要达到大师级别，但设计师需要能够将自己的想法快速、准确地表达出来，以方便设计团队进行讨论。

3）各种草图、方案的讨论和分析（见图 B-1-2）

在方案讨论和分析及设计执行中，都必须考虑产品的系列化、标准化的问题，还要求符合企业总体形象。

图 B-1-2　方案讨论分析

4）安全性因素

安全是任何一个有责任感的品牌理所应该考虑的事情。如图 B-1-3 所示的医院用呼吸面罩产品系列，能够快速配合治疗转变，有利于皮肤保护策略的执行，可以保证成人与儿童轻松佩戴面罩，有助于患者舒适自如地活动。

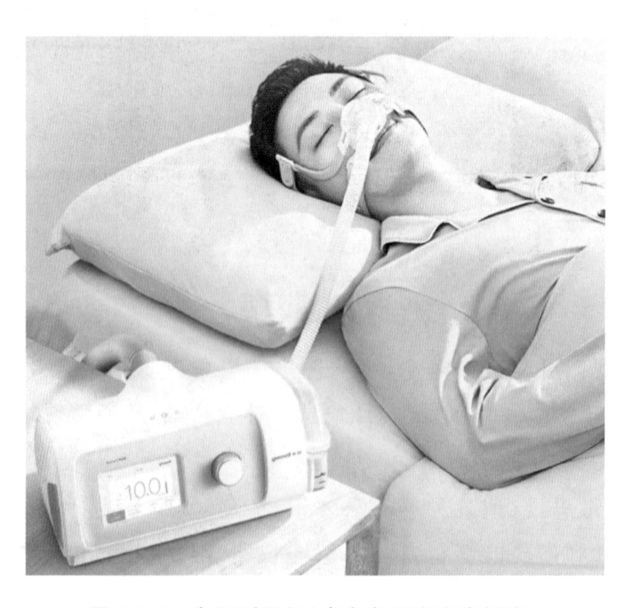


图 B-1-3　鱼跃呼吸机（来自鱼跃官方旗舰店）

5）完整的外形和色彩

外形和色彩设计也是重要的设计执行阶段，在这个阶段不仅要考虑产品外形的完整性，也要考虑产品色彩在设计中的重要性，例如图 B-1-4 所示的是高血压测压仪。

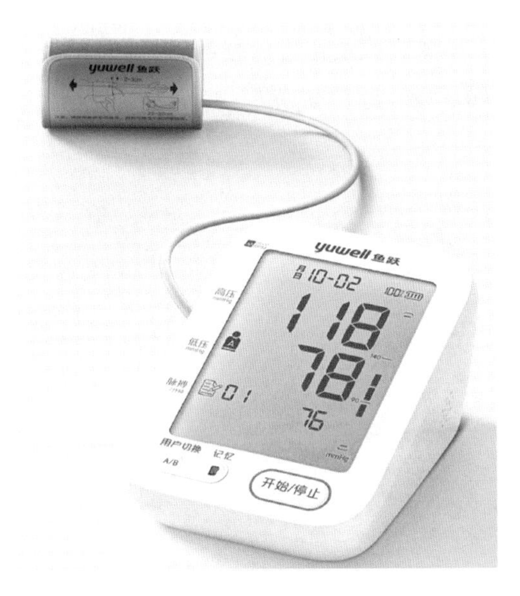


图 B-1-4　鱼跃全自动高血压测压仪（来自于鱼跃官方旗舰店）

6）耐用性因素

这里所讲的耐用性因素，是在很多其他公司的设计流程和原则中没有提到的。这也是飞利浦公司的产品坚实耐用的秘诀所在。

飞利浦 LED 已经扩展为一整套包含多种照明模组的解决方案，例如图 B-1-5 所示的

图 B-1-5　GreenPower LED 系列

GreenPower LED 系列产品是专门为园艺生产设计研发的。除了质量稳定可靠，GreenPower LED 产品还具有长寿命、高效热管理、高效率、防水防尘等特性，并能够针对每个具体应用案例研发出最适合、最持久的照明方案。

以上每个阶段的工作都是采用小组联合研究的方式进行的，在整个工作过程中，每个具体的设计师都与小组中的其他工作人员保持连续的讨论和研究，进行反复的交流，目的是集思广益，避免个人偏见造成的误差。

# B-2　徽章设计任务导入

1 岁学走路、6 岁上小学、18 岁步入大学。请组员们结合自身成长历程，回忆人生最难忘的一刻。通过产品创新设计背景、设计准备、设计构思、设计深入到设计执行方面进行学习和训练，完成一款徽章设计与制作。

设计小组分成 4 个，包括国家组、家乡组、母校组、父母组；分别给中国国家博物馆设计一款徽章礼物；给同乡会设计一款纪念徽章；给毕业校友设计一款纪念徽章；给父亲节、母亲节或父母生日设计一款徽章礼物。

武汉城市职业学院学生回忆图片展示如下，包括如图 B-2-1 所示的是家乡早上八点的雪景，摄影者为吴炎；图 B-2-2 所示的是奶奶种的菜，摄影者为夏玉辉；图 B-2-3 所示的是高中学校的晚霞，摄影者为梁威章；图 B-2-4 所示的是初中校门外的水杉，摄影者为徐锦前；图 B-2-5 所示的是家乡的牛肉面，摄影者为郭梦杰；图 B-2-6 所示的是室友一起勇闯欢乐谷，摄影者为马强强；图 B-2-7 所示的是家乡的烧饼是我儿时最珍贵的记忆，摄影者为周墉；图 B-2-8 所示的是家里的老房子拆迁前最后一张珍贵照片，摄影者为石翰文；图 B-2-9 所示的是初中运动会，班主任拍下我拼尽全力冲刺的画面，摄影者为何俊雄。

图 B-2-1　家乡早上八点的雪景(吴炎)

图 B-2-2　奶奶种的菜(夏玉辉)

图 B-2-3　高中学校的晚霞(梁威章)

图 B-2-4　初中校门外的水杉(徐锦前)

图 B-2-5　家乡的牛肉面(郭梦杰)

图 B-2-6　室友一起勇闯欢乐谷(马强强)

图 B-2-7　家乡的烧饼是我儿时最珍贵的记忆(周墉)

图 B-2-8　家里的老房子拆迁前最后一张珍贵照片(石翰文)

图 B-2-9　初中运动会,班主任拍下我拼尽全力冲刺的画面(何俊雄)

# B-3 经典徽章设计识读

## B-3-1 关于图形



图形是视觉传达设计中重要的元素之一，它能成为设计作品的视觉中心，是设计作品传递信息的重要组成部分。图形的概念从大的范围来讲涉及不同学科领域，泛指的图形可以理解为我们视觉能够感觉到的各种形象，包括自然的形象和人为的形象，可以是具体的或抽象的，也可以是平面的或立体的，形状大小不受限制。图形是具有视觉传播意义的、语言性的、创造性的。

### 1. 图形基本概念

什么是图形，怎样定义图形？

图形一词来自于英文"Graphic"和希腊文"Graphikos"，意为书、画、刻、印的作品，或说明性的绘画，可复制的艺术品。

我们这里所说的图形是指在二维平面中物体的"形态""形状"。

图形还包含传递信息的特征。在视觉传达设计中的图形不同于美术作品，它具有功能性，能传播一定的信息，是说明性的图画形象。图形区别于标识，它不是单纯的标识和符号记录。图形区别于图案、装饰画，不是以审美实用为目的的。图形是指所有能够用来产生视觉图像并转换为传递信息的一种视觉符号，运用各种技术手段进行绘、刻、写、印以及经过高科技成像等处理，可大量复制，并在社会上广泛传播以达到传达设计者理念为最终设计目的。

### 2. 图形的起源

图形的起源是伴随着人类产生而产生的，由早期人类劳动生活记事符号开始。当人类祖先在他们居住的洞穴和岩壁上进行以记录生活事件、宗教、部落之间联络沟通的符号开始，图形就成为联络信息沟通、表达情感和意识的媒介。这一点贯穿于图形从产生到今天的每一个时期和阶段。

图形的历史进程可以分为如下三个阶段。

1）记事性原始图画

从法国南部和西班牙北部的洞穴中发现的岩壁绘画中可以发现，早在约两万年前，人类的祖先就利用刻画的方式在岩壁上记录平时的生活场景，如狩猎、家禽、野兽的情节性图形，作为部落间的相互联络沟通、表达情感和意识的媒介。这是图形运用于视觉传达活动的最早的文化现象，也是文字的雏形。

2）图画式符号变为文字

随着人类社会的进一步发展，人与人之间、部落与部落之间的交流日益频繁，原始的图画式符号已经不能适应这种需要。记事性图画在实用中不断地简化，将文字从图形中分离出来，逐渐形成早期的图画性文字——象形文字。这种早期文字较之于原始图画式符号更简洁、准确、系统。

3）文字推动图形的发展

文字这一视觉传达形式使人类的沟通和交往更加密切，而既能综合复杂信息内容且又极易被领会的图形形式更为人类所重视和利用。

**3. 图形的发展**

图形发展经历了三次重大革命。

1）原始符号演变成为文字

文字的出现使符号具有了一定程度的规范，成为记事和识别的重要手段，并使信息得以在一定范围内传播。

2）中国造纸术和印刷术的诞生

中国造纸术的发明促进了文字和图画的传播与应用，而印刷术的发明使得文字与图画通过纸大量印刷，信息得以批量化地复制并广为传播。图形成为具有固定意义的符号和交流的媒介，面向的受众更多，传播的范围更加广泛。中国的造纸术和印刷术传入欧洲促使文艺复兴的提前到来，从而带来了图形设计的变革，涌现出不同风格的图形。

3）始于19世纪的科技和工业的变革

最具代表性的是摄影技术的发明和由此带来的制版方式及印刷技术的革新。传播的广泛性进一步扩展，图形成为一种世界性语言。如今的电子技术等高科技使图形传播超越了时间的局限和空间的距离，成为世界性的语言。

## B-3-2 图形的语言特征

表达与沟通是为了传递信息，图形语言有着自己独特的信息传达方式。

从广义上说，图形是指任何负载信息的视觉形式。从狭义上来说，图形是指形象、色彩、质感、量感等因素及它们之间的构成关系。图形有特定所指的视觉语言，具有思想性、语言性、创造性特点，区别于普通图像、标记、标志与图案，它既不是一种单纯的标识、记录，也不是单纯的符号，更不是单一以审美为目的一种装饰，而是在特定思想意识支配下对某一个或多个元素组合的一种蓄意刻画和表达的形式。图形语言以简洁、真实、直观的形象，在信息传播中承载着大量的信息，让人易于识别、记忆并产生心理上的感应。图形语言的生动性、直观性、象征性的特征同，弥补了文字语言沟通障碍的不足。

**1. 创造性**

创造性是图形区别一般图画的主要特征，一幅耐人寻味的图形，往往充满创造性的想象。它跨越时空，不着边际，出乎预料，其视觉感受使人为之感叹！

创造性图例如图 B-3-1 所示。

图 B-3-1　创造性图例

**2. 寓意性**

寓意性是图形具有的表意特征，图形所要传达含义经过不同形象的巧妙组合，产生出特定的含义。

寓意性图例如图 B-3-2 所示。

**3. 审美性**

审美性是图形具有的视觉特征，图形构成要素的形态结构、点线面的疏密、明暗的变化、

图 B-3-2　寓意性图例

色彩的协调等是构成视觉审美性的基本条件。

**4. 手绘性**

手绘性是图形艺术的表现特征，手绘图形能够自由地取舍，充分发挥绘画者熟悉的绘画技巧，不同工具和不同人所产生的笔触为图形语言的丰富带来可能。

## B-3-3　图形在设计中的应用

**1. 图形应用于广告招贴中**

招贴设计是信息传达的载体，它包含了公益、文化和企业形象的宣传。在国际上，它被认为是最能体现图形设计艺术质量和水准的重要指标。招贴设计在图形设计表现上比其他门类更为广泛也更全面。一幅好的海报设计应反映文化，具有创意，图形表达简洁、准确，给人视觉愉悦的同时给人心灵上的享受，能从图形的表达中让人理解其中含义，并能从中感受到浓郁的文化气息。

图形的设计主要是通过符号及元素转化的手法表达招贴的某种观念和传达一定的信息。因此，在创作上更要求表现手法的浓缩性和具有象征性。海报图形的设计往往可以不通过文字的阅读或提示，让人们一目了然地快速识别图形中所传达的内容和含义，形象生动的图形成为所需阐述主题的载体。海报设计是一种文化。一流的海报设计中，图形反映创意，体现文化底蕴，如图 B-3-3 所示。

**2. 图形在标志设计中的应用**

标志设计的表现形式主要有以文字为主体和以图形为主体两种语言形式，所以图形在

图 B-3-3 全民健身 包容 接受 平等(陈瑞萍)

标志设计中占有非常重要的地位。标志通过简洁明了、易识别的图形或文字符号来传递企业的信息,这一特点正和图形创意生动准确的语义表达、简练强烈的表现形态不谋而合,在实际的应用当中标志设计就可以借用图形创意设计的特点。

在标志设计的表现形式上,讲究识别的独特性、图形创意中的超现实的形象及表现恰恰是最富有个性的体现,比如正负形、同构形、共生形等。因此图形创意中的这些个性强烈的组合方式应用在标志设计中能更好地传达信息,成为标志提高识别性、记忆度的有效手段。

所以,同学们在收集素材时要多注意生活中常见的图形,在设计中大胆地以创新手段应用这些图形,学会提取图形的元素,进行创意,加进新的思想,融合自己的想法,使其成为一幅有内涵的设计作品。

1)具象图形的标志

具象图形标志是用较写实的手法来表现物象的形态,这种标志图形的具象和绘画的具象有所区别,它不像绘画形式那样强求形似,而是以标志图形语言形式来组织处理图形。标志具象图形是高度概括与提炼出来的有具象感的图形,有鲜明的形象特征,是对物象的浓缩与提取,突出和夸张了对象本质,这种图形易于识别,指意明确。又因具象图形源于生活,所以,图形含附的内容亲和,容易被人理解与接受。具象图形标志表现形式包括人体造型图形、动物造型图形、植物造型图形、器物造型图形、自然物造型图形等。

2)抽象图形的标志

用抽象图形来表征标志的内涵,我们称它为抽象图形形式的标志。抽象图形标志不拘泥于实际自然物的形态,用点、线、面、三角形、方形、圆形和其他几何形来表现标志图形。抽象图形来源于自然图形的高度概括,是理性、数理、逻辑的图形。它所表达的概念、内涵更为精确、深刻、明晰。抽象图形具有广泛的共识性:如圆形代表团圆、圆满、团结;三角形象征稳定、坚实;方向线有方向、运动、发展之意。抽象图形标志表现形式包括圆形标志图形、四方形标志图形、三角形标志图形等。

3)综合形式的标志

综合形式的标志指标志组成元素不是单一的文字或图形而是多元素(包括各种文字、图形、色彩、光影、肌理等)组合而成的标志。

这其中主要的表现形式包括文字与图形混合的标志和三维组合形式的标志。

**3. 图形在包装设计中的应用**

包装设计的表现手法很多,而图形是很好的表现手法之一。包装上的图形,利用图形在视觉传达上的优势,将商品的内容和信息传达给消费者,具有强烈的视觉冲击力,从而使其产生购买欲望。

这里我们主要了解包装中图形应用的几个决定因素。

1) 包装图形与包装内容物之间紧密相关

包装图形可归纳为具象图形、半具象图形和抽象图形三种。一般情况下,产品若偏重于生理的,如吃的、喝的,则较侧重于运用具象图形;若产品是较偏重于心理的,大多运用抽象的或半具象的图形。

2) 包装图形与消费者的年龄、性别、受教育程度相关联

包装图形与消费者是相关联的,尤其年龄在 30 岁以下消费者的关联性更为明显。进行产品包装图形设计时,应好好把握。

一般在包装设计中图形的表现形式主要有以下 4 种。

(1) 产品再现。

运用具象的图形或写实的摄影图形产品再现,可以使消费者直接了解商品的信息,以便产生视觉冲击及需求的效果。如食品类包装,为体现食品的美味感,往往将食物的照片印刷在产品包装上,以加深消费者的印象,产生购买欲。

(2) 产品的联想。

"触景生情"即是由事物唤起类似的生活经验和思想感情,它以感情为中介,由此物向彼物推移,使人看到图形后就可以联想到包装内容物。

(3) 产品的象征。

象征的作用在于暗示,虽然不直接或者具体地传达意念,但暗示的功能却是强有力的,有时会超过具象的表达。

(4) 利用品牌或商标作图形。

可突出品牌,增强产品品质的可信度。许多购物袋和香烟包装设计大都采用这种包装图形表现形式。

**4. 图形创意设计应用与插画**

插画是一种穿插在小说等文学书籍之中,体现出情节发展的艺术,但现代许多插画的功能早已经不是以前简单再现文字情节的图画描述,营造新颖的画面效果、展现想象的空间、传递独特的含义等同样也是插画所要达到的目的。而图形创意的象征意义、表面形式刚好和插画的要求相符合。现在许多的插画设计师都采用插图的表现技艺和图形的创意思维相结合,来创作独特、有趣的插画作品。

## B-3-4　传统图形在现代传播中的应用

### 1. 什么是传统图形

我国传统图形艺术源远流长，早在文字诞生之前，先民就开始使用图形来传达思想与沟通感情。新石器时代的彩陶纹与刻绘在崖壁上的岩石刻记载了先民对自然的理解与期盼，同时也成为人类最早的图形艺术。中国的图形艺术多姿多彩，多样而又统一，显示出独特、深厚、丰富、有魅力的民族传统和民族精神，并形成中国特有的传统艺术体系，如五谷丰登、家宅平安、富贵长寿、鸳鸯和美、年年有余、万事如意等美好的愿望，并且用象征性手法通过图形表现出来，极大地丰富了图形的思想内涵，产生了很多具有审美价值的图形，在现代设计的发展中，传统图形为图形设计的发展提供了基础和参照。

### 2. 为什么要学习和了解传统图形

高度科技化、信息化的现代社会给传统图形艺术带来了巨大的冲击，但也带来了新的发展契机。新的观念与思维方式和新技术与材料的运用为中国传统图形艺术提供了更多的思考空间和表现形式。通过中国传统图形艺术，可以产生巨大的视觉价值，成为“世界的中国”设计的一种文化身份的重要识别。

### 3. 如何应用

传统图案承载着浓厚的地域性民族风情气息，容易使受众从心理上产生亲近感。在现代设计中，我们要取其形，延其意，传其神。

中国香港凤凰卫视的台标如图 B-3-4 所示，就是对中国吉祥物凤凰的形作了新的创造而形成的具有现代气息的标志。

图 B-3-4　凤凰卫视台标

图 B-3-5　中国联通

传统图形背后蕴藏着更多更深的吉祥意义。图 B-3-5 所示的中国联通公司的标志就是采用了源于佛教八宝的"八吉祥"之"盘长"的造型，取其"源远流长，生生不息，相辅相成"的本意来延展联通公司的通信事业无以穷尽、日久天长的寓意。该标志造型中的四个方形有四通八达、事事如意之意；六个弧形有路路相同、处处顺畅之意；而标志中的10个空处则有圆圆满满和十全十美之意。无论从对称讲，还是从偶数说，整个标志都洋溢着古老东方流传的吉祥之气。

如图B-3-6所示故宫的雪温感杯，是用传统图形与现代设计相结合来诠释新的设计理念。这款温感杯的设计灵感来自落雪的故宫——更多了一层浪漫与唯美。这款陶瓷杯的设计结合了温感变色工艺来表现故宫雪景。枝头朱柿成熟，宫猫在宫墙边小憩，杯身随着杯中热水升温，逐渐呈现红墙白雪、庭树飞花，银装素裹的紫禁城跃然其上，伴你共度岁岁年年。

图 B-3-6　故宫的雪温感杯(来源:故宫文创)

## B-3-5　现代图形设计的特征

图形传递信息应具备强化、准确、清晰、独特的特点，让受众以最快的速度理解设计意图。现代图形设计观念应具有以下特征。

### 1. 独特化

处于信息社会，要想在众多的信息流中脱颖而出，就需要我们的图形设计与众不同，既要独特新颖，又要意义准确，这是时代对我们提出的要求。

**2. 符号化**

平面图形设计是以符号为基本元素的设计。这里的符号可以理解为具有既定含义的图形或实物。这种手法在招贴设计中运用较多。作为思维的主体，符号在时间与空间的变换中也是可变的。不同的时间空间，可以使某一具体符号有着不同的指涉物。如在大量的平面设计作品中，甲骨文的形象反复出现，它所传达的信息已不再是古人询问命运的结果，而转变为人们对那个时代的追思，在这里这些文字已经成为数千年中华文明荣耀的提示符。

图形设计的过程是一个将创意视觉化、符号化的过程，思维根据设计意象对视觉元素进行挑选、变换、组合，将视觉元素进行有机的关联、编码，使之形成特定的符号系统。

**3. 信息化**

在信息时代，图形的语义性、创造性、包容性、延展性、适用性及简洁性成为时代的新要求。今天的图形最大的特色在于语义的传达，也就是图形的意义。我们都有这方面的经验，比如鸽子象征和平，骷髅象征死亡。除了这种惯常意义的对照关系，发掘隐藏在图形下的丰富语汇及带来的联想及思考，成为图形设计吸引人的地方，鸽子除了和平还有没有其他的语义？为了突破人们的惯性思维模式，创新思维、逆向思维、发散性思维等思维方式激荡着图形设计师产生更多创意。



## B-3-6 图形在设计中的重要性



**1. 视觉设计焦点**

视觉传达设计由图形、字体、色彩三大要素构成，图形在视觉传达设计中以其不可替代的形象化特征成为设计三大要素中的视觉焦点。它的成功与否直接影响三要素之间关系和信息传播的准确。

**2. 视觉信息的国际化**

人类传播的视觉信息主要分为图形和文字，它们各有特色，而图形具有超越国界和地域性的优越性，并能准确传递信息，以识别和记忆的特性更成为视觉传达设计中不可替代的重要元素。文字源于原始图形。信息交流的国际化趋势使得文字受地域和民族的限制给交流带来了不便。好的图形在没有文字的情况下，通过视觉语言，使人们相互沟通理解，跨越地域的限制、语言的障碍、文化的差异而进行无声的交流，并达到无声渲染的艺术效果。因此图形的国际性成为信息交流中不可缺少的一种手段和方式。

# B-4 徽章设计团队组建

## B-4-1 设计团队的组建

项目的书面文件、预算、时间表和创意纲要都已就绪，接下来就要开始设计了。但问题是，如果在计划阶段没有组建好团队，那到底应该由哪些人参与这个项目呢？对于独立的设计师和小型设计公司来说，有时候这个问题是没有意义的，因为他们的选择非常有限。但是大的设计公司拥有多个团队，这些团队拥有不同的专长，例如专业的写作团队、网络编程员和摄影师团队，他们可以相互协作来实现项目的目标。这虽然有利于团队更好地发挥各自的专长，但同时也会带来经济和沟通方面的麻烦。这些问题都需要在项目进行的过程中妥善解决。但是，这些问题并不是不可逾越的，只是它们的细节需要更妥善地处理。

所有的设计团队，无论大小，为了实现最佳表现，都应该具备以下因素：

(1) 清晰的短期目标和长期目标；

(2) 明确的工作范围；

(3) 表述清晰的预期；

(4) 明确划分的角色与责任；

(5) 项目的相关信息和背景；

(6) 工作所需要的足够时间；

(7) 合适的技术工具；

(8) 有效的合作；

(9) 持续的沟通；

(10) 有意义的认可与奖励系统；

(11) 监督和管理的支持；

(12) 持续的进展(从创意到沟通)；

(13) 达成一致的管理层级。

一般来说，一个项目都有一个核心的设计团队，它由具有创意方面专长和客户方面专长的人才所组成。在很多情况下，大量的设计师会参与进来，有些发挥创意的作用，另外一些则负责完成和制作作品。另外，具有特殊技术的人员也可能被添加到团队中，例如，插图画家或者印务公司经理。当一家设计公司的规模逐步变大时，不仅它的设计团队会扩张，还需要增加行政人员来帮助运营整家公司。他们为公司提供财务和行政方面的服务，支持创意和客户服务部门的工作，帮助项目以及整个公司运行得更为顺利和通畅。

对任何设计团队来说，为了运行良好，每个成员都要认识到自己的表现会影响到整个团队解决问题、开发创意以及满足客户的能力。只有他们可以充分理解自己应该为项目做出哪些贡献，项目才有可能获得良好的结果。如果对任务的规定模糊不清，到了某一个任务时，团队成员可能会觉得那是别人的事。糟糕的团队通常存在沟通不善、合作环境不畅通等问题。

在最好的情况下，一家设计公司应该拥有三个领域的人才：创意、客户服务和运营。项目经理一般要处理这三个领域交叉的任务，他们的角色可以用图 B-4-1 中三个领域交叉的白色三角形来表示。

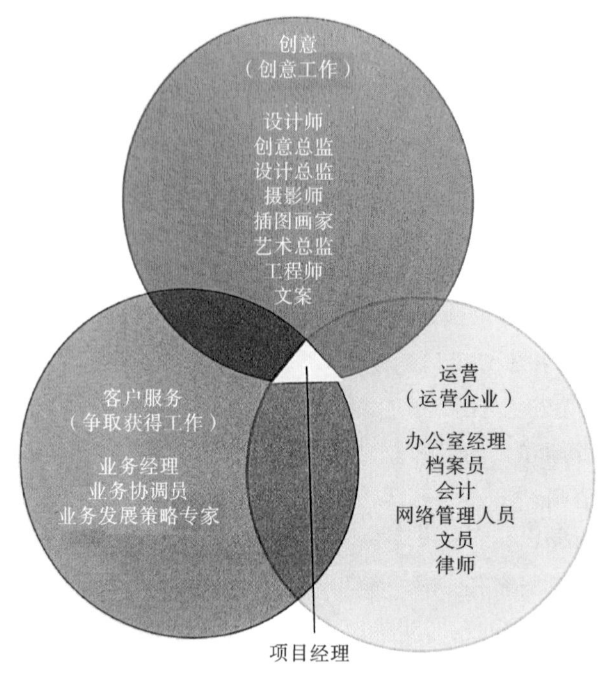


图 B-4-1　项目经理的角色

## B-4-2　设计团队的管理

管理人才是一门艺术，而设计项目经理则需要掌握这门艺术。他们要能够制定和实施预算计划和时间表，同时又能对团队人员进行管理。项目经理的工作伙伴是创意总监和设计公司的老板。因此，他们需要运作设计团队，创造出最好的创意和最高的生产率，但对有些项目来说，这两个方面似乎是相互冲突的。笼统地说，生产率就是劳动人员每小时的工作产出。对设计项目或设计公司来说，成本中占据最大比例的就是设计团队的报酬。所以，在设计行业，最重要的就是妥善地发掘利用设计团队的能力，使他们持续地提供最好、最有用和最具创意的成果。

### 1. 评估员工

影响设计团队生产率的因素有很多，包括项目工作条件（工作类型和复杂性）、障碍性活动（沟通不善、客户不够配合、电脑出现问题、成员健康问题等带来的障碍）以及团队成员的特点（成员的品质和贡献）等。《PMBOK 指南》一书建议，评估员工及其工作表现可以考虑以下因素：

（1）工作质量；

（2）工作数量；

（3）工作知识；

（4）相关知识；

（5）判断力；

（6）主动性；

（7）资源的利用；

（8）可靠性；

（9）分析能力；

（10）沟通能力；

（11）人际交往技巧；

（12）抗压性；

（13）安全意识（对设计团队来说是创意意识）；

（14）对利润和成本的敏感性；

（15）计划的效果；

（16）领导力；

（17）委托力；

（18）帮助他人发展的能力。

《PMBOK 指南》以 3 分为满分对每个项目进行评估。员工的得分越低说明他（她）的表现越好：

（1）3＝需要提高；

（2）2＝达到要求；

（3）1＝很有优势。

我们知道，绝佳的创意不一定总是能够按照要求创造出来。有时候，我们需要更长的时间才能把工作做得更好。但是，专业的平面设计师总是会努力地缩小与这个目标的差距，尽力持续高效地完成设计工作。做到这一点，在很大程度上依赖于项目经理做到了知人善任。

因此，作为项目经理需要问自己如下几个问题：

(1) 他们是否清楚创意纲要和项目目标？

(2) 他们是否具备我们需要的技能？

(3) 他们是否拥有项目所需的创意能力？

(4) 他们管理时间的能力是否符合要求？

(5) 他们对这个项目及团队成员是否持有良好的态度？

### 2. 激发最大的潜能

一个头脑清晰的领导者会制定清楚明确的愿景，并以此为基础指导团队工作。这种领导者能够激发出设计团队的最大潜能。他会激励团队成员更富有创造性，敢于冒险，勇于挑战自己的极限。其他一些可以激发创意人员潜能的因素包括：

(1) 相互尊重；

(2) 认可成员的贡献；

(3) 提供良好的工作条件；

(4) 富有挑战和趣味性的工作；

(5) 提供发展机会；

(6) 给予经济或其他方面的奖励。

设计公司有时候也不想让自己的员工过于富有创造性，他们只是希望员工的创造力保持在客户预期的范围内。这一点需要对员工进行额外强调。将创造力限制在达成一致的项目参数(创意纲要中所罗列的)以及不可避免的项目限制因素范围内，这一点十分重要。这也是区分为了设计而设计和为了艺术而设计这两类设计师的重要标准。但在设计自己公司的宣传材料时，设计师可以尽情地发挥其创造性。

### 3. 制作书面文件加以规范

为了确保员工的表现符合公司的期望，设计公司可以采取的一个好办法就是与员工签订雇佣合同或协议，其中清楚写明对劳动关系的期望、员工的任务描述以及他们将获得的相应报酬。雇佣合同中应该包含以下几方面的内容：

(1) 雇佣日期；

(2) 待遇(工作的小时数/天数、病假、公共假期、有薪假期等)；

(3) 完整的工作描述；

(4) 薪资；

(5) 福利(医疗保险、专业人员身份、培训或再教育机会、退休保障计划等)；

(6) 员工表现考核流程；

(7) 第一次员工表现考核的日期；

(8) 雇主的签名及日期；

(9) 雇员的签名及日期。

设计公司的老板时常会抱怨他们的员工们不能胜任工作，或者说员工的工作重点与要求有差别。这通常是由于沟通不善造成的。每个员工的雇佣合同中都应该清晰地按照重要性的顺序标示出他们的职责，然后由项目经理对员工的工作进行监督，确保他们在项目中尽到了职责。

## B-4-3 明确团队成员的职责

很多设计团队成员并不清楚相互之间的角色和责任。有些是因为缺乏良好的领导和管理。但要创作出伟大的设计，就要增强团队的凝聚力。在设计团队中，成员相互之间都负有责任，只有这样才能实现最佳效果。

对于设计工作来说，有一个现实问题就是随着项目从概念产生到最后完成，它实际上要经过很多专家的处理，如果是某个自由职业者单人负责一个项目，他(她)就必须在规定期间完成一系列的工作。一般来说，设计工作流程从创意专家手中开始，在技术专家手中结束。这个过程对不同人员的经验和技能要求也因角色而不同。那些提出优秀创意的人并不一定能够实现创意。从大致概念的产生到设计成品的完成，这个过程需要不同的技能。设计师需要向他的客户解释这一点，但同时也要向设计团队本身明确这一点。所以，如果项目管理者让团队成员按照自己的特长来承担项目中不同的任务，项目的进展就会非常顺利。设计项目中这种任务分解的做法可以让最合适的人选将其专长聚焦在特定的方面。

表 B-4-1 展示了多数设计团队中的主要角色。当然，规模更大的项目需要更多的人员(除了承担以上的角色，还要有插画家、摄影师、动画师以及程序员)。设计团队必须清楚，他们要与很多不同的人合作，而其中一些人通常会持有不同的观点。

**表 B-4-1 明确设计团队中的主要角色及其职责**

| 角色 | 职责 |
| --- | --- |
| 客户 | 发起项目，制定项目要求并且提供相关背景信息；制定创意纲要的框架；审批项目交付的文件，并对它们的质量进行评估 |
| 客户联络人(业务经理) | 负责争取项目和推销本公司服务；为客户提供服务，包括每天与客户进行电话沟通；向项目经理提供建议 |
| 估算人(方案草拟者) | 可能由客户联络人或由项目经理充当；处理所有与经济有关的问题谈判，准备项目所需文件 |
| 创意总监 | 提供整体愿景：一般来说，负责起草创意纲要，制定战略；负责创意呈现。任命设计团队成员 |
| 项目经理 | 管理项目：制定与项目相关的计划；评估项目表现，采取修正措施，控制项目成果，管理项目团队，并且汇报项目状态 |
| 设计师 | 根据创意纲要设计作品，负责完成项目活动以及制作需要交付的事项 |

续表

| 角　色 | 职　责 |
| --- | --- |
| 文案 | 根据创意纲要完成文字工作 |
| 产品设计师 | 根据客户批准的设计方案制作成品 |
| 产品主管 | 负责设计产品的生产业务的投标并予以管理 |
| 出纳 | 提供所有项目相关的发票，管理现金流，负责公司与钱相关的事 |
| 供应商 | 为项目团队提供产品或服务 |

## B-4-4 成功的设计团队

成功的设计团队具有以下六个特征。

1）技能互补

团队成员的技术相当，但并不相互重叠。他们在工作风格、技能、经验和创意方面呈现多样性。这一类的设计团队充满活力，能够创作出令人意想不到的作品。一个项目如果能够配备具有不同设计理念的设计师，并将他们组成团队，那么这个项目就会得到提升。

2）个人获得授权

团队中的每个成员，不管资历深浅，都在鼓励下积极贡献自己的想法和建议。他们也得到信任，被委托以自己最大的能力完成各自的任务。设计师得到客户的授权，以及相互之间授予权力，就能最大化地发挥自己的创造力。

3）积极参与

所有的团队成员都在项目过程中积极参与，视自己为项目的主人。所有成员都感觉他们为项目做出了真正的贡献，并热切地期待项目的结果。

4）真正的紧密合作

团队成员相互尊重并且彼此信任；持续沟通和不断聆听会使团队形成开放的氛围，并使所有成员致力于团队的工作。

5）冒险精神

所有人，其中包括个人和团队，都愿意抓住机会，勇于在设计工作中挑战极限。尝试新的选择是创造力的源泉。

6）文明的争论

不同的想法可以激发新的点子，为团队增加新的灵感。挑战现状和彼此之间的信念可以使项目过程更为丰富，结果更为良好。不过，有效的团队应该清楚如何解决不同的意见，允许不同意见的存在，抑制毫无意义的冲突，然后继续前进。

# B-5　徽章项目计划制订

## B-5-1　设计时间表

在所有人都明确了自己要完成的工作之后。项目计划中下一个要解决的问题就是制订时间表。在设计项目中。有时候只需要明确两个日期，即客户批准开展工作的日期和客户设定的交货日期。有些客户可能还会设定几个关键的日期，但一般来说都是设计师为项目的每个环节制定关键任务并设定相应的完成日期。

设计项目的经理应该清楚，时间表的制订是一个持续变动的过程。很少有设计项目能完全遵照最初制订的时间表来进行。日期变动通常归结为几个原因，其中绝大部分与客户有关（例如客户没有提供推进项目的关键资料，没有签署某些文件，或者对文件进行了改动）。如果项目经理认识到时间表是一个灵活的框架，但同时也明白时间表中所列的工作期限绝对不能耽误，那么他（她）就可以较为明智地运作项目。

如果要使时间表的制订更为顺畅，设计团队与客户之间需要就双方的责任和关键要求进行明确的沟通。而客户也必须清楚，如果因为他们的原因而使项目错过了任何一个任务完成的期限，那么接下来所有的工作都会受到影响。对于平面设计公司来说，不要错过任何工作期限是一个非常重要的原则。客户可以晚，但是设计师绝不可以晚。如果这种问题确实发生了，最好尽早通知客户，告诉他们工作中出现了一些问题，可能比预定日期稍晚才能完成。这也是管理客户预期和满意度的工作内容之一。

图 B-5-1 展示了设计时间表的制订流程。在这个过程中，项目经理最好对每个环节需要完成的工作有清楚的认识。如果为设计团队提供必须资料之前就启动项目，项目经理就犯了一个大错。如果他（她）又将在错误基础上制订的日期提供给了客户，那就更糟糕了。一个正式的时间表和计划制订流程可以帮助改善团队的后勤运作，避免浪费时间，并且确保项目工作按计划进行。因为设计活动本身充满变数，所以为设计项目制订时间表是一项具有挑战性的工作。在制订时间表的过程中，项目负责人需要考虑哪些任务和活动是需要按照一定顺序进行的，又有哪些活动是独立的，是不需要经过一定的前期准备就可以完成。为了

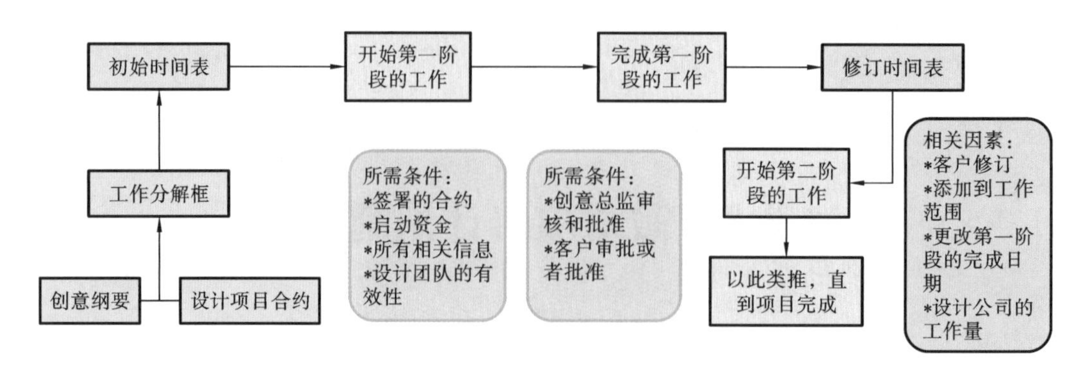


图 B-5-1　设计时间表制订过程

形象地将设计项目中各个要素和任务之间的关系展示出来，同时也给它们排出先后顺序，设计师可以选择制作甘特图。

甘特图是项目管理的经典工具，它可以在同一文件同时展示多个任务和时间线索。一般来说，时间排列在横轴上，以周或天为单位，具体的任务则被放置在纵轴上。条状阴影则表示为某一任务设定的完成期限。

图 B-5-2 所示的甘特图展示了标志设计项目第一阶段的工作。项目初始阶段需要完成的主要工作及时间安排在这个图中一目了然。

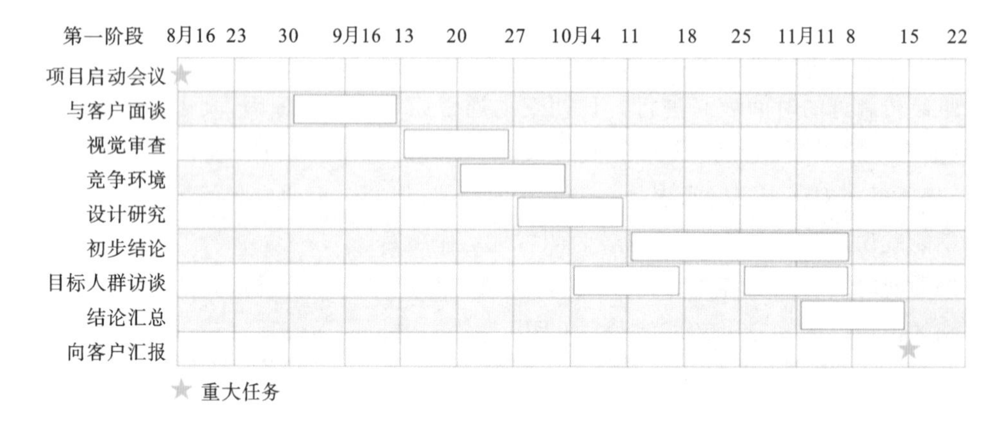


图 B-5-2　以标志设计为例，第一阶段的甘特图

并不是每个设计项目都需要制作甘特图。对某些设计团队来说，简单的日期清单和自动电邮提醒就足够了。而对其他一些设计团队来说，特别是使用项目管理或者电子制表软件的团队，制作图表就会变得十分简单而实用，因为图表直观、清晰而且有效。

## B-5-2　时间管理

时间管理是团队中的所有成员都必须在整个项目过程中全程参与的持续性活动。同时，时间管理也是设计项目在计划阶段时必须首先解决的问题。项目经理在明确工作范围后制定详尽的工作分解框架。这时他(她)已经明白了需要完成哪些工作以及明白了它们之间的等级关系。他(她)也已经知道了每项工作大概需要多长的时间来完成，并将所有的信息汇总到时间表中。这在理论上听起来很可行，但是在实际操作过程中还需要时间管理来发挥制衡作用。良好的时间管理有助于制订工作计划，并能确保各项工作按照预先制订的流程顺利开展。

以下几个方面努力，可以有效地实现时间管理。

1）设计师需要时间表

时间管理的最佳辅助工具就是工时表。它每隔15分钟记录一次设计师工作日里的工作状态。很多设计师对于这种方式有抗拒心理，多数是因为它很无聊乏味。有些设计师认为，如果项目的酬劳是固定的，而不是按工时领取，那么工时表就没有太大的意义。但是，工时表之所以有重要价值，是因为它是确保项目盈利和估算未来工作的基本工具。

工时表有助于项目经理追踪团队的工作进展。通过定期(通常是每天或者至少每周一次)审查工时表，项目经理可以及时了解项目是否按照之前设定的时间来安排进展。尽早明确这一点，可以帮助项目经理开展如下工作：

(1) 发现团队成员工作中的漏洞并及时纠正问题；

(2) 质疑为什么工作没有按计划完成，经常需要向客户递交工作变更通知；

(3) 如果可以，缩减项目后期阶段分配的时间，从而弥补项目早期耽误的时间和工作；

(4) 向客户要求额外的时间。

2）让客户参与进来

由于项目中的时间表通常不断变化，所以项目经理需要告知客户目前的时间表在今后的工作中可能会进行调整，以减少不必要的麻烦和误解。为设计项目制订计划和时间表都需要做预测。这需要进行有根据的猜测，并观察这些猜测是否应验。无论对项目启动阶段还是对整个项目过程来说，时间管理的分析都至关重要。一个出色的项目经理会根据工时表和工作完成情况等事实和数据来推断达到最终目标的方法。密切观察设计团队的时间利用情况，可以让项目经理今后在制订时间表时做出更好的决策。另外，通过再次与客户进行沟通，项目经理还可以为进行中的项目调整时间表。

3）时间表软件

项目管理软件一般都具有制订时间表的功能。这类软件通常功能强大，但有时对很多设计项目来说需要太多的人力。使用这类软件的最大好处是它们通常与电子邮件相连，这样就可以为项目设置一个自动警告，提醒项目经理和团队成员他们的项目已经进行了很长时间。有些设计师可能会简单地采用一个网络共享的日历作为项目的时间表工具。还有一些设计师喜欢采用项目状态报告。另外还有一些设计师会每天开个短会，明确当天的任务。不管时间表工具的复杂程度和精细程度如何，选择团队最喜欢的那个。

(1) 用软件显示事项的优先顺序。几乎所有的设计公司都会从委派专人管理公司的整体工作流程和工作量中受益。项目经理需要注意，不同任务完成期限的设置以及客户的要求之间是否存在潜在的冲突。这里最好的做法之一就是使用时间表软件。

在设计项目中，不同活动需要按照特定的顺序来完成，这个顺序称为优先关系。时间表软件可以帮助项目经理很好地追踪和管理这些关系。这种任务的先后顺序可以通过甘特图清楚地展现出来。

(2) 用软件能帮助制订应急方案。设计项目经理在时间表中设置的工作期限可能比他(她)实际估量的期限要短，通过这种方式为某项任务或环节预留额外的时间，称为制订应急方案。及时制订应急方案，并且投入实施，可以帮助设计团队紧跟时间表的计划。例如，如果一项工作原计划需要在星期四完成，那么就要在星期三确认工作是否完成，从而确保该工作在星期四必定可以完成。允许时间表中有一点拖延，意味着项目经理拥有一些缓冲的余地。但同时，项目经理也必须把握好度，以免给项目带来真正的拖延或者问题。

## B-5-3 设计管理



### 1. 设计管理的重要性

设计项目管理不只是产品目标、定量物流产品实现和/或生产阶段的“项目管理”。基于本书的目的，设计项目管理被定义为整体的和前置的计划，是对与进行的项目相关的所有多学科思想和程序的调和与管理——从确保“商业需求”的精确定义，经过所有设计发展和生产阶段，直到客户的最终使用。这包括维护问题的考虑和未来项目或商业需求的反馈。它把清晰的意图作为确保可控程序和乐观的创造性机遇所需的关键元素，如图 B-5-3 所示。

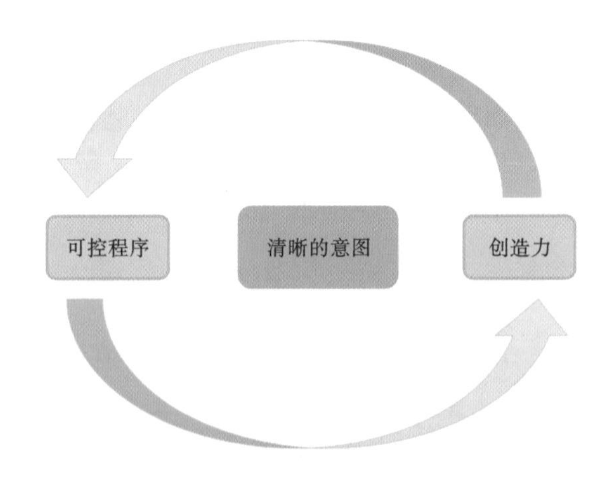


图 B-5-3 清晰意图的核心

在生产阶段，虽然传统的项目管理可能想采纳在机构和设计规划的早期阶段由别人做出的设计决定，但设计管理则是通过确保质量兼备的设计关系与战略机构目标相一致来驱动整个程序的。这涉及重复的提问和所有阶段的再评估，包括整个项目周期中的所有团队成员。它包括对战略、市场营销和具有设计项目参数适当水平的可运作商业参数的平衡及同步考虑。

成功的设计项目管理创造了一个呈现于项目中的切实的“第三方”——所有设计团队参与者可以感知的“脉动”。这一“项目脉动”的创造是建立“单一视角”，告知团队成员清晰目标的关键点。项目发展和成长直到完成的要求对所有参与人来说都是清楚的，那么就只有一个共识和路线图：“是什么”“在哪里”和“怎样做”。

在领导力和商业管理的理论中，这一过程称为想象。成功的设计项目管理为商业和设计的结合提供了达到目标所需的有力保障。

### 2. 什么是成功的设计项目

成功的设计项目是指什么？成功能被测量吗？在进入本书其他更为详细的内容之前，我们必须思考和定义成功是什么，它怎样可以被测量，以及它应该根据谁的观点来判断。

对成功最好的判断是项目的客户，特别是客户的经济“支持者”，无论是顾客和股东/托管人还是其他经济支持者。不管客户在利益或非利益部分中是否有作用，都是一样的。客户通常是需求的缔造者，虽然不总如此，但资金的提供者往往要求启动和推进项目，然后通过或针对已完成的设计进行运作。

如果说项目可以通过额外的销售或得到特别的青睐等方式使客户的商品得到升值，那么项目就可以认定为成功。然而，这并不是说，成功只能在商业基础上被判定，或由增加的利益或市场份额所决定。它也可以通过文化的或其他社会利益来判定。例如，在博物馆或艺术陈列馆设计中，针对新的观众，无论他们是年轻/年老的或是具有生理/心理残疾的，都可以提供更多的触及身体和思维的文化遗产项目。如果项目被设计师们认定为成功，但却没有使机构所对应的工作方面得到增值，那么就有观点认为该项目不能算成功。在这种情形下，表面的审美性或项目的其他狭义方面得到评估。

因此，增值到商业实体中的方式，只能由客户决定，也必须在计划中定义或表述清楚。这说明了客户角色从设计过程一开始所起的重要作用。增加客户利益是关键，因为这反过来会通过增加客户销售/使用/青睐等产生商业利益或“增值”。设计目标的层次在图 B-5-4 中得到阐明。

### 3. 项目执行的影响因素

传统意义上的项目管理主要围绕三个因素：成本、时间和工作范围。这三个因素之间的关系通常被形容为一个三角形，如图 B-5-5(a)所示，而有些人会把“质量”作为影响以上三个因素的统一主题，并把它放在这个三角形的中央位置如图 B-5-5(b)所示。不过，由于商业项目必须准时交付，而且其成本和工作范围不能超过预定计划，同时还要满足客户与设计师的质量预期，因此有人把这种限制关系描绘成钻石的形状，其中“质量”是四个顶点中的一点，如图 B-5-5(c)所示。无论你采用何种关系模式，成本、时间、工作范围和质量都是项目管理中

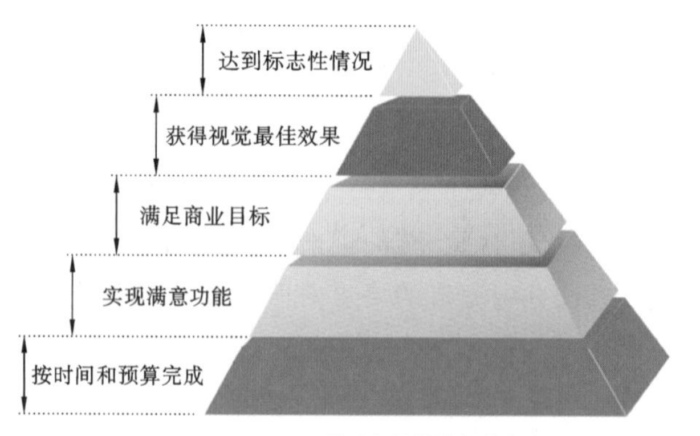


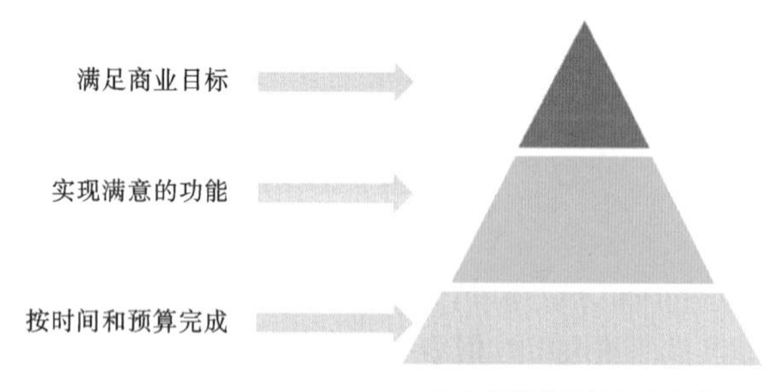


图 B-5-4　设计目标的层次

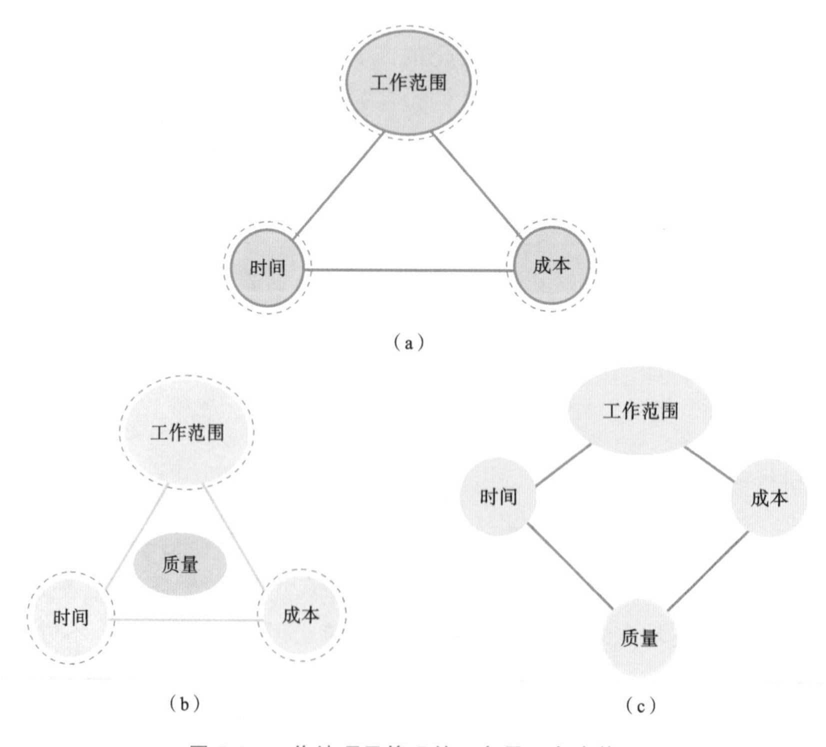


图 B-5-5　传统项目管理的三角及三角变体图

影响所有工作的主要因素。

如果将这个概念再推进一步，设计项目管理的限制因素可以被简绘成一个包含时间、成本和工作范围几个细分内容的更加复杂的三角形图表。

时间管理是至关重要的。良好的时间管理意味着每个环节都在时间表规定的期限内完成，并且在每个阶段完成之后通过报告的形式汇报工作的进展。

成本管理包括已经与客户达成共识的为设计服务所做的成本整体预算，也包括打印等设计服务之外的费用预算。另外，设计师必须适当地掌控自己的资源，确保将适合的人员、设备和材料投入设计方案中去。

工作范围从概念上来看有些复杂，但是在这个方面，设计师应该注意两个问题：一是产品范围，或者说设计师所交付的设计服务的整体质量，这些信息都应该体现在创意纲要中；二是项目范围，或者说工作所涉及的范围，也就是为了使交付的设计成果达到预期标准所要付出的努力。这些工作在每个环节每个阶段都要进行衡量，设计师必须意识到这些因素，以确保项目的平衡并保证项目顺利地推进。

每个设计任务都需要由设计师、客户和与之相关的团队通过合作来完成，这就需要一个独一无二的短期管理结构来对这个过程进行管理。虽然设计师可以影响设计项目中具体的因素，但多数设计师并不能真正地控制它们。一般情况下，设计师都是在客户设定的参数范围内进行工作的。另外，时间表、预算计划和至少一部分设计项目的人选通常都是由客户决定的。与此同时，沟通目标、受众需求以及品牌框架等因素都会影响设计的进程，因此也都需要进行管理。设计项目管理限制因素的圆形详解图如图 B-5-6 所示。

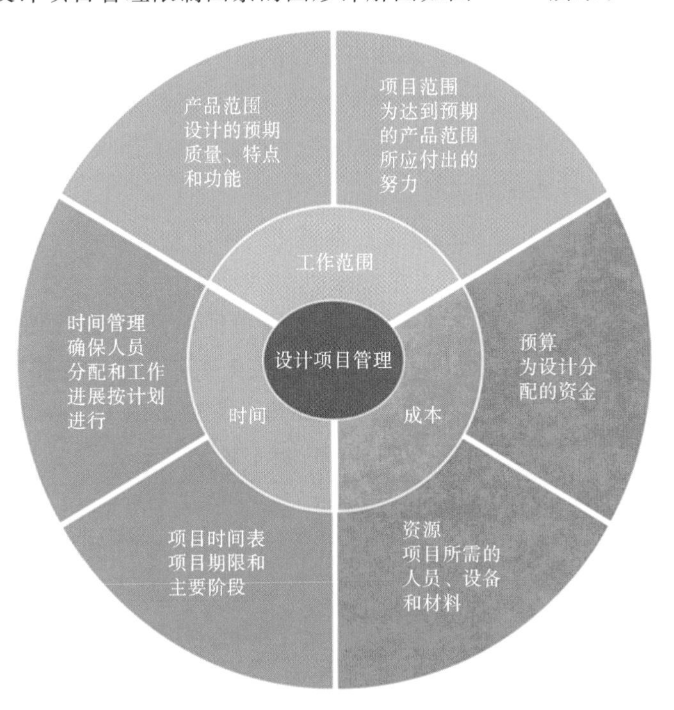


图 B-5-6　设计项目管理限制因素的圆形详解图

### 4. 设计管理者

设计管理包括与不同类型的多学科同事一起工作时在一个大的范围内对输入的理解、调和及综合。参与者的范围将从具有战略性的“管理董事会”延伸到维护工作者；从具有自由思想的创造性设计师延伸到技术操作员；从具有美学思想的风格大师延伸到能让需求与法规相适应的法律工作者；从那些研究人机工程学的人员到那些期盼经济和市场成功的人士。

如果想得到成功，设计管理者必须因此引进一系列的技巧到项目队伍中。他/她必须能够理解许多参与者的语言并进行交流，必须通过支持创造性的活动和维持程序，管理因为平衡可控进程而产生的冲突需求：去处理、理解、重新解释及调和有冲突的信息条款与相冲突的技术性、创造性、经济性及所有其他方式的需求。在面临多种数据包围需要立即重新再分配和从周围寻求帮助时，作为各种决定标准的维持中立的“项目前景”的能力，除了要求持久的智力投入外，还需要客观、实际和创新的能力。

成功的设计管理者可能具有创造设计的背景经历或资历，也可能将这与实际的感觉以及商业学习中的经验和/或资历结合在一起。陈述、交流技巧和信息管理技巧是另外的核心要素。作用于设计管理者必须管理的项目上的冲突压力，能用图 B-5-7 所示的力场图来说明。

### 5. 项目管理流程

估算的东西永远都不可能完美，而且创意的产生也很难用精确的时间表来衡量。但是在商业社会，时间就是金钱，设计师必须按时交付他们的创意，然后他们才能接受下一个工作的委托。如果他们不能及时交付作品，他们的收入就可能低于行业的最低标准，甚至可能赔钱，而实际上他们可能并不缺乏资金充足的客户和众多的工作项目。也就是说，如果缺乏良好的管理，设计师的工作将很难进行下去。

处理设计项目管理的最佳方式是什么？本书中列举了许多成功的设计实践经验。从某种程度上来说，这些富有价值的商业运作的细节会比较沉闷，相比之下，作为设计工作中心环节的创意挑战则更令人兴奋。但不幸的是，在整个设计项目中，设计创意所占的时间比例并不超过 50%，更多的时间都花在技术、沟通、管理、文书工作和账单整理这些事务性工作上。事实上，一个设计机构或者一个设计项目的成败往往就取决于这些事务性的工作。

一个设计项目的执行包含了诸多设计流程，每个流程的阶段又分解为若干步骤，其中还包括了各阶段必须完成的一些更加细微的阶段性工作。每个阶段的工作都会影响到项目的时间、成本和工作范围。因此，每一项工作都需要有适当的定义、资源的分配、时间的分配和恰当的管理。图 B-5-8 所示的设计项目管理流程图描述了设计项目管理流程的众多步骤。无论是大型的设计项目还是小型的设计项目，都需要有人从始至终地管理项目的方方面面。

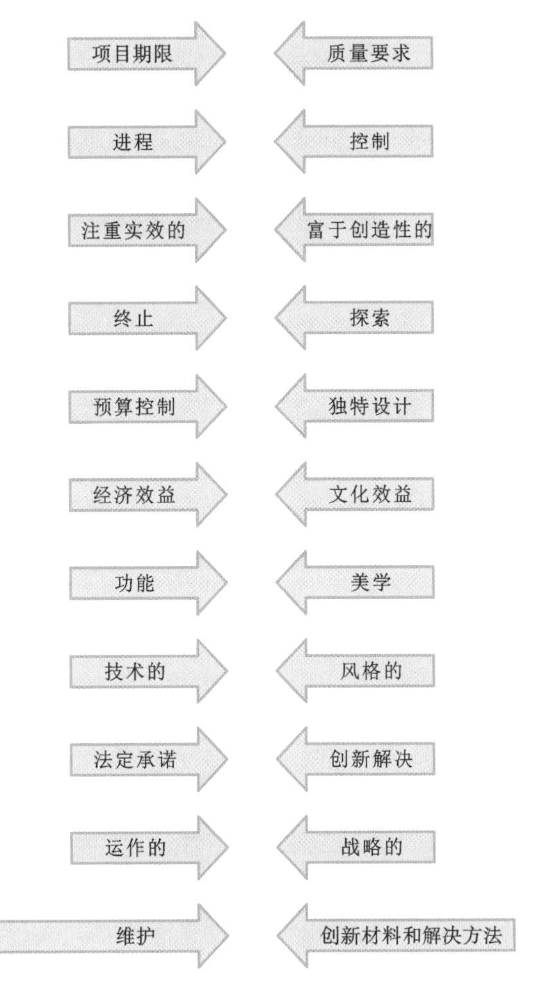


图 B-5-7　力场图

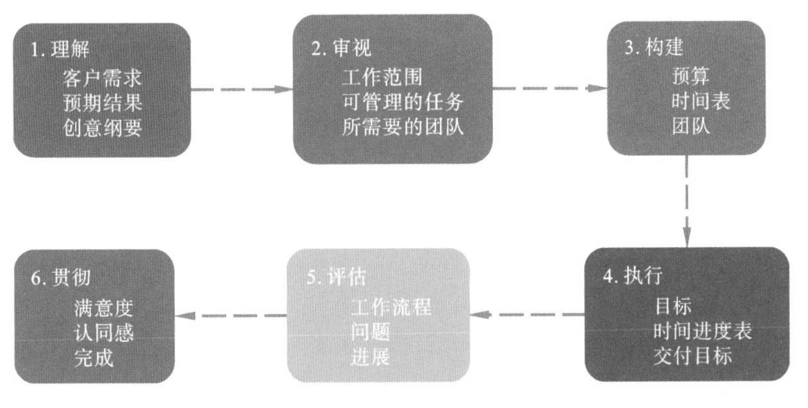


图 B-5-8　设计项目管理流程图

# B-6　徽章设计问题提出

## B-6-1　人的需要(痛点、爽点、痒点)





### 1. 痛点

痛点是恐惧。

我们做产品不可避免地就要谈一个词——痛点。什么是痛点？

在"什么是痛点"的问题下，网络上排第一的答案是："对于产品来说，痛点多是指尚未被满足的、而又被广泛渴望的需求。"这个答案当然不对。

没有被满足用户只是难受而已，不能拿用户的难受当痛点，或者产品的切入点。

一个叫子柳的网友说：手机上一天到晚都会收到推销的广告电话，恨不得卸载手机的通话功能，直到我遇上某某号码通。碰到头疼脑热的小病，跑医院能把人折腾死，又不敢乱吃药，这时候有一个 App 就很好地解决了我的问题。

一个叫舒大畅的网友说：当年的海飞丝广告就很打动我。我第一次拜访岳父岳母，肩上都是头皮屑，让老人一脸嫌弃；面试的时候衣服上都是白点，让面试官皱眉头……这些都是很痛的事情。

上述场景中，用户决定用什么产品帮助自己时，他们用的一个词是"怕"。所以，痛点是恐惧。

有一篇文章叫《如何抓住用户痛点做产品》。这篇文章的说法是错的，张太太是个全职太太，全职在家带两个孩子。她每天早上起床后，要先给两个宝宝做早饭，老大吃完后就要去幼儿园。张太太要推着婴儿车让老二坐在里面，再牵着老大的手把孩子送到幼儿园。之后，她要赶紧回家，哄老二吃饭，并陪他玩耍。到幼儿园放学时，张太太又要带着老二去接老大。到家后先生也要下班了，她又要开始准备晚饭。张太太也有自己的兴趣爱好，有自己的想法和梦想，但实际上家务活已经占去了她所有时间。

接着这篇文章对张太太做痛点分析。张太太没有自己的时间，时间全部被孩子占据了，能不能有一款产品解决张太太的问题？这不是她一个人的痛，这是一群忙于家庭生活的、大多数女性的痛。

这是痛点吗？当然不是，因为这中间没有恐惧。

**2. 爽点**

爽点是即时满足。

痛点，是做产品的抓手。另外一个做产品的抓手，是爽点。什么是爽点？人在满足时的状态叫愉悦，人不被满足就会难受，就会开始寻求。如果人在寻求中能立刻得到即时满足，这种感觉就是爽。

当年俞军在百度招聘产品经理时，招聘题目是如果要做音乐百度该怎么做？很多人都写了洋洋洒洒的规划书给他，有一个人只写了六个字："搜得到，能下载"。俞军就挑了这个人，他就是后来当上百度副总裁的李明远。当年互联网资源非常少，人们上百度找音乐找自己想听的歌，一搜就搜得到，还能下载，这就是爽。

今天的外卖，你在家用手机下单，吃的就送到你家来了。你在"河狸家"上下单，美甲师就上门给你做美甲了。有需求，还能被即时满足，这就是爽。

回到刚才的场景，我们知道张太太自我实现的想法没有被满足，这当然是不爽的状态。但是，你的服务可以让她即时满足吗？你能做个产品，即时满足这类女性实现自我的需求吗？这是个复杂问题，是不可能做到即时满足的。这不像是在游戏里顶个蘑菇加分那么简单。你看到了张太太不爽的状态，但是如果你没找到让她即时满足的方法，那么你依然没有找到这个产品的切入点。因为自我实现其实是一条漫长而痛苦的路，人的本性是懒惰的。你看到一个人展现出了勤奋、规整、自律，其实这是被一系列的恐惧、集体人格、潜意识压迫，才会呈现出那个样子。

所以，如果没有恐惧这条疯狗追着，没有爽点这种满足感来持续喂养，只靠一个 App 帮助女性实现自我，那可以不客气地说，这就是个不痛不痒的产品。

**3. 痒点**

痒点是满足虚拟自我。

痛点和爽点，我们说完了。刚才说到不痛不痒，我们再说说痒点。那什么是痒点呢？痛点已经成了今天互联网的万金油概念了。但今天满街都是创业者和投资人，只靠抓一个痛点做产品，其实不容易。这时咱们发现近两年有一个现象，各种网红产品层出不穷。比如网红奶茶、网红酸奶、网红曲奇、网红洗发水，它们的爆红是靠抓住痛点吗？显然不是，网红产品们靠的是痒点。

有一部大家都知道的韩剧《来自星星的你》。这是好几年前的剧了，当时很多人都在热追。为什么会追这样一部剧？因为它的痒点非常打动人。它讲的是一个女明星和外星人的爱情故事。听上去，这个故事创意也没什么新意，为什么当时那么火呢？"痛点控"们总结说：这部戏抓住了女性对英雄和美少年合体的想象，满足了这个痛点。如果这个痛点是对的，那么单靠一个痛点，怎么可能拍出 20 集九百多分钟的内容呢？怎么会让我们不停地看，还愿意不停地讨论，甚至做一些周边产品呢？

百度贴吧里“来自星星的你吧”，有600多万个帖子在讨论这部剧。大家都在谈的是，教授（男主角都敏俊）的微表情、教授的眼神、论教授对二千（女主角千颂伊）态度的转变、二千的衣服、二千的妆容与唇膏、二千的配饰……这些其实都是痒点。

痒点是什么？痒点满足的是人的虚拟自我。什么是虚拟自我？就是想象中那个理想的自己。比如，我们看偶像剧，追星，看网文，看英雄故事，看网上的名人八卦，看名人的创业故事、成功神话。你是在热追他们吗？不是，你情不自禁投入到关注的内容，是你的虚拟自我，是你自我想象的一个投射。

这时咱们再来说说这一波网红电商。其实网红为你营造了虚拟自我的生活，是大家理想生活的投射。我们购买网红的东西，就部分地实现了自己的虚拟自我。

比如，很多网红为了营造更好的形象，每次为新款的衣服拍照，都要提前一周节食。你在微博上看到的那种非常“随意”的街拍照片，其实是用10天时间拍摄，然后挑选和修图运营出来的产品。其实就是要为粉丝营造出一种生活场景，“我卖的其实是一种生活方式，可以满足女孩心中美美的幻想。”粉丝成套地买网红的穿搭，她们买的不是衣服，不是基于功能性的需求，不是天冷了需要一件衣服保暖。而是我要穿网红在巴黎穿过的那件衣服，穿上网红的衣服，她们就会觉得自己部分地过上了网红所营造的生活，这就是一种虚拟自我的实现。

#### 4. 痛点爽点痒点都是机会

总结一下，什么才是一个产品的入手点。痛点、爽点、痒点都是不错的点。这个就看产品经理自己对用户的哪个点感受最深、手感最准。

比如说，饿了要吃东西。但是“吃饱了”和“吃得很满足”，这是两个概念。吃个馒头能饱，但仅仅是满足了功能需求，不能支持好产品的概念。酣畅淋漓地吃一顿海底捞火锅，大汗淋漓，感觉爆爽。这就抓住了爽点，这是好产品。怕吃火锅长胖，抓住这一点的恐惧，抓住痛点，也有产品空间可以做。或者还可以做一个美美的网红餐厅，像雕爷做的薛蟠烤串。用户点一份干冰爆米花，吃一把，两个耳朵往外冒干冰的白气，人人都会拍照然后发朋友圈，这是痒点。

吃顿饭，其实也可以从痛点、爽点、痒点这些不同的切入点来做产品的。

## B-6-2 产品设计要素

产品设计的要素，是构成一个成功产品的重要组成部分。相对专业纵向比较深的工程师来说，产品设计师的专业横向比较宽。也就是说他们进行产品设计时要考虑的并非是一种要素即可，而是要考虑很多要素的综合关系。

产品设计关系到众多要素，传统的说法可以分为三大要素，如图B-6-1所示。至于是哪三大要素，各人说法不一。

最近有一种新的观点，把产品设计的各种因素归纳成四大要素，这种观念比较全面，如图B-6-2所示。

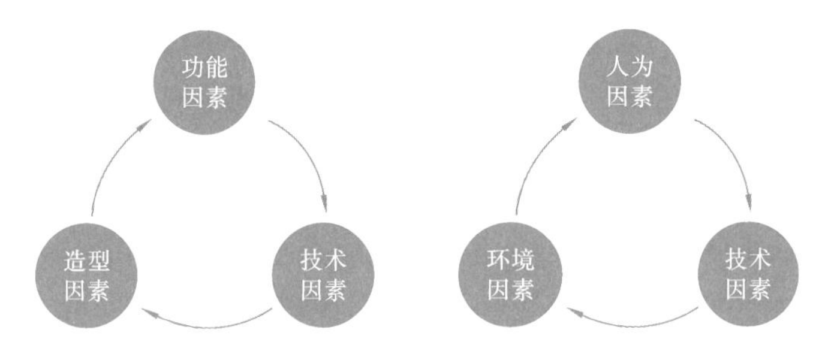

图 B-6-1　产品设计三要素

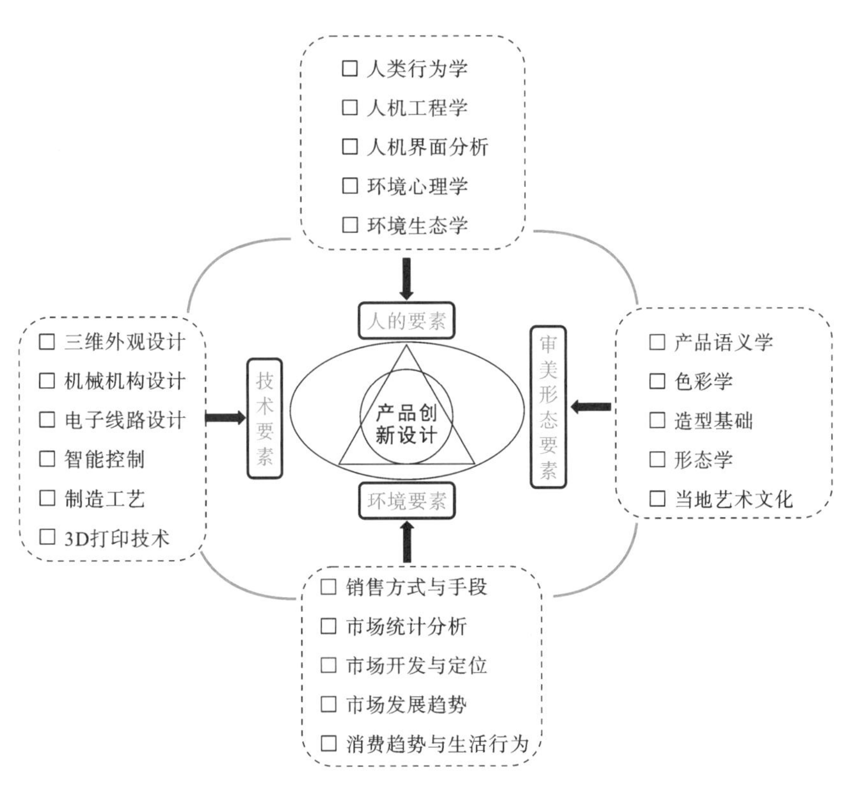

图 B-6-2　产品设计四要素

### 1. 人的要素

人的要素既包括人的心理要素，如人的需求、价值观、生活意识、生活行为等要素，也包括人的形态、生理特征等的生理要素。人的生理要素可以通过人体计测、人机工程学的心理测定、生理学测定等方法取得设计需要的数据，这些数据在产品设计过程的分析综合化阶段是必须考虑的事项。人的心理要素是设计目标阶段应考虑的问题。但心理要素较难像生理要素那样可以进行定量测量。

人类有各种各样的需求，这些需求促使产品发生变化，并且影响着人们的生活意识和生活行动。

按照美国心理学家马斯洛的研究，人的需要可以分为七个层次（参看《工业设计概论》第六章第二节）。在生活水平低下时，人们只能满足最起码的生理需要。随着时代的发展，人们生活水平逐渐提高，人们会有社交需要，甚至更高层次的自我实现需要。随着人们需要的变化，人们的价值观也会有很大变化，这也是产品设计计划时非常重要的一个课题。这些非定量的、感性的、模糊的需求并不是市场营销学的数据调查那一套方法所能解决的。因此，对于人的生活基础研究已经成为必要。

设计要素的综合分析发生在产品设计的全过程，如图 B-6-3 所示。

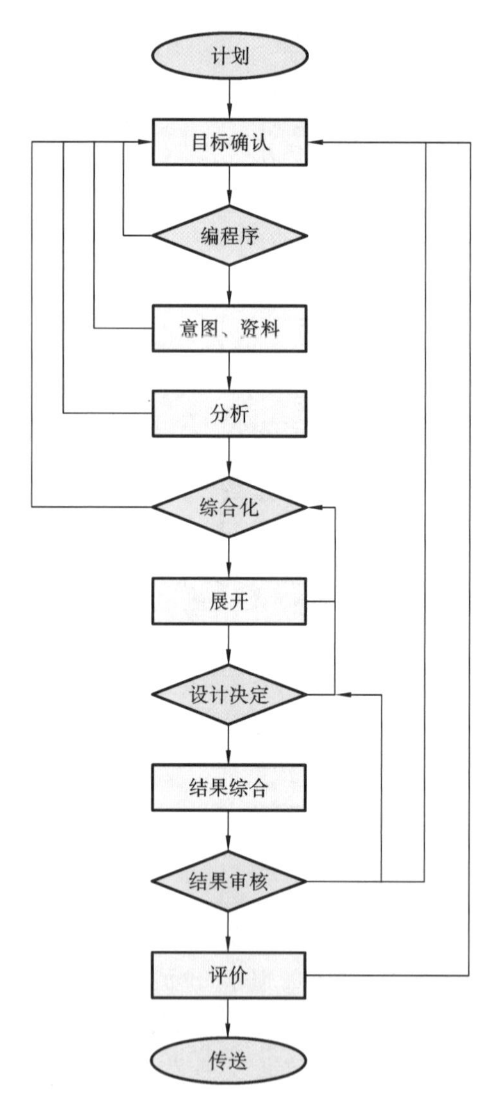


图 B-6-3　产品设计过程

**2. 技术要素**

技术要素是指产品设计时要考虑的生产技术、材料与加工工艺、表面处理手段等各种有关的技术问题，是使产品设计的构想变为事实的关键要素。日新月异的现代科学技术为产品设计师提供了设计新产品的可能条件，而产品设计也使许多高新技术转化为具体的产品。美国的航天技术为著名工业设计师雷蒙德·罗维提供了展示他设计才能的机会，罗维又使高新技术落实到具体的阿波罗飞船设计上去，这一事例充分说明了这一点。身为美国宇航局总设计师的罗维在充满高科技的飞船设计中坚持以人为本的设计思想，劝说工程师克服困难在船身上多开几个门窗，使宇航员如同生活在地球住宅里；他设计的挤压式刀叉又使宇航员进食时如有地球引力时的习惯进餐动作一样，这些习惯动作引起了条件反射——胃的蠕动。同样是他设计的带钩宇航鞋，使研究人员在失重状态下能走路而不是飘。这些都使宇航员们在太空得以正常生活，当阿波罗飞船的第一批宇航员顺利归来时，首先向设计师罗维表示了感谢。

如今人类进人了信息时代，技术开始从肉眼能见的转向肉眼看不见的技术，因此更显设计的重要性。如计算机软件的界面设计、网页设计等，设计与技术的关系也越来越密切。

### 3. 市场环境要素

“环境”原来是一个生物学用词，是包括个体在内的整个外界的称呼。环境要素主要指设计师在进行设计时的周围情况和条件。

按照系统论的观点，设计部门与企业及企业外部环境是一个统一体，是一个系统。产品设计成功与否不仅取决于设计师的水平与努力，还受到企业和外部环境要素的制约与影响。

这些外部环境要素包括的内容极广、因素众多。如政治环境、经济环境、社会环境、文化环境、科学技术环境、自然环境、国际环境……

设计与自然环境的关系也是当前亟待注意的重大问题。

大批量的机械化工业生产产生了产品设计师，他们所设计的汽车、冰箱、电视机给大众的生活带来了巨大的变化。而“得到的多、失去的多”的例子也从来没有像现在这样明显过。例如，1952 年“伦敦烟雾事件”使四千多人丧失生命，1955 年“洛杉矶光化学烟雾”中四百多位老人死亡，1956 年日本熊本水俣湾地区出现食用汞中毒的鱼的特殊病人。汽车排出的废气是污染空气的元凶；冰箱使用氟利昂致使大气臭氧层变薄；大量的塑料包装产生了白色垃圾……我国的环境问题也非常严重，类似发达国家在 20 世纪 50～60 年代的水平。因此，站在企业设计师的立场上，必然为企业的利润而工作；但作为专职设计师的道德来说，要有保护环境意识。目前大城市里的助动车、摩托车的设计，虽然给上下班带来了交通便利，但大量排放的废气反过来又危害了大家的健康。职业的产品设计师应有环境意识和责任意识。

### 4. 审美形态要素

作家在描述一个好的构思时所用的是文字，歌唱家在表达自己情感时所用的是声音，设计师们在表达自己创造性想法时所用的当然是形态。

大批量生产的机械时代的设计关键词是“形态服从功能”，以包豪斯为代表的“功能主义”所强调的抽象几何形态是排除传统修饰的形态，抽象形态的构成是从功能出发，主要考虑是易于生产。“少就是多”的理论使得建筑和产品的抽象形态变得越来越简洁,也使建筑和产品变得越来越雷同。“一个盒子,又是一个盒子,还是一个盒子”的设计使得不同性质的物体失去了象征本身的“形态”。

从功能出发的抽象形态,强调的是物质上的需求,表达了眼睛看得见的技术。机械的每个零件都有明确的功能和形状,并能按规定加以组合。机械的正确性、合理性是这种设计的最大特点。这种以功能主义为出发点、合理主义为特征的抽象形态表现了机器的冷漠和无情,缺乏精神意味,如图 B-6-4 所示。

图 B-6-4　功能设计的漫画

人类进入信息社会后,从肉眼能够见到的技术开始向肉眼看不见的技术转变,如电视、计算机、通信……这些新技术的出现,导致了设计不仅考虑产品的技术性能、物质价值,而且更加重视设计的形态意味、艺术的价值、文化的追求、色彩的感觉以及设计的附加价值。信息时代的设计开始从功能走向表现的独立。在重视功能及其合理性以外更追求产品表层的自立和表现,即物质与精神并重的共生设计。日本索尼公司在 20 世纪 80 年代后期提出了“功能服从虚构”(function follows fiction)的设计观点,被世界设计界誉为“20 世纪 80 年代的创新设计思想”。

信息时代的意味设计,并不排斥机械时代的抽象语言,而是把抽象形态的构成出发点加以改变,用约定俗成的记号和象征手法使抽象形态产生意味。在设计中既重视简洁性和统一性，也同时注重局部的细节处理，既考虑形态语言共同的普遍性，又同时追求抽象形态的个性。在设计上不仅重视现代的表现，同时还努力反映历史文化、地域文化的自律性。抽象的意味设计反对追求“合理主义”的冷漠无能，追求充满人情味的“模糊”“游玩”“矛盾”“不合理”的感情。

日本东芝设计中心推出的模糊电脑型电饭煲，并没有着意刻画技术上的细部，而是用一个斜圆底座和三段分割来象征日本传统的釜锅，体现追求日本传统的“大米文化”的意味；意大利设计家乔治·阿罗的新概念车身上的装饰线条象征未来空间技术的意味；德国设计家科拉尼的产品有着明显的仿生形态和生命的意味……

今天，意味设计已被人所接受，它不仅继承了机械时代的抽象几何形态的构成方法，也继承了新包豪斯学院推出的符号学，并且对其中的西欧中心主义、功能主义、普遍主义加以修正，提倡注重地域文化的开发，人类精神的需要，个性自律性的探讨，将各种好的东西加以共生。

# B-7　徽章设计点提炼

## B-7-1　几种常用的概念创新方法

在描述这些设计概念时，我们需要掌握一些方法。目前，世界上应用于发明和创造的方法很多种，在此将列举一些常用的创造技巧和方法。

**1. 头脑风暴法**

头脑风暴法简称 B-S 法。这是一种由多人参与讨论，针对设计问题，提出各种构想的集体开发创造性思维的方法。它可分为直接头脑风暴法和质疑头脑风暴法。前者是在设计师群体决策基础上尽可能激发创造性，产生尽可能多的设想的方法；后者则是对前者提出的设想、方案逐一质疑，发现其现实可行性的方法。

1）何时使用此方法

头脑风暴可用于设计过程中的每个阶段，在确立了设计问题和设计要求之后的概念创意阶段最为适用。头脑风暴执行过程中有一个至关重要的原则，即不要过早否定任何创意。因此，在进行头脑风暴时，参与者可以暂时忽略设计要求的限制。当然，也可针对某一个特定的设计要求进行一次头脑风暴，例如，可以针对"如何使我们的产品更节能"进行一次头脑风暴。

2）如何使用此方法

一次头脑风暴一般由一组成员参与，参与人数以 4～15 人为宜。在头脑风暴过程中，必须严格遵循以下四个原则。

（1）延迟评判。在进行头脑风暴时，每个成员都尽量不考虑实用性、重要性、可行性等诸如此类的因素，尽量不要对不同的想法提出异议或批评。该原则可以确保最后能产出大量不可预计的新创意；同时，也能确保每位参与者不会觉得自己受到侵犯或者觉得他们的建议受到了过度束缚。

（2）鼓励"随心所欲"，可以提出任何能想到的想法——"内容越广越好"。必须营造一个让参与者感到舒心与安全的氛围。

(3)“1+1=3”鼓励参与者对他人提出的想法进行补充与改进。尽力以其他参与者的想法为基础,提出更好的想法。

(4)追求数量。头脑风暴的基本前提假设就是“数量成就质量”。在头脑风暴中,由于参与者以极快的节奏抛出大量的想法,参与者很少有机会挑剔他人的想法。

3)主要流程

厉害的创意诞生总是有方法的,其中思维树的头脑风暴法是做品牌创意中的一个重要方法。

(1)找到需要创意的原点。

创意原点可以是任何你需要解决的问题或出发点,例如:风险、手机、白云,等等,记录员将创意原点记录在纸张中心。主持人提前召集参与人员进行一次会议,解释方法和规则并提前为参与者举行热身活动。

(2)通过创意原点进行完全发散。

通过这个原点,找到你可以联想到的每一个点。注意这里要用到麦肯锡思维训练中的MECE方法,全称 Mutually Exclusive Collectively Exhaustive,中文意思是“相互独立,完全穷尽”,做到不重叠、不遗漏的联想,而且能够借此有效把握问题的核心。

(3)通过第一轮发散点,继续进行第二轮发散。

通过这一轮发散,原先很多想不到的点通过联想已经被带了出来,思维的桎梏被打开了,创意的灵感正在不断涌来,记录员将所有创意写在第二圈。

(4)继续之前的发散过程,进行第三轮发散。

通过这个过程后,原来浅层关键词开始进入到深层的关键词,创意的差异化正在越来越明显,创意的突破口已经隐然若现。

(5)思维已经被彻底打开,创意已经如一道闪电,照亮我们。

(6)不同寻常的创意诞生了。

(7)对得出的创意进行评估并归类。

以上这些步骤可以通过以下三个不同的媒介来完成。

(1)说:头脑风暴。

(2)写:书面头脑风暴。

(3)画:绘图头脑风暴。

使用此方法,需注意以下两点。

(1)头脑风暴最适宜解决那些相对简单且“开放”的设计问题。对于一些复杂的问题,可以针对每个细分问题进行头脑风暴,但这样做无法完整地看待问题。

(2)头脑风暴不适宜解决那些对专业性知识要求极强的问题。

例如,“快乐体验”工作坊的案例,在完成了前期的分析讨论之后,学生们被分组,将一张对开的纸折成6份(按组员的人数分,一组有多少人就折多少份)。标出①②③④⑤⑥,然后画出能给别人带来快乐的产品。每个人用3分钟的时间在其中一个格子里画一幅画,画完后传给下一个人。(注:1 号画完传给 2 号,2 号根据 1 号的图联想画出自己方格中的图。2 号画完再传给 3 号,依此类推。)如果实在看不明白前面一个人的图,就根据所给出的题目画出自己的想法。纸上不能出现任何字母、单词或汉字。

最后,每组花费一定的时间对草图进行讨论,并从中选出一个可行性强的定为该组的主题设计方向,并进入下一阶段的设计。

头脑风暴是一种激发参与者产生大量创意的特别方法。在头脑风暴过程中参与者必须遵守活动规则与程序。它是众多创造性思考方法中的一种,该方法的假设前提为:数量成就质量。

**2. 希望点列举法**

这是一种不断地提出“希望”“怎么样才会更好”的理想和愿望,进而探求解决问题和改善对策的技法。希望人人都有,“希望点”就是指创造性强且又科学、可行的希望;“列举法”是指通过列举希望新的事物具有的属性,来寻找新的发明目标的一种创造方法。此法是通过提出对该事物的希望或理想,将问题和事物的本来目的聚合成焦点来加以考虑。

希望点列举法的实施主要有三个步骤:

(1) 激发和收集人们的希望;

(2) 仔细研究人们的希望,以形成“希望点”;

(3) 以“希望点”为依据,创造新产品以满足人们的希望。

从图 B-7-1 中可以看出,该组学生画出了他们对于帽子的希望。然后,将这些想法提炼为帽子的设计关键点(即“希望点”):

(1) 可以插眼镜的帽子;

(2) 可以将雨水净化后饮用的帽子;

(3) 可以享受音乐的帽子;

(4) 可以装糖果的帽子;

(5) 可以装啤酒,让啤酒的泡沫散落在帽檐上,让人感觉到快乐的帽子。

找到这些设计构思的关键点之后,接下来,就可以以这些“希望点”为依据,进行我们的设计了。

**3. 缺点列举法**

缺点列举法就是通过发现、发掘事物的缺陷,把它的具体缺点一一列举出来,然后,针对这些缺点,提出改革或革新方案的一种技法。列举缺点,就是发现问题,而设计创新就是要解决现存的问题。每发现一个缺点,提出一个问题,也就找到了一个设计创意的切入点。

运用缺点列举法进行概念创新,一般可按以下步骤进行:

(1) 确定某一个需要进行革新的产品对象;

(2) 根据掌握的信息,分别从外形、结构、材料、使用方式等角度,将产品的缺点一一列举

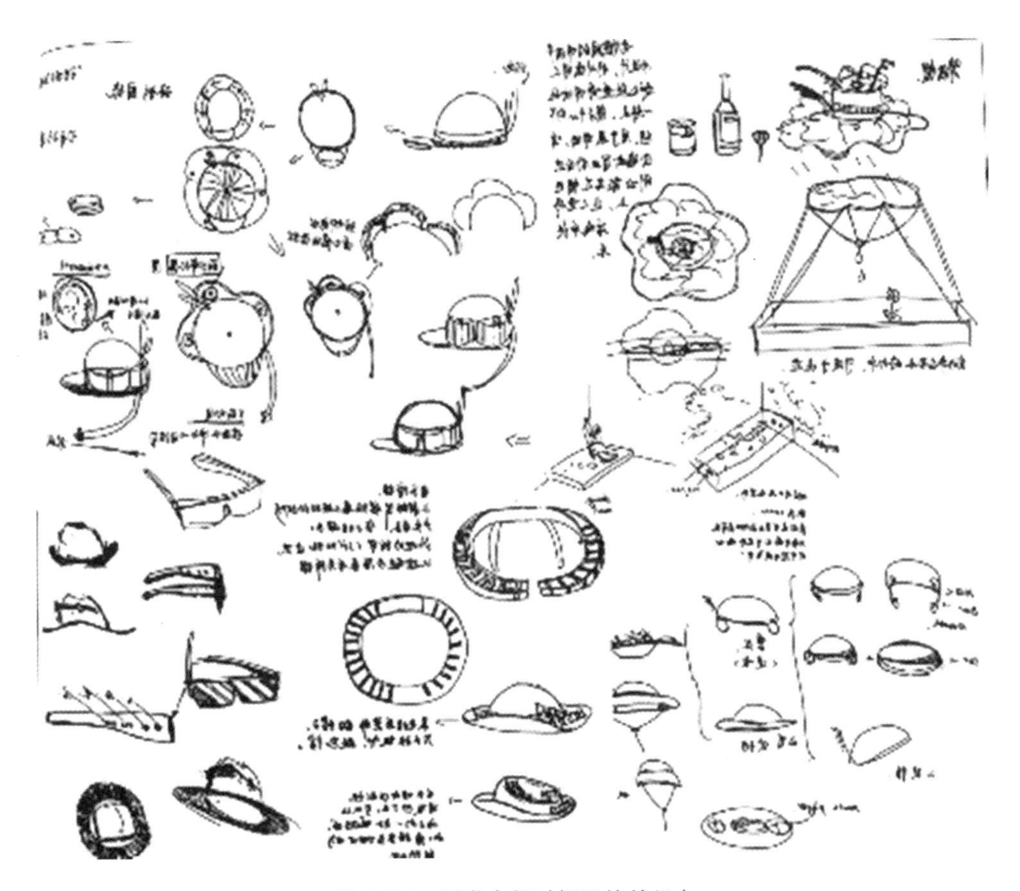

图 B-7-1　列举人们对帽子的希望点

出来，尽可能全面地列举出这一对象的缺点和不足；

(3) 将众多的缺点加以归类和整理；

(4) 思考存在上述缺点的原因，然后根据原因找出解决的办法。

然后，再根据这些缺点进行分析，分别从功能、结构、材料、使用方式和外形等方面提出改进方案。如现在使用的气压热水瓶就是针对“倒水时一定要将热水瓶拎起来，不适合老人、小孩以及病人使用”提出的改进方案。

## B-7-2　机会 Paper

拿破仑说，机会对于普通人来讲，是像天书一样的东西。为什么呢？这里有两个难度。第一个难度是你看的到它，第二个难度是你与你的伙伴就此达成共识，共同确认，这是咱们的机会。

现在我们用一个工作坊案例来阐述机会 Paper 法。这个工作坊我们用了两天一夜的时间，任务就是研究机会以及形成共识。中间会有一些方法和工具，或许会对你有帮助。

这个工作坊的背景是京东金融，现在改名为京东数字科技集团，他们希望在大学校园找机会做一个产品。我们没有选择在公司的会议室里讨论，而是找了一个大学，到校园里去住几天，和在校的大学生一起共创，研究机会。

为什么要专门住在大学里讨论？因为信息环境不一样。一群白领，如果坐在京东高大上的办公区，都是现代化的设施，我们感受到的是信息环境；和你住在校园里，吃学校食堂，满眼都是大学生走来走去，感受到的信息环境不一样。虽然这种短时间的浸泡非常浅薄，但还是比在办公室好。

**1. 用穷举发散**

这个工作坊，京东去了 20 个人，分成四组，另外邀请了 4 个在校大学生各参加一个组。这样一张桌子 6 个人，我们来分组讨论。那么分组讨论什么呢？

我们做的第一件事是：穷举。以穷举的方式，把学生在大学里做过的所有事，写在一张一张的便利贴上，写下来，贴上去。做决定的过程就是发散与收敛，一个决定做得好不好，其实就是发散和收敛这两步做的质量高不高。

第一步，发散。就是说你有没有容纳更多的情景和信息在里面。

第二步，收敛。我要看从这些信息收敛出这样的结论，我们是用了什么样的逻辑，收敛出这样的结论。

我们先穷举，尽所能，把能想到的、在大学干过的事情全部列出来。这个过程也是暖场放松，让感官打开，把讨论的感觉建立起来。

我们其实需要想一想，当你想到大学生活的时候，你想到的是哪些？你可以概括为上课、吃饭、上自习、打工、社团、考试，这个没有错，但是这只是高度概念化的校园生活，仅凭着这种高度概念化的认知，是没有可能看到机会的。

我们要先定义，我们要做穷举的这个大学生活是什么，以及我们应该用什么样的颗粒度来描述，一张便利贴上，应该写什么程度的东西。

大学生活是一个中间的过渡带，从父母主导的生活秩序里走出来，到最后进入成人社会，自己建立自己的生活秩序，这样的一个中间的过渡带。

因此，我们要用这样的颗粒度来描述大学生活。上大学的第一件事是收到入学通知书，马上就得准备学费。不同的人有不一样筹集学费的方式：有人管爸妈要钱，有人借钱，有人贷款，有人去打工。

大学最后一件事是什么？毕业。毕业也不一样，有人就业，有人考研，有人出国，有人可能就漂着，有人啃老……

一进一出大概颗粒度就是这样的，中间我们再放几个节点。比如大一、大二、大三、大四，寒假春节、暑假迎新，等等，这些点都是学生们有记忆的关键节点。

我们框定了观察视角和颗粒度，再来梳理在大学会发生的事。一晚上，我们找出来多少事呢？460 件。我们所有人都没有想到，大学要做这么多事情。其实你可以说，这就是大学生活的地图，也是我们要做的这个产品的世界地图的雏形。

**2. 按线索收敛**

地图画出来，那么下一步我们开始收敛，在地图上找线索。我们先把460件独立的事，分成若干条线索，比如学习、考试肯定是一条重要的线索；宿舍是重要的场景，有几十件事都发生在宿舍里；再比如社交也是很重要的线索。

我们有四个小组，请每个小组自己认领一条最感兴趣的线索，把与自己线索相关的事情都摘下来，贴到自己组的白板上。

我们先列出一张全景地图，每个组按照自己最有兴趣的路径，在自己的路线上去探索。

我们开始第二件事，洞察机会。怎么洞察机会呢？这里我给你一个工具，叫“机会Paper”。

其实特别简单，就是一页白纸，画个表格，有以下三栏：

第一栏是列出问题点，把你这条线索上所有的事，带入你个人的感受，全都过一遍，你觉得哪个点特别不爽，是有问题的，把它写出来。

你们应该还记得，“痛点、爽点和痒点，都是产品入手的机会点”。

填写“机会Paper”的第一点，就是找到你的线路上，这几十件事里哪些事情让你特别不爽，哪些让你痛，哪些你想痒痒不起来，把这些列出来。

第二栏，把遇到的问题抽象出来。

因为就具体问题而解决问题，头疼医头，脚疼医脚，很有可能没抓住本质的病因。所以我们先要去做抽象，看这件事的本质是怎么回事。基于本质，看怎么能够处理这个矛盾。如果对问题的本质搞错了，那可能痛点看到了，病因却搞错了，那下一步还会接着错。

第三栏，就是根据本质提出解决方案。

我们四个组，把所有的线索扫了一遍之后，做了20个“机会Paper”。也就是我们共发现了20个机会点。你是不是觉得好乐观——有这么多机会？

再来进行第三件事，又是关键的一步，我们应该怎么评估这20个机会？做哪个，放弃哪个？我们应该怎么选择呢？

我们先做一个动作，不讨论，不争论，直接推开门请100位大学生走进来，一个一个看我们的“机会Paper”。

面对面，向这些大学生访谈三个问题：

第一个问题，我觉得这一点你会不爽，会有问题，你觉得我的感受是对的吗？我觉得你不爽，你是不是真的不爽啊？

第二个问题，我是这样理解你为什么不爽的，你觉得我对这个问题的抽象，我的理解是对的吗？

第三个问题，我给了这样的解决方案，你觉得能解决你的问题吗？

我们找出来的20个机会点，面对面被学生们直接拍死了12个——是我们错了，人家不需要。他们觉得我们提的完全没价值。这个方案好麻烦啊。

这个评判过程叫“客观校验”。

什么是幻想，什么是希望？这真的是个问题。

如果是你自己一个人的事，你抱着一个幻想去生活，不面对现实，也没有影响别人，那我们不应该评判你。

但如果你带领着一个团队，这些都是相信你的人，大家一起用自己的时间、机会、资源来做一件事。如果出发点就是一个幻想，那还是早点幻灭比较好。

让幻想早点破灭，是负责任的行为。

所以要在尽量早的环节，引入“客观校验”。推开门，让你的用户直接告诉你，你一腔热情要做的这件事，它到底是幻想还是希望。

**3. 找到完整的服务图景**

那还有8个对不对？我们就把剩下的8个机会点做一个统计，看看访问的这100个学生对哪个问题，要求解决的人是最多的。你也可以理解为，哪个问题需求的用户规模最大。

这个收敛逻辑就是，根据现场用户投票的数量来做选择。

这未必是最好的选择逻辑。我们只是需要记下，每一步，我们是怎么发散的，怎么收敛的，然后在未来我们复盘所做的事情的时候其实很重要的一点，就是复盘每一次关键选择是怎么作出的。因为决定发展空间的，就是这些分岔的道路。作完选择之后，就剩下咬牙苦撑，坚持到底了。

我们统计了一下学生的投票，有一个很高的需求，是类似校园版58同城的产品，就是以学校为单位的分类发帖论坛。学生有很多碎片的需求，比如修电脑，转让课本。这些功能58同城都有啊。但58同城现有的颗粒度，是以城区为单位的，比如中关村有多少人有这样的需求。但学生希望的颗粒是，我的问题能在本校解决，连旁边学校都不想去。

现在大学生的这种信息匹配，其实还是靠朋友圈，或者微信群以及食堂门口的布告栏。直到今天，食堂门口的布告栏依然是校园非常重要的信息流中心。看上去，一个以学校为颗粒，学生发信息找信息的平台，是有机会的。

到这一步，我们算找到破局点了吗？其实我们只能说找到了一个方向性的概念，就是这个方向有机会。接下来我们就要把这个方向概念具体化，场景化。

下一步，我们请现场跟我们共创的这4个大学生来排序。怎么排呢？假设现在咱们这个平台已经有了。这边呢，有大学生活里的460件事。请你们看看，有哪些事情是需要这个信息平台的。

这四个学生很能干，一下子就从这460个事情里，挑了100多件，并且分了6类，每个类别有十几种信息需求。

你看上去，这不就是一个现实版的BBS吗？现场大家就觉得这很好啊！如果我们有这么丰富的本校信息在上面，大家肯定会用啊。

到这里，我们是不是找到破局点了呢？

#### 4. 找到破局点

我们都知道从 0 到 1 的概念。

我们目前看到的，是很丰满的，有 6 大类，每个类别大约有十几种信息是大家会很喜欢的平台。这是什么？这是你看到了 1。我们会觉得这个 1 是有价值的，如果我们有了这个 1，就知道该怎么运营下去，然后我们就能广受欢迎，成功上市，走上人生巅峰……

但问题是，我们现在起始的状态是 0，除了现场这 20 个人，一行代码、一个页面都没有。所以，我们现在需要做的是，看到了 1，怎么从 0 走过去，走到这个理想的场景？

要产品能达到这么完整和饱满的信息，是需要很长时间的运营，各方条件都配合，才会出现的一个情况。

如果这个产品上线，一上来就搭这么大的架构，这么多品类，这么多版块，结果就一定像拿着六个空碗在讨饭。拿一个空碗讨饭想吃饱都不容易，六个空碗放一块，只会让自己更尴尬。

所以，我们要找一个点，我们现场这 20 个人就能开始去做，并且保证用户满意的点，让这个产品开始生长，一直长到 1。

于是，我们就请现场的 4 个同学再干一件事，现场我们有 100 多件事都需要这个信息平台来撮合。那我们先把每件事的频率标出来，也就是你多长时间干一次。比如拿快递，可能一个星期拿一次，那就是一周一次。把所有的事，从高频到低频的顺序排下来。

所有事情的频率打完标记以后，我们才发现，我们之前聊得特别兴奋的很多事情，其实都极其低频。

比如找人修电脑，4 年不见得有一次。找同学帮我去火车站接一下人，4 年不见得有一次。大学追女孩谈恋爱，一提大家都特别兴奋，但其实一半以上的学生，大学期间没有谈过恋爱。

这些事其实都极其低频，正是因为它低频，偶尔解决一次印象特别深刻，大家聊起来特别兴奋，因为你觉得兴奋，你就会觉得重要。这就是直觉给你的错误引导。而靠一个很低频的业务实现冷启动，是非常有挑战的。

那排在第一位、最高频的一个信息需求是什么？

是课程表，天天看，一天看两次。现在一般学生的解决方式是拍一张照片，存在相册里每天看一眼，或者是和同学之间相互问。

大学的生活，可以说是围绕课程表展开的。上课的时间基本上要上课，没课的时候，再看看有什么事可以做。层层过滤到这里，我们才看到了一个，也许可以做破局的、很具体的点。

它足够广谱，人人都需要；足够高频，一天看两次；足够清晰，我们知道铺什么资源能把这个点搞定，让用户满意。以及沿着这个破局点，该如何展开，让服务发育到我们共同看到的服务图景。这就是我们做的用户需求研究的案例。

我们把人分组，从权威主导讨论，变成大家共同发现、开放讨论的形式。我们一起画一张尽量完整的地图，然后在地图上找线索，看机会，让幻想破灭，共识服务图景，再过滤出从0到1的破局点。

**5. 机会方向不等于破局点**

通过上面这些你会知道，从你认为看到机会，到做对产品，其实中间的距离还有好远。

这就是为什么我要说这个过程的原因。大量的创业者，对概念、场景、机会、服务图景、破局点，这几个概念不清晰。有一个大框架，就跳进去，花很多时间，让自己遭受挫折。

比如，一个特别有爱心的女孩跟我说，我要做一个App，解决老年人孤独的问题。我说，你的初心很好，但是现在你所定义的产品需求太宽泛了，宽泛到根本就不足以去做产品。

比如，在你的感受里，孤独和饥饿是不是差不多？而且解决饥饿的刚性是不是还大于孤独？那你能做一个App，解决饥饿问题吗？

继续调研你会发现有20万亿的产业链、上千万个商家，都在围绕饥饿解决问题。饼干、方便面、大餐馆、小餐馆、外卖、便利店、超市、菜市场、零食，大家都在解决这个问题。

你说你要解决孤独问题，就和要解决饥饿问题一样，它只是一个概念。你需要把它放在一个非常具体的场景和人群处境中，否则你根本不知道该解决什么问题。你没办法抓住用户要什么，也不知道你的对手是谁。

比如，我是个女生，我饿了，但是我要减肥。这个场景是不是很清晰？处境是不是很明确？大量的产品和服务都在解决它。

解决我饿了的感觉，一定是吃吗？那也许是我应该打开减肥社区去看励志贴，咬着牙就是不吃。当然也有代餐、减脂快餐、减肥食谱……都是在服务这个场景和处境的方案。

那你怎么选？你怎么做？你用什么逻辑去进行选择呢？

你可以选我认为规模最大的，或者是和我的个人资源最匹配的，或者是我认为它有杠杆，可以撬动一个版块的。这样你才能找到你的服务图景，也就是你要去的第一个里程碑，你的1具体是什么样子。

接着从你的1开始收敛，从哪个点开始，才能突破你现在的0，找到你的破局点。从这个点开始，你的业务，你的整个组织，你的整个服务能力，向着1生长，从0到1。

**6. 总结复盘**

复盘，有如下几个核心动作。

1）第一个核心动作

我们分了四组，为什么分组？2018年，梁宁和罗振宇提出了创新是“非共识”这个观念。如果是共识的事情，那还有什么创新可言呢？但是在一个组织里，创新的一个很大的阻碍就是，和领导不一致的想法怎么能够表达出来，怎么能够让它发育。如果大家坐在同一张桌子上，所有人都会不由自主地看领导的脸色。这很真实。越是执行力高的企业，越容易围绕领导的感知来达成共识。

但是，如果分坐在四张桌子，老板只在一张桌子上控场，剩下 75%的人是看不到领导的表情的，他们也不知道领导怎么想，领导想要怎么样。他们只能按照自己的感知，去提出想法，进行讨论，发育这个想法。在这个时候，和大家不一致的想法，也就是非共识的想法，才有机会涌现和被相对充分地讨论。

分组的价值，就是不要让权威太快控场，给出非共识涌现和发育的空间。

2）第二个核心动作

第二个核心动作是画出世界地图，找到线索，在线索上找到机会点。

因为我们每个动作都是有步骤的，当时大家就说，如果我们在办公室里，围绕一张桌子讨论，很有可能我们能想到的就是大学里二三十件事。然后就会围绕这二三十件事找机会，就去做了。但是，当你穷举出 460 件事，分成几大类，再沿着线索去找的时候，你会发现你的洞察和创造有了不一样的可能。

3）第三个核心动作

"客观校验"，让幻想早点幻灭。

你想想我们那次，是浸泡在校园环境中，在 4 个在校生全程参与的情况下，找到的所谓机会点。就是这样产生的机会点还有一半以上，在 100 个大学生看来，其实是我们的幻想。

那可能有人要问，那是不是参加讨论的 4 个学生水平不行？人是会被情境裹挟的，人是会集体心流的，人是会逻辑自洽越想越对的。有大量事后看来非常荒谬的决策，在当时那个作决策的场景中，在场所有的人，都会无比真诚和无比确信地认为，我们作出的决策是对的。

所以，不要高估自己的主观判断，反而要警惕自己的直觉。用《原则》的作者，桥水基金创始人达里奥的话来说："做一个无比现实的人。"

破局点需要有如下三个特性。

一是相对广谱。你在破局点提供的服务，应该是尽量多的人都需要的。因为人群的扩展比频率的扩展还要难。

二是高频。我们一直强调一个概念，高频打低频。如果你能做一个高频的业务，就可以带动相对低频的业务。

美团酒店能够超越携程，很大程度上依赖美团外卖这个高频业务，大家经常打开美团这个应用，就会知道这个地方还可以订酒店。偶尔我需要的时候，我就在熟悉的地方订了。而携程最高频的业务是机票。你可以感受一下，你一年订外卖多，还是订机票多。

三是体验可控。我们初创团队的资源一定有限，也许只有你一个人，也许会有十来个人。那么你初始资源能够做到的，就可以保证用户的满意度，这一点很重要。而不是说，我们现在人少先凑合，等发展了、等我资源多了再提升用户体验。如果你的业务很高频，体验还不可控的话，就会是口碑灾难。或者你就给资源多的企业点了灯，它们进入，你就没未来了。

机会流程总结如图 B-7-2 所示。

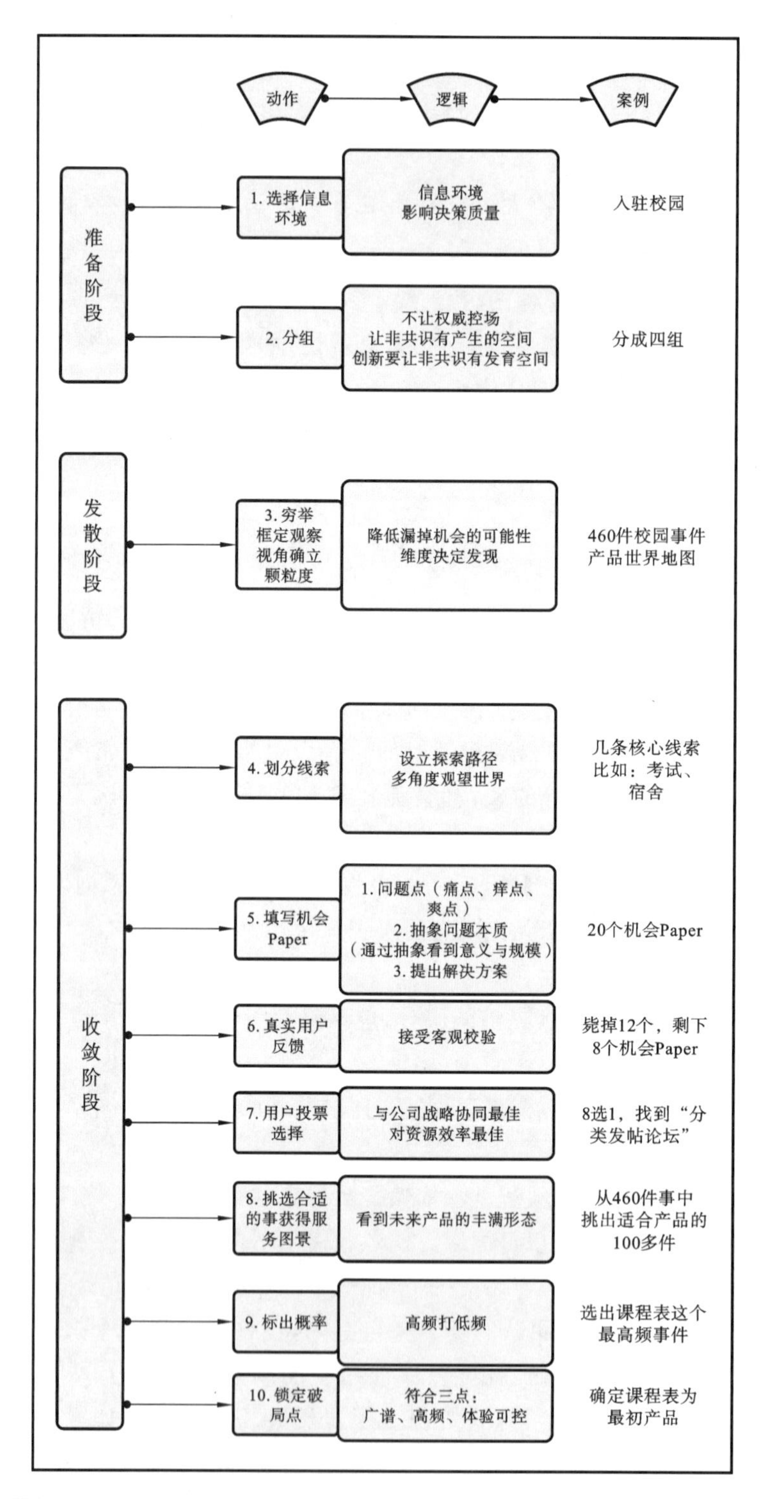

动作
逻辑
案例
准备阶段
1. 选择信息环境
信息环境
影响决策质量
入驻校园
2. 分组
不让权威控场
让非共识有产生的空间
创新要让非共识有发育空间
分成四组
发散阶段
3. 穷举
框定观察视角确立颗粒度
降低漏掉机会的可能性
维度决定发现
460件校园事件
产品世界地图
收敛阶段
4. 划分线索
设立探索路径
多角度观望世界
几条核心线索
比如：考试、宿舍
5. 填写机会Paper
1. 问题点（痛点、痒点、爽点）
2. 抽象问题本质
（通过抽象看到意义与规模）
3. 提出解决方案
20个机会Paper
6. 真实用户反馈
接受客观校验
毙掉12个，剩下8个机会Paper
7. 用户投票选择
与公司战略协同最佳
对资源效率最佳
8选1，找到“分类发帖论坛”
8. 挑选合适的事获得服务图景
看到未来产品的丰满形态
从460件事中挑出适合产品的100多件
9. 标出概率
高频打低频
选出课程表这个最高频事件
10. 锁定破局点
符合三点：
广谱、高频、体验可控
确定课程表为最初产品


图 B-7-2　机会流程图

# B-8　徽章设计元素提炼

在设计初期的草图构思阶段，常常需要有一种方法来引导和帮助设计者进行思考与创新。下面介绍几种造型创新的方法，来帮助设计者提出更好的创意设计。



## B-8-1　形状联想法

符号与图形之间的形象转换，往往是通过有意与无意之间的联想自然形成的。如图B-8-1所示，字母W和M这样叠加所构成的形态，就会让人联想成一只展开翅膀的蝴蝶。再如图B-8-2所示，人们随意印在纸上的掌印也可以被联想成国画中的竹子，再由写意的竹子又可回归到现实中竹子的形态。通过这种形式的联想，设计者可以根据自己随意拉出的线条或勾勒出的形态，进行具象的物体形态的捕捉，让这种随意画出的曲线通过形状的联想而得出具象的图形，并与之镶嵌或吻合。然后在一定的造型范围内，再提取全部或部分的形态。这种散漫或者随意的思维引导方式，在随机出现的图形刺激下，可以让我们的思维得到扩散，从而达到拓宽思路的目的。

图 B-8-1　形状联想法 1

例如，有很多著名的汽车设计师在进行汽车造型设计的初始阶段，都会运用到这样的方式。如图B-8-3所示奔驰的一款仿生概念车，奔驰技术中心和研发部门的工程师们从一种名

图 B-8-2 形状联想法 2

为“方盒鱼(Boxfish)”的热带鱼的形态特征中，找到了他们想要追求的概念：它不但要有近似完美的空气动力学性能，安全、舒适，而且还要有匀称和谐的整体结构。工程师们通过精确地复制它的模型之后发现，虽然它表面上看起来四四方方，但事实上这种热带鱼具有近乎完美的流体动力学外形。它在风洞中测试出的风阻系数仅有 0.06。

图 B-8-3 奔驰仿生概念车

再如图 B-8-4 所示的这款名为 zo. on 的概念车，也是运用自然形态的仿生来开展联想的。它不但从外观上，同时也从结构和使用方式上对昆虫进行了模仿。zo. on 即使穿越极为困难的地形也是靠自己收集的能量，主要用于自然灾害后的难民营。它伸展的支架用于起到稳定作用，而巨大风车即使是在很远的地方也可以看见，相当于一个地标，一面卷开的太阳帆就像一个房顶一样。因此这种车辆能够成为一种绿色的能源站，同时也能为人们提供一个公共交流的场所。

图 B-8-4　zo. on 概念车

## B-8-2　逻辑联想法

### 1. 抽象逻辑联想法

写下一个起始物体或者画出一个图形，然后再设定一个终止物体或图形，中间的过程自己来联想。

例如，起始物体——窗户；结束物体——糖葫芦。其间我们可以写出图 B-8-5 所示的逻辑联想法物体。

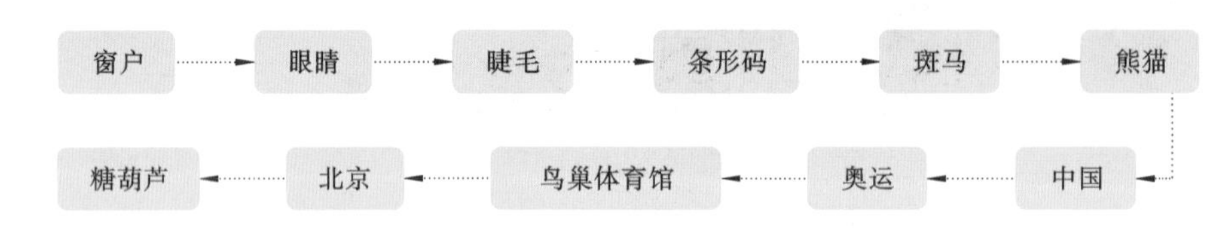


图 B-8-5　抽象逻辑联想法

其思维过程是：眼睛是心灵的窗户→与眼睛联系紧密的是睫毛→睫毛和条形码外形相似→码与斑马谐音→斑马是黑白的→熊猫也是黑白的→熊猫是中国特有的→2008 年中国最大的盛事就是奥运会→鸟巢体育馆→体育馆坐落于北京→北京的特色小吃是糖葫芦。开头与结尾的逻辑差别越大越好，这样可以充分调动思维逻辑性的层层递进。对于扩散思维从而发现新的想法也有很好的作用。在进行抽象逻辑联想的过程中，尽可能地发散思维，过程中涉及尽可能多的物体或者图形，让联想的物体与物体之间差距很远但又符合逻辑上的联想关系。这样，通过不断地有逻辑的联想，窗户和糖葫芦这两个看似没有什么联系的事物就被关联到了一起。

### 2. 具象逻辑联想法

这是一种以图形变化的方式来传达思维联想过程的方法。如图 B-8-6 所示，如何从篮球的形态联想到人的形态呢？我们可以先让篮球与球面上的纹路脱离，形成上下的位置关系，然后各个部分的形态逐渐变形并且向人形靠拢。这种通过一定逻辑联系的变形方式将两个外形并不相似的物体联系起来的方法，就是具象的逻辑联想法。

图 B-8-6　具象逻辑联想法

1）圆柱、圆锥、三棱角等几何形体的相似联想训练

掌握圆柱、圆锥、三棱角的外部几何形态特征，运用联想的方式寻找自然界外部形态相似的视觉形象。在特定的范围内进行形与意的联想，有意识地锻炼学生对周围事物、物体发生兴趣，并加以观察。也是对学生思维方式的初级训练，如图 B-8-7 至图 B-8-9 所示。

图 B-8-7　圆柱形与自然形态的关联想象训练

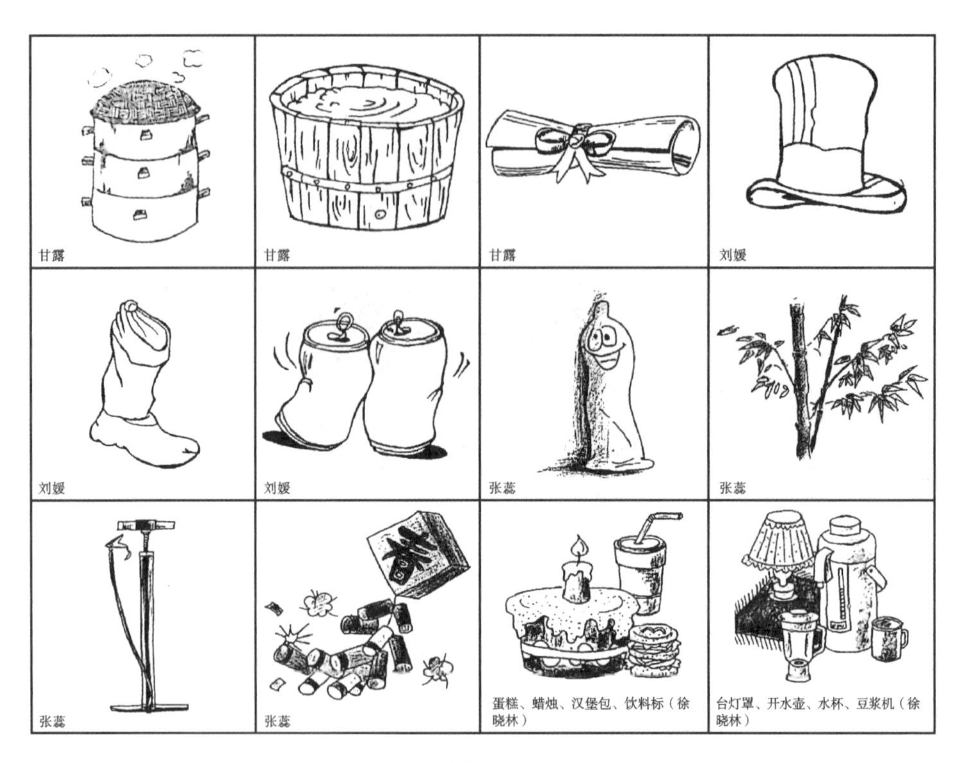


续图 B-8-7

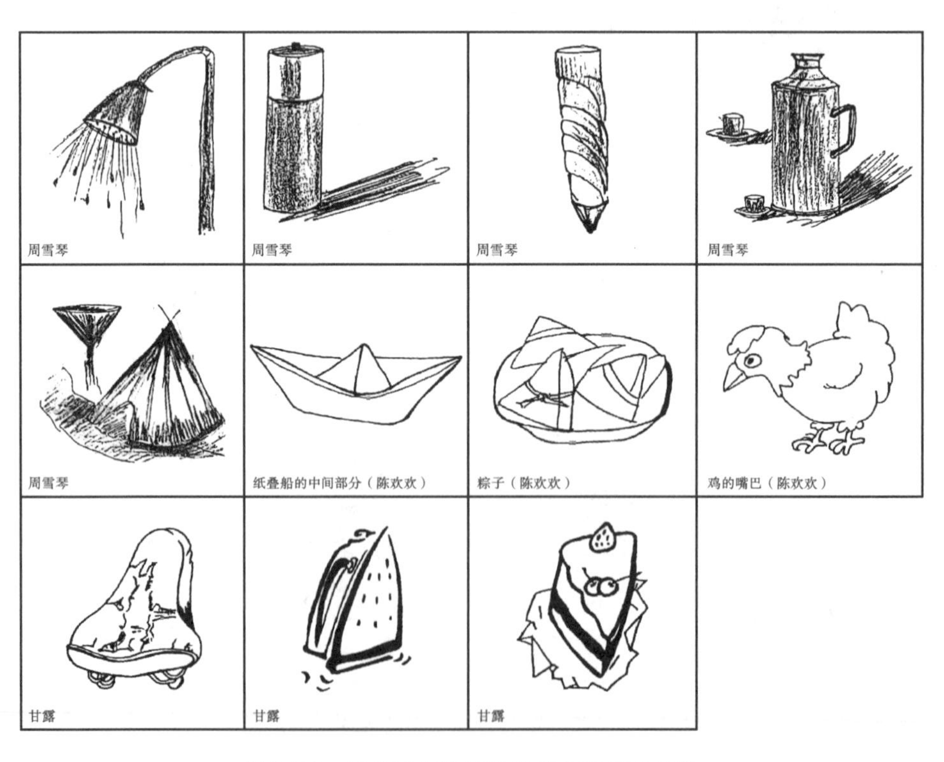


图 B-8-8　三棱形与自然形态的关联想象训练

图 B-8-9　圆锥形与自然形态的关联想象训练

要求：把握住这几个几何形体的外形特征，观察并捕捉我们生活中已存在的具有相似形的视觉形象。可以是人为创造的，也可以是自然存在的。

目的：训练我们的联想能力，并学会观察我们周边的事物，为我们的创作收集素材。

练习：与自然形态相关联的几何形态的视觉形态联想。例如由圆柱联想到马克笔、电线杆、邮筒，由圆锥联想到铅笔、冰激凌，由三棱角联想到钻石、金字塔。

2）特定符号的联想训练

（1）单形元素视觉想象训练。

从生活中最常见的事物中发掘事物的新特征，在这里主要锻炼学生的元素替换能力，以及对某一事物概括刻画及事物与事物之间微妙联系的观察和思考能力。培养学生观察周围事物，从平凡中寻找乐趣，锻炼联想的思维能力。

要求一：发现事物与事物之间的联系很重要，除了要仔细观察，还必须保持敏锐、新鲜的感知力。以手为基本形进行变化，展开的联想如图 B-8-10 所示。

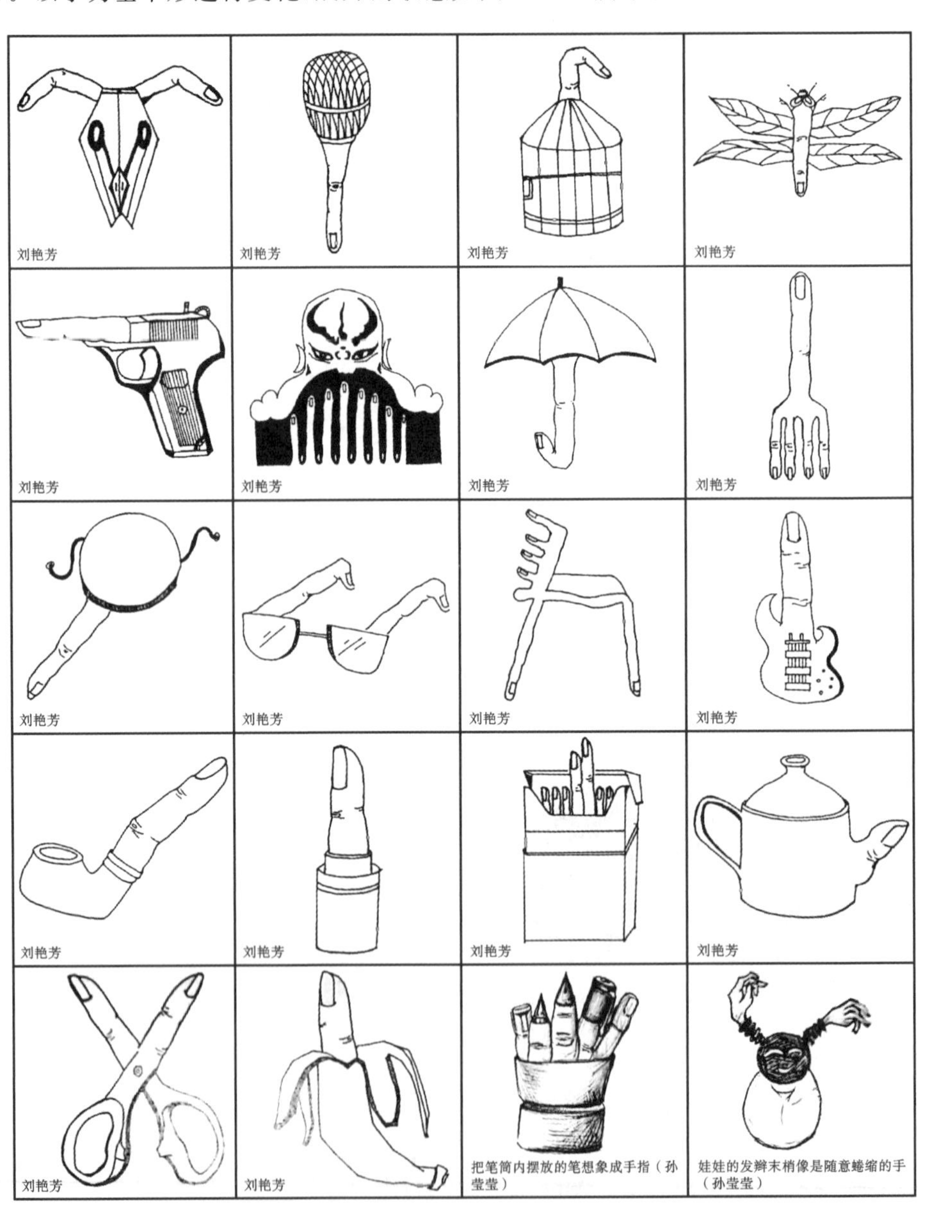


图 B-8-10　手的关联想象

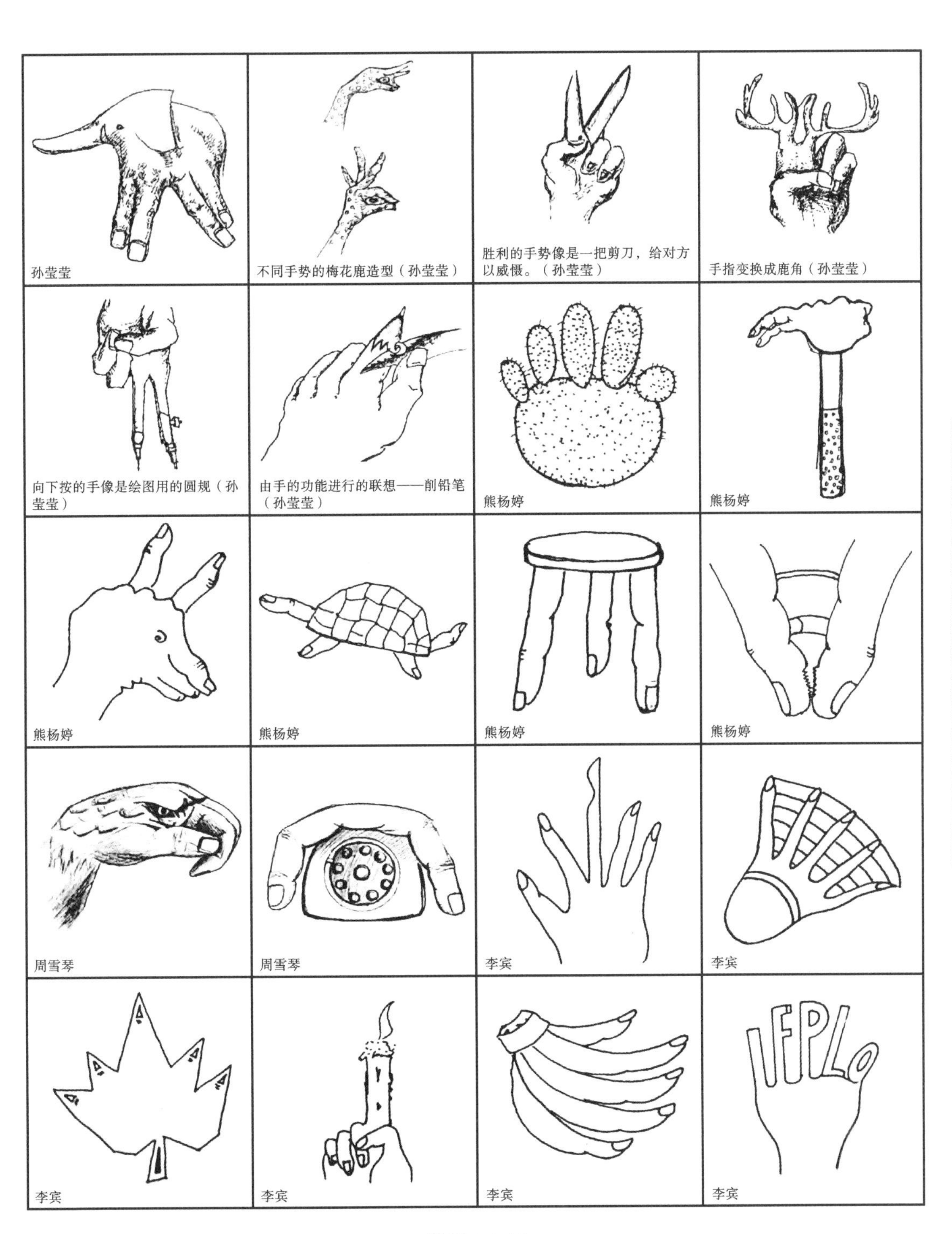
孙莹莹
不同手势的梅花鹿造型（孙莹莹）
胜利的手势像是一把剪刀，给对方以威慑。（孙莹莹）
手指变换成鹿角（孙莹莹）
向下按的手像是绘图用的圆规（孙莹莹）
由手的功能进行的联想——削铅笔（孙莹莹）
熊杨婷
熊杨婷
熊杨婷
熊杨婷
熊杨婷
熊杨婷
周雪琴
周雪琴
李宾
李宾
李宾
李宾
李宾
李宾

续图 B-8-10

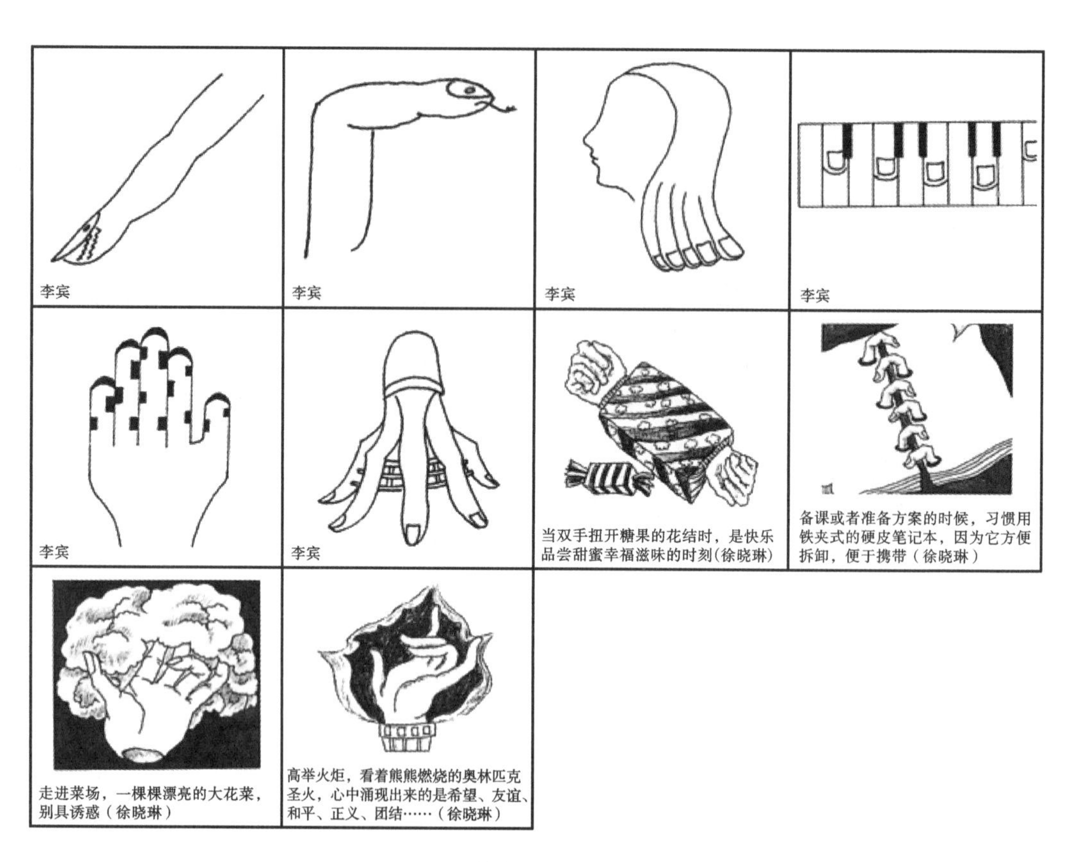


续图 B-8-10

要求二：以梳子为基本形进行变化，通过对形的改变，赋予图形新的意义，最好是能体现出一个主题，但必须能让人识别出梳子的形态，如图 B-8-11 所示。

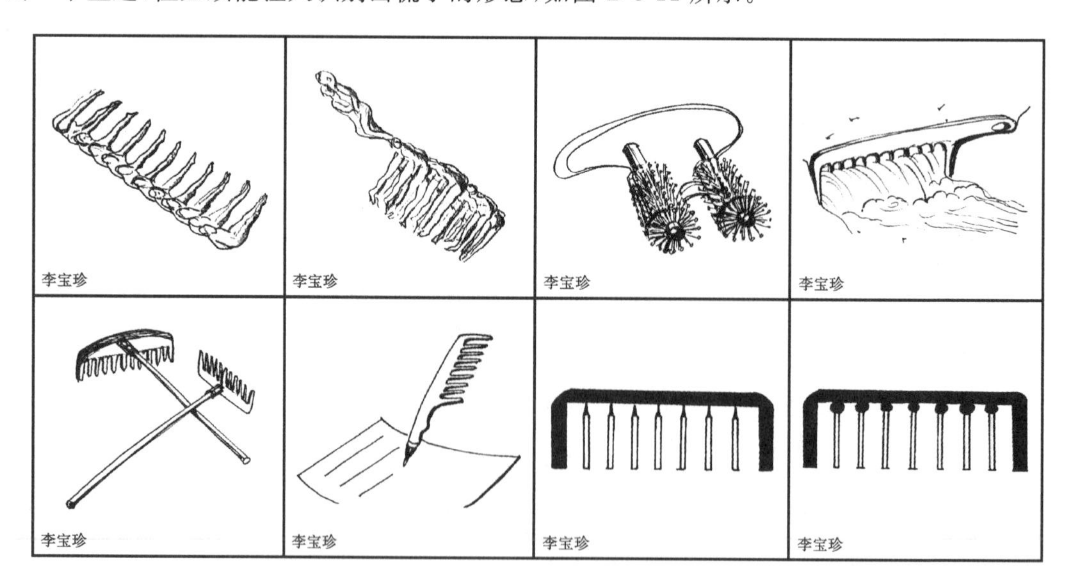


图 B-8-11　梳子的关联想象

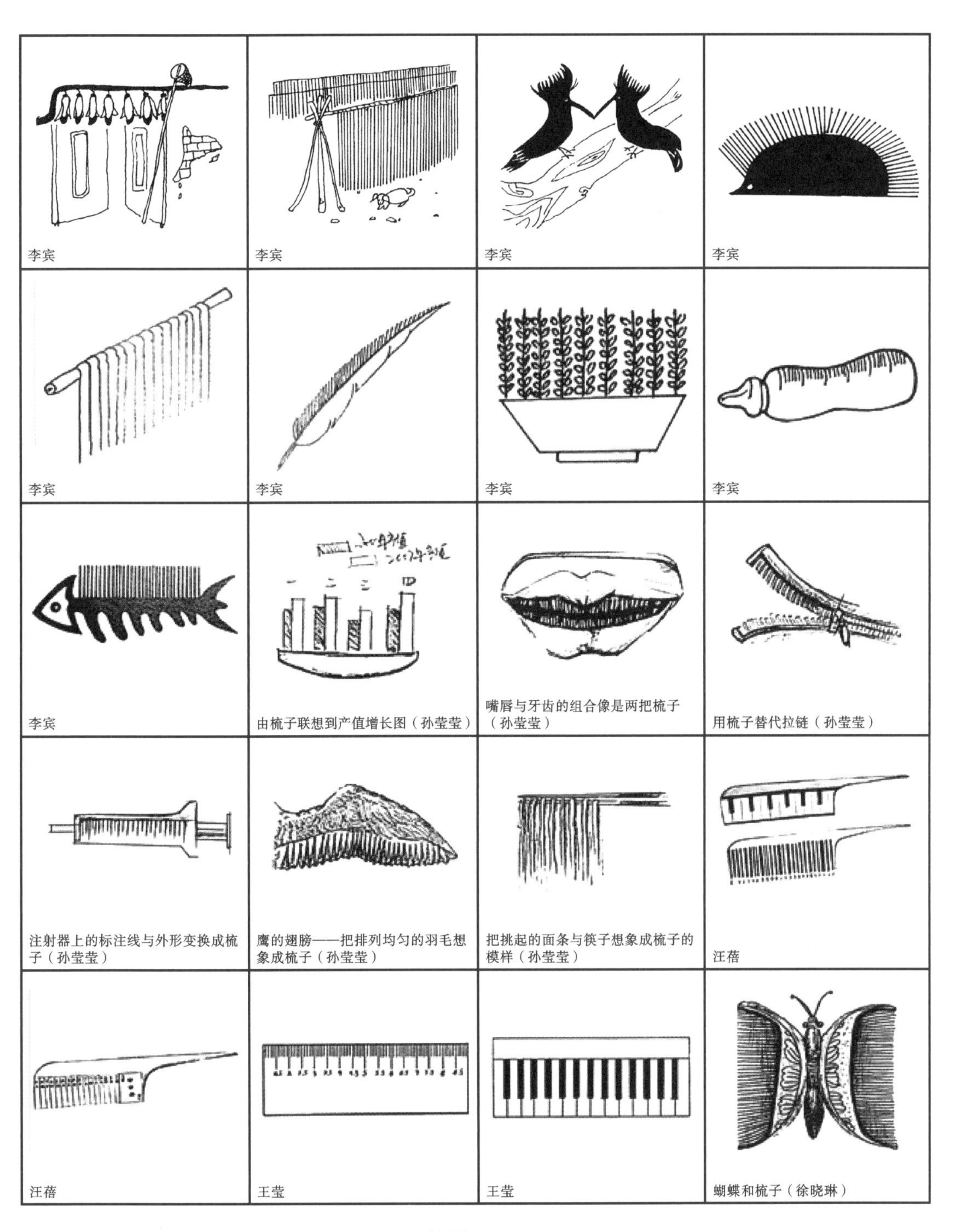
李宾
李宾
李宾
李宾
李宾
李宾
李宾
李宾
李宾
由梳子联想到产值增长图（孙莹莹）
嘴唇与牙齿的组合像是两把梳子（孙莹莹）
用梳子替代拉链（孙莹莹）
注射器上的标注线与外形变换成梳子（孙莹莹）
鹰的翅膀——把排列均匀的羽毛想象成梳子（孙莹莹）
把挑起的面条与筷子想象成梳子的模样（孙莹莹）
汪蓓
汪蓓
王莹
王莹
蝴蝶和梳子（徐晓琳）

续图 B-8-11

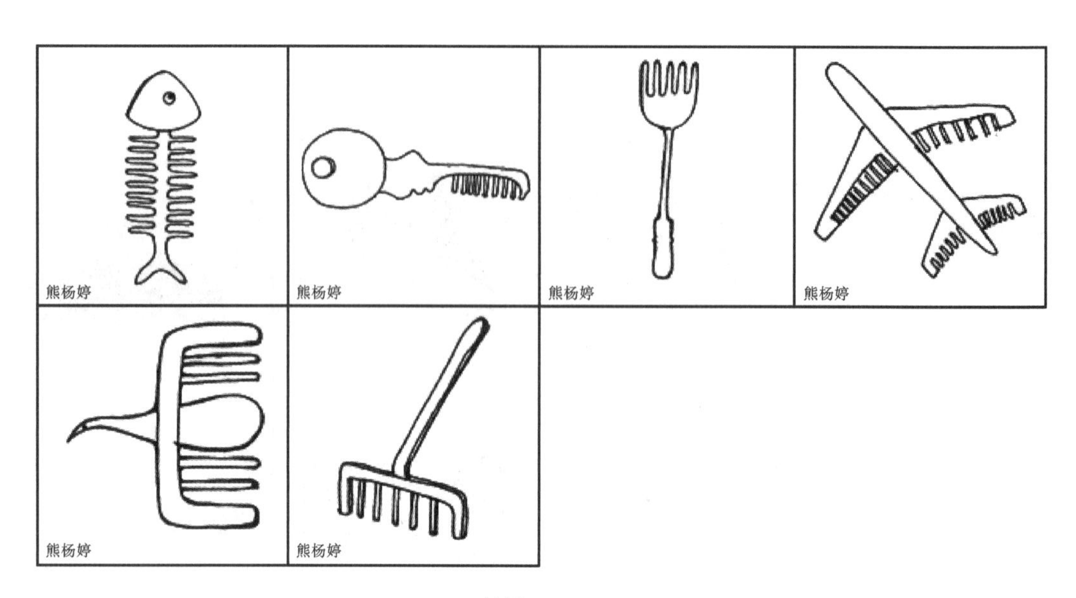


续图 B-8-11

要求三：以钟表为基本元素进行图形设计，开拓表的功能、结构，形状的想象思维，使画面具有趣味性、生动性，如图 B-8-12 所示。

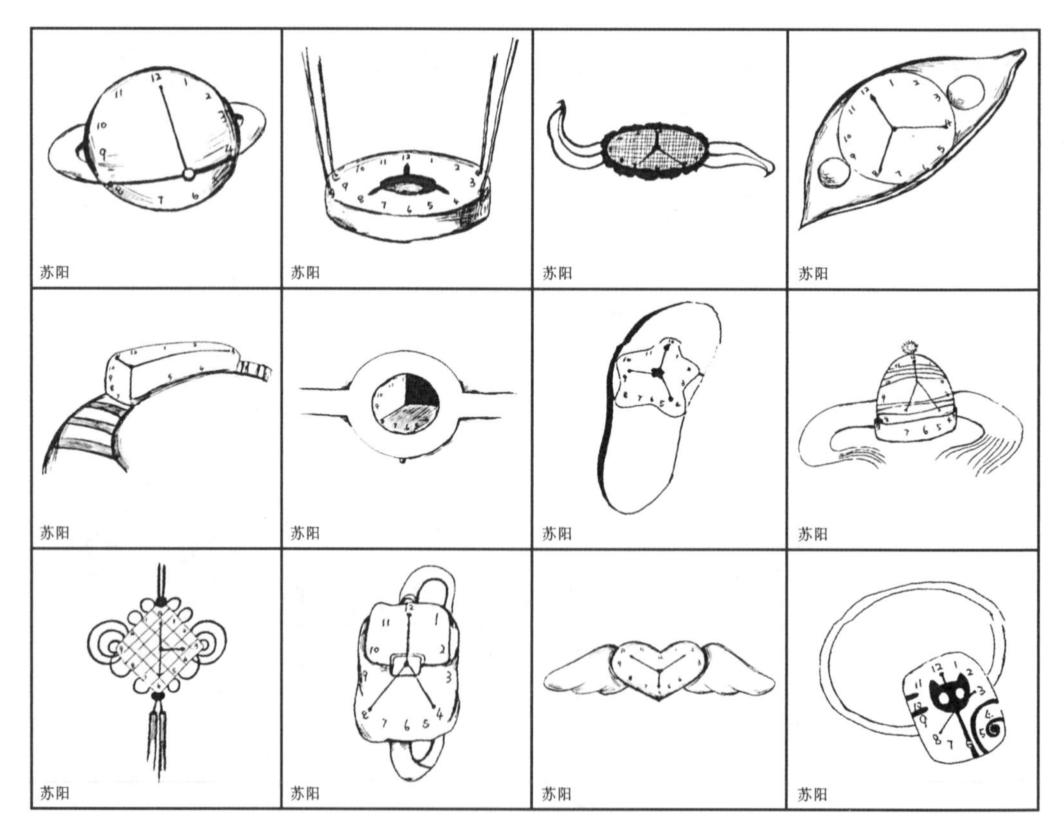


图 B-8-12　钟表的关联想象

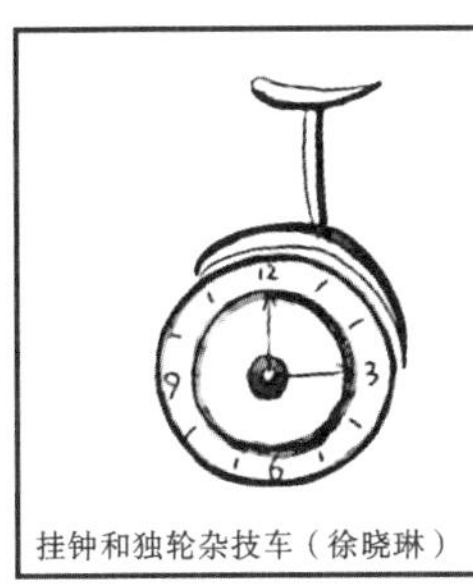
挂钟和独轮杂技车（徐晓琳）

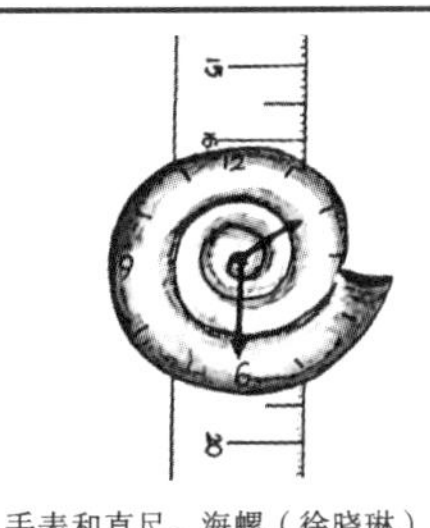
手表和直尺、海螺（徐晓琳）

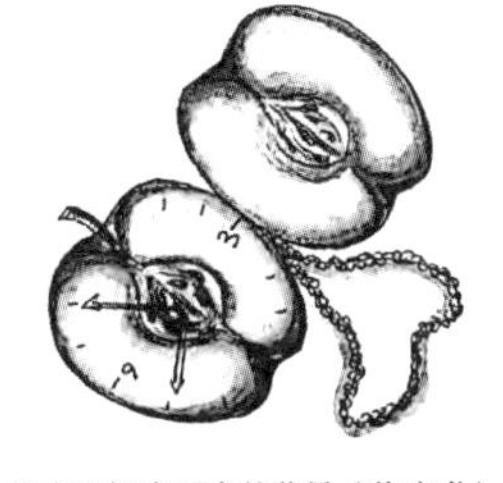
怀表和切成两半的苹果（徐晓琳）

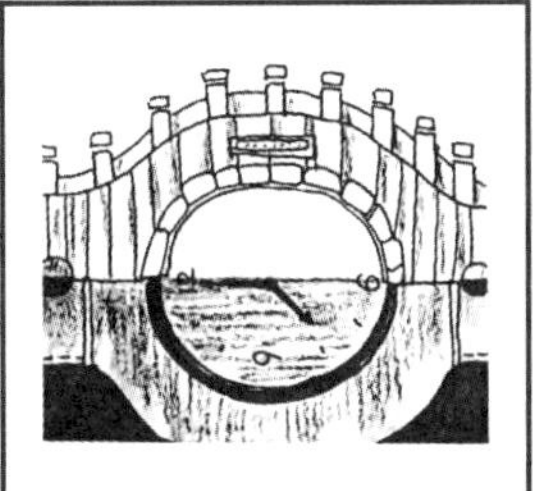
手表和公园里的石拱桥（徐晓琳）

续图 B-8-12

（2）绝招卡片。

一个简单的被大家熟悉的形，其实具有无限的创造性，这种再创造的训练，除了让我们重新关注那些与我们生活中密不可分的事物，还训练了我们的联想思维能力。图形创意的空间无限大，只有循序渐进的练习才能让我们的作品有突破性，有创意。

练习：以手、梳子、钟表为基本元素进行图形设计。

要求：寻找与以上基本元素相似的物形并将之取代，视觉合理，图形有一定的趣味性。

3）特定符号联想训练实例

以麦当劳形象广告为例。M 作为其品牌的文头字母，已经将麦当劳的企业文化带到世界各地，深入人心。在其形象推广上，巧妙地应用 M 的形与我们生活中其他元素进行关联想象。如世界禁烟日的麦当劳广告，用折断的烟组成的 M 字体，和麦当劳一直推崇的关爱儿童的主题相符合，如图 B-8-13 所示。

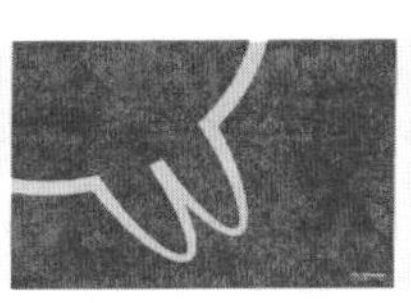

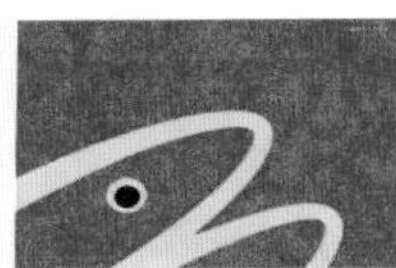

图 B-8-13　麦当劳招贴广告

要求：训练时围绕特定符号的主题意义展开想象，可以是平面的，也可以是立体的，可以深入表达元素内涵，也可以从符号的外形找到其他元素替代，从而形成新的意义上的图形，如图 B-8-14 所示。

目的：训练我们的观察能力，对图形的概括能力及创意思维的基础训练。

练习：选择生活中常见的符号进行联想，如花洒、麦当劳的标志、老式唱片、红十字架等，创造出有一定寓意的生动图形。要求：训练时围绕特定符号的主题意义展开想象，可以是平的，也可以是空间的。可以深入表达其元素的内涵，如图 B-8-15、图 B-8-16 所示。

### 3. 空间联想训练

在图形设计中融入空间思维，从空间的角度去探索平面，或者在表现技法上用平面的手

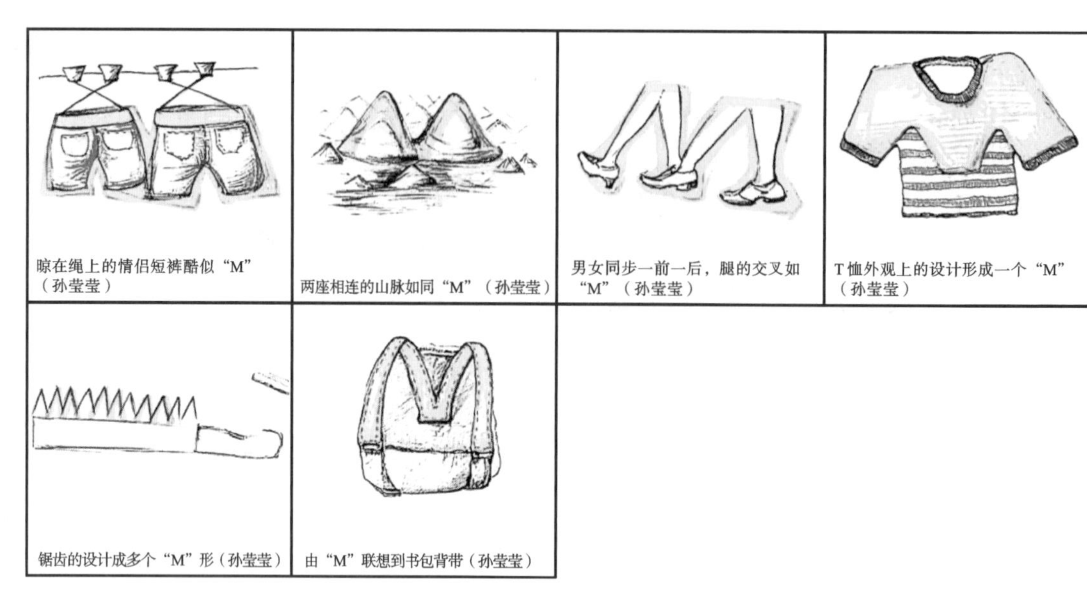
晾在绳上的情侣短裤酷似“M”（孙莹莹）
两座相连的山脉如同“M”（孙莹莹）
男女同步一前一后，腿的交叉如“M”（孙莹莹）
T恤外观上的设计形成一个“M”（孙莹莹）
锯齿的设计成多个“M”形（孙莹莹）
由“M”联想到书包背带（孙莹莹）

图 B-8-14 麦当劳商标的关联想象

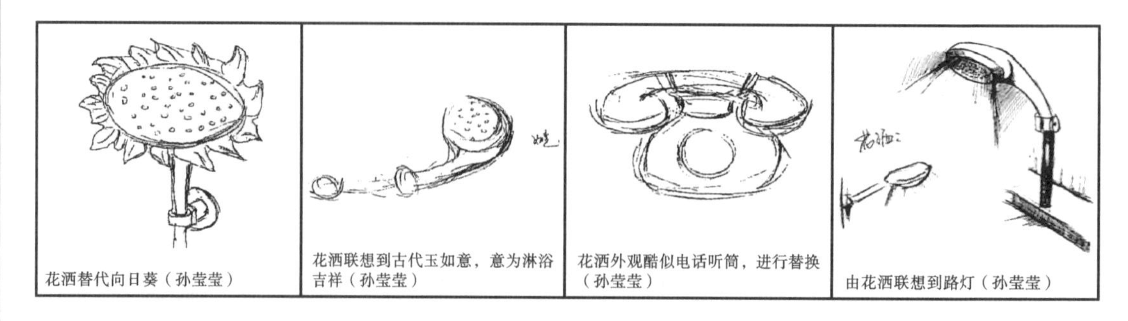
花洒替代向日葵（孙莹莹）
花洒联想到古代玉如意，意为淋浴吉祥（孙莹莹）
花洒外观酷似电话听筒，进行替换（孙莹莹）
由花洒联想到路灯（孙莹莹）

图 B-8-15 花洒的关联想象

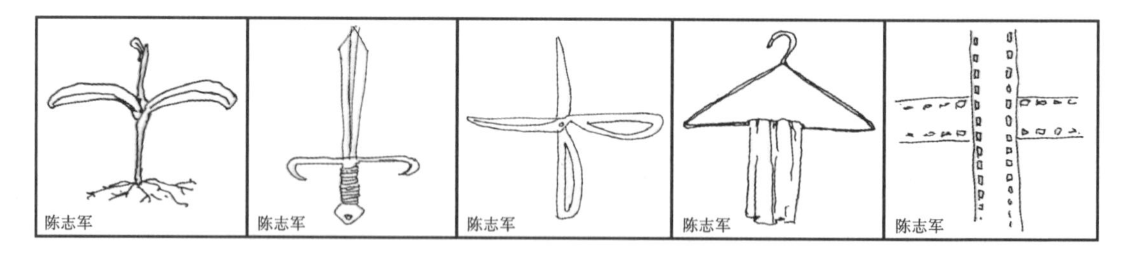
陈志军
陈志军
陈志军
陈志军
陈志军

图 B-8-16 红十字的关联想象

法去表现多维度的空间。在平面上寻找一种特殊、奇妙的视觉效果和空间的冲击力。

（1）我们可以在生活中寻找比较常见的和被大家熟悉的元素进行突破，多维度空间思考，所产生的图形虽然和原来的图形有一定的关联性，但本质上又有些区别，是一种打破又重建的思维过程。例如瑞士水壶的外形、葫芦等。

(2) 在二维平面的图形上，大胆地进行三维空间的延伸想象。使新的图形具有一定的趣味性和错视的视觉效果。例如公交车椅子的空间想象。不同形式的椅子给人遐想的空间。这里面包含了生活的经验认识，和一定的文化背景。运用三维空间的联想使图形丰富多样。

要求：理解平面与三维空间的区别，可以从高脚杯、书的特定外形深入展开联想，也可以针对某一主题进行想象。

练习：以高脚杯、书、滑板、面具等这些特定形态进行空间想象，如图 B-8-17 至图 B-8-20 所示。训练时注重平面空间与三维空间的延伸，以及特定形态意义上的引伸。图形创作表现幽默、含蓄、深刻。

图 B-8-17　高脚杯的关联想象

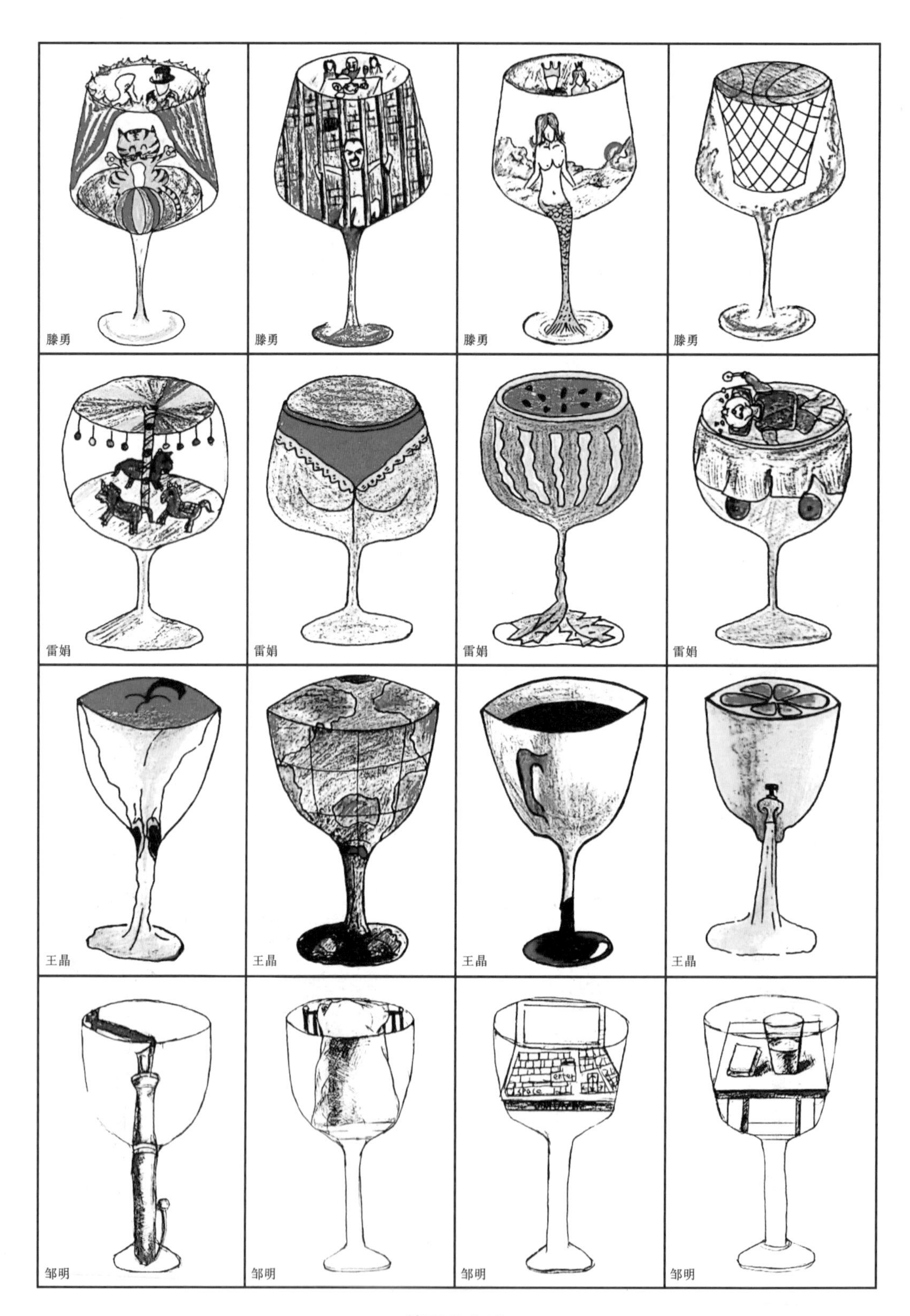


续图 B-8-17

续图 B-8-17

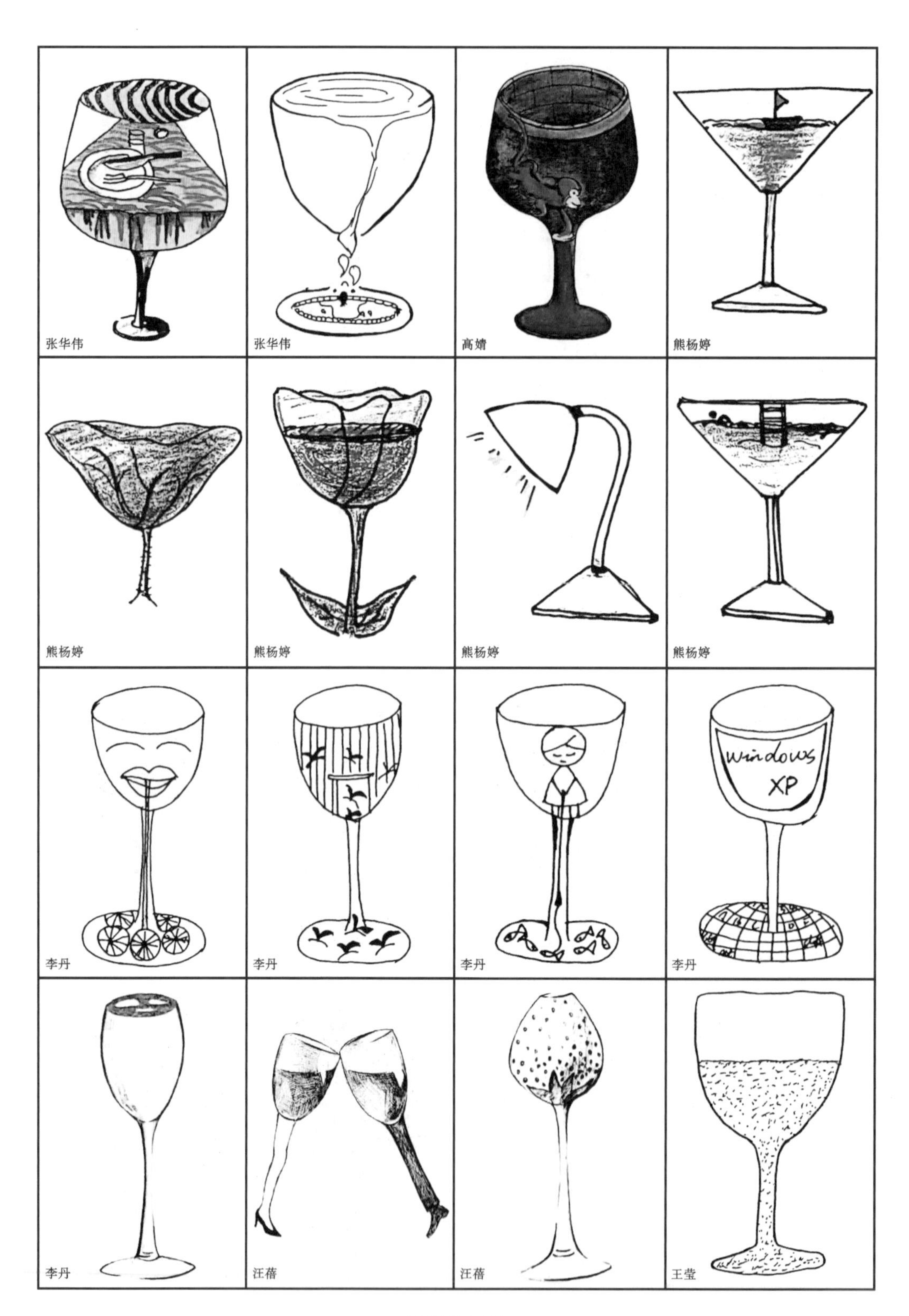


续图 B-8-17

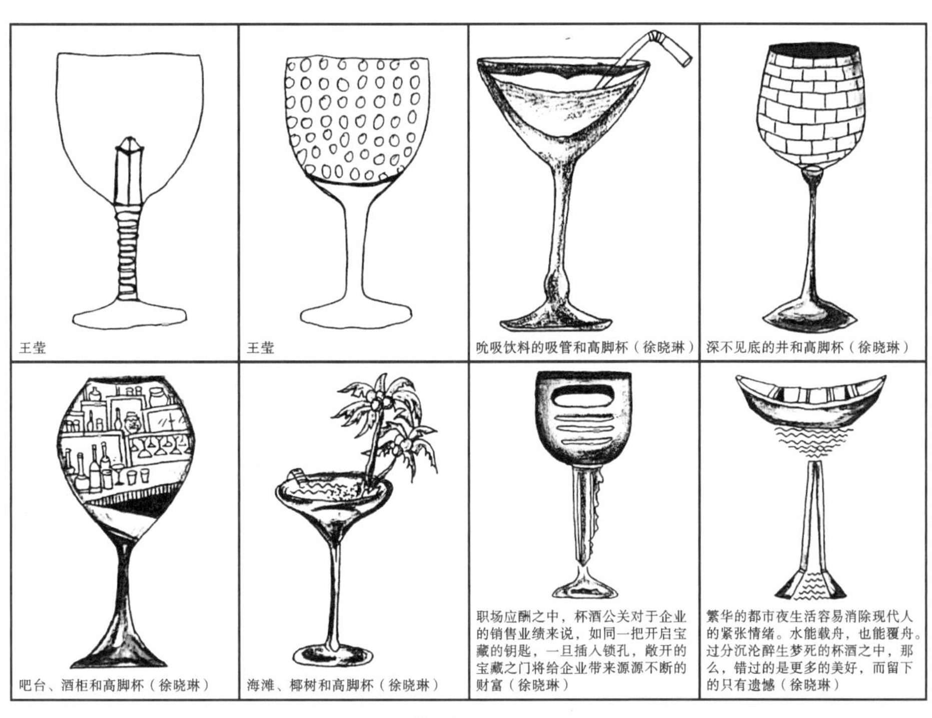


续图 B-8-17

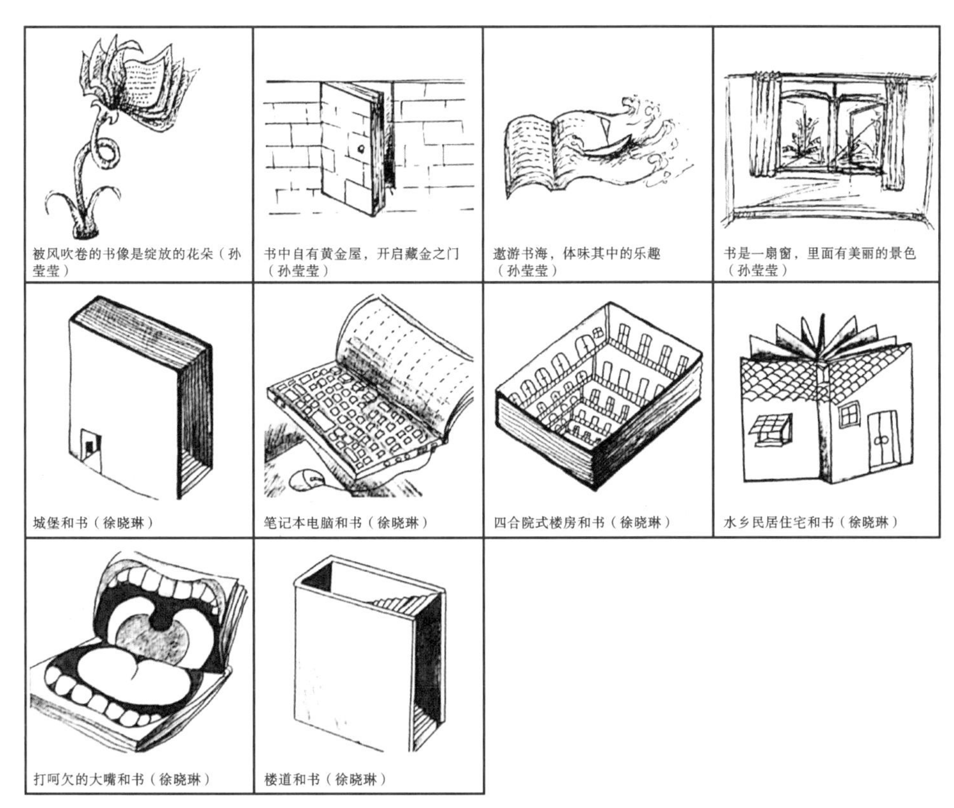


图 B-8-18　书的关联想象

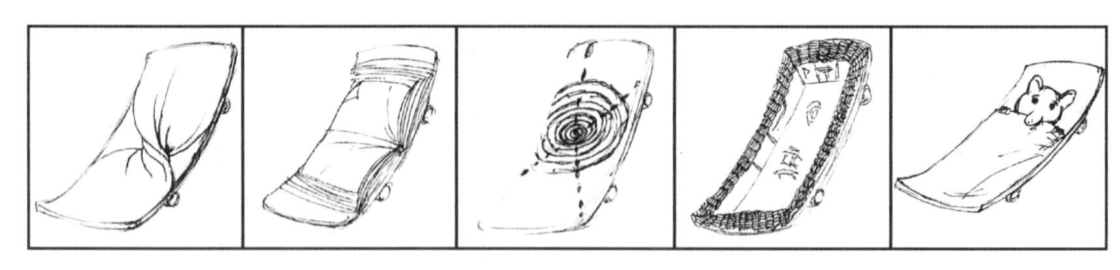

图 B-8-19　滑板的关联想象

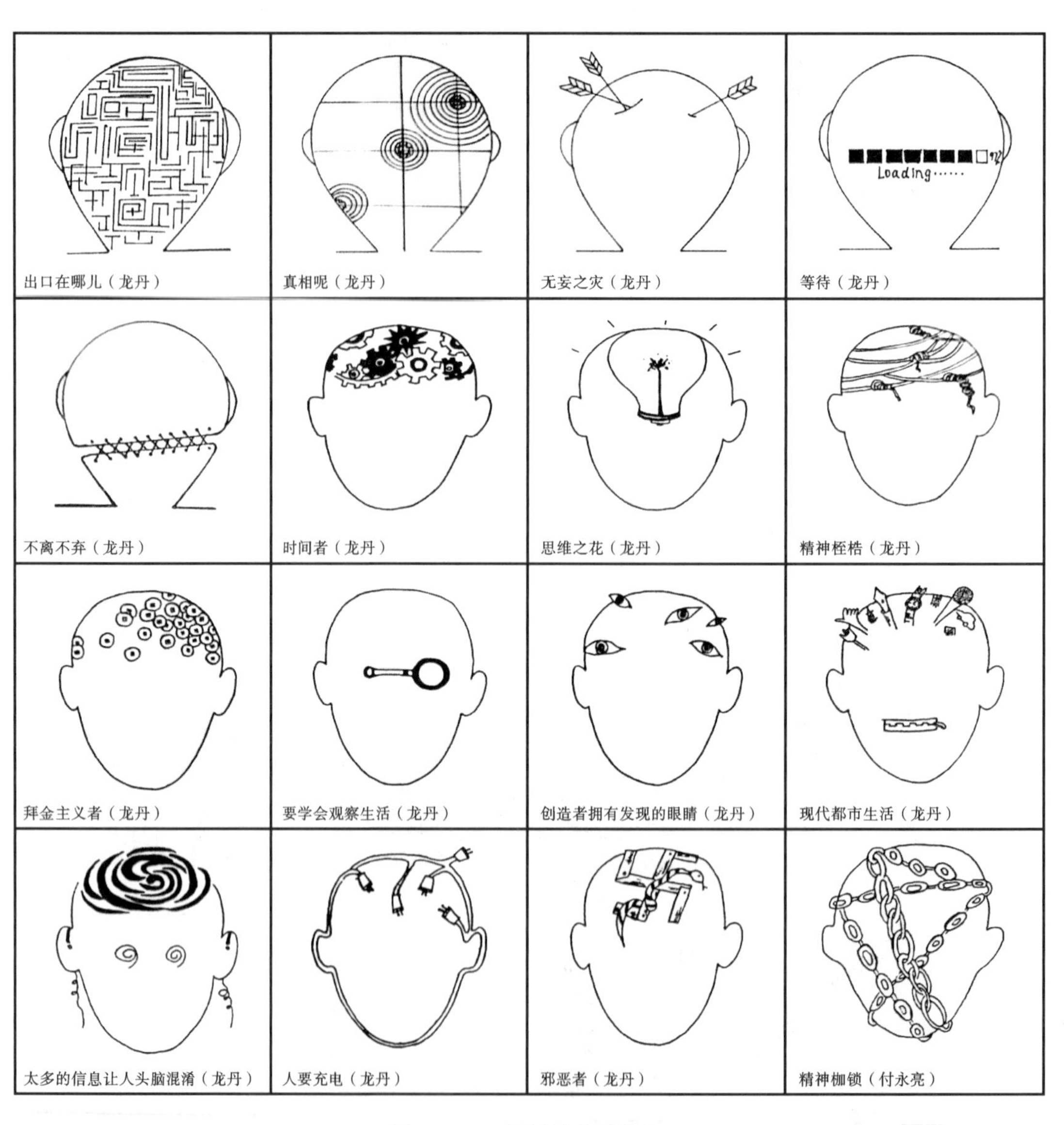


图 B-8-20　面具的关联想象

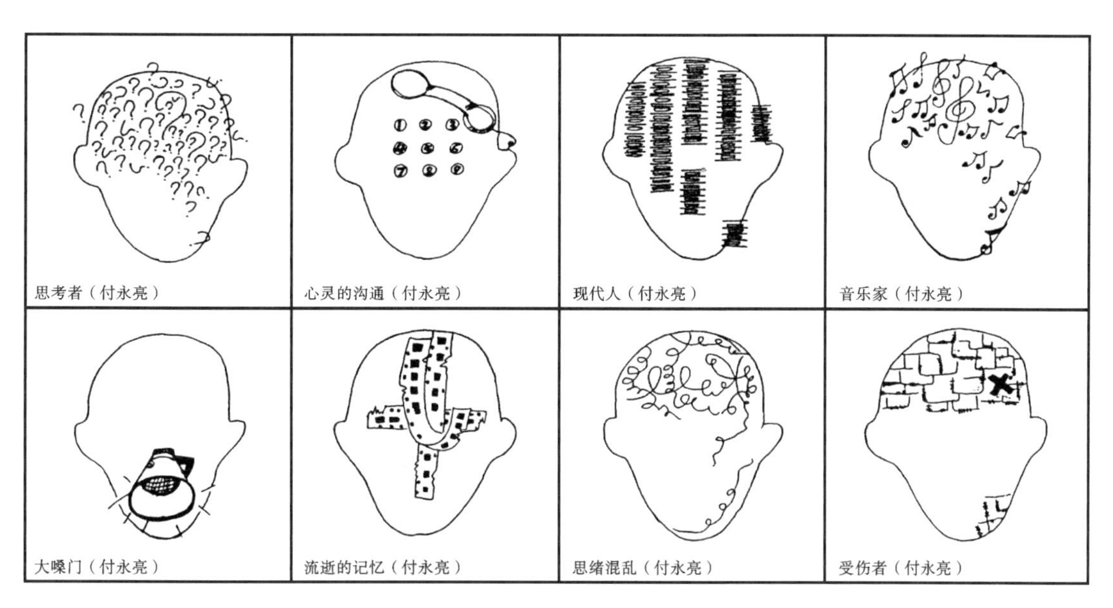


续图 B-8-20

## B-8-3 丢弃淘汰法

丢弃淘汰法就是不断排除的一个由加法到减法的过程。它是根据设计主题，先搜集大量与其相关的资料和元素，然后再经过层层筛选来获取最终目标的方法。

案例一

以“光”为题来展开相关事物的联系。如图 B-8-21 所示，人的惯性思路总是会先从和“光”有最直观联系的物体开始思考，如太阳、月亮、星星、闪电、萤火虫、灯、蜡烛、烟火，等等。当这些自主发光的事物都被想过之后，才开始联想与光有间接联系的事物，如镜子、钻石等，渐渐的思维会与光的直接联系越来越少，经过几番这样有目的的过滤思维之后，我们会得到与众不同的创意原点。

案例二

以“武汉”为题来展开相关事物的联系。如图 B-8-22 所示，人的惯性思路总是会先从和“武汉”有最直观联系的物体开始思考，如东湖、武汉大学、武汉长江大桥、热干面、黄鹤楼、长江、龟山电视塔、武汉光谷，等等。当这些与武汉直接联系的事物都被想过之后，才开始联想与武汉有间接联系的事物，如编钟、武大樱花、武汉疫情、武汉站……渐渐的思维会与武汉的直接联系越来越少，经过几番这样有目的的过滤思维之后，我们会得到与众不同的创意原点。

这种思维方式的整体趋势是呈金字塔形的，越往里深入，思考得到的面也越狭窄，与他人雷同或相似的机会也就越小。

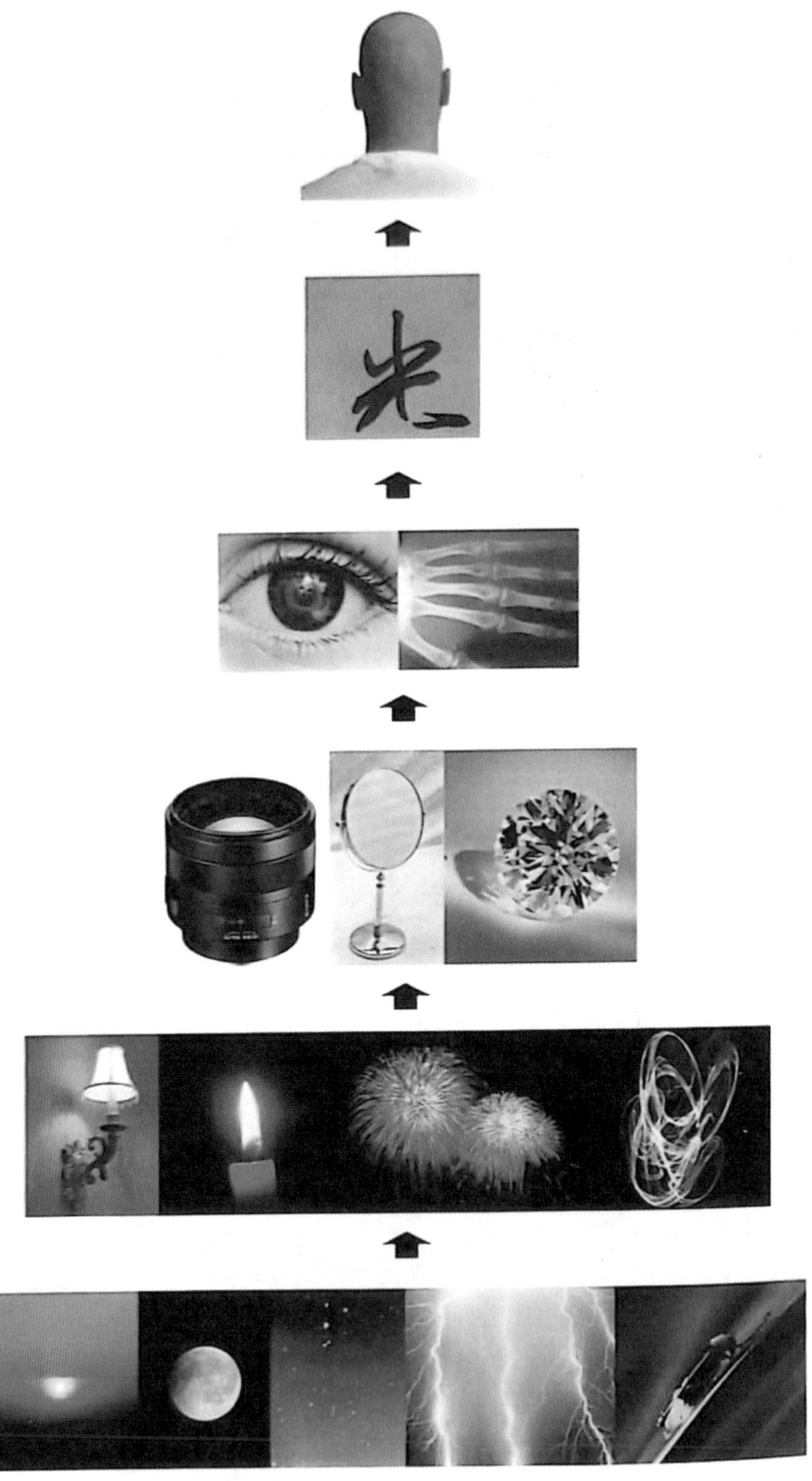


图 B-8-21　丢弃淘汰法案例一

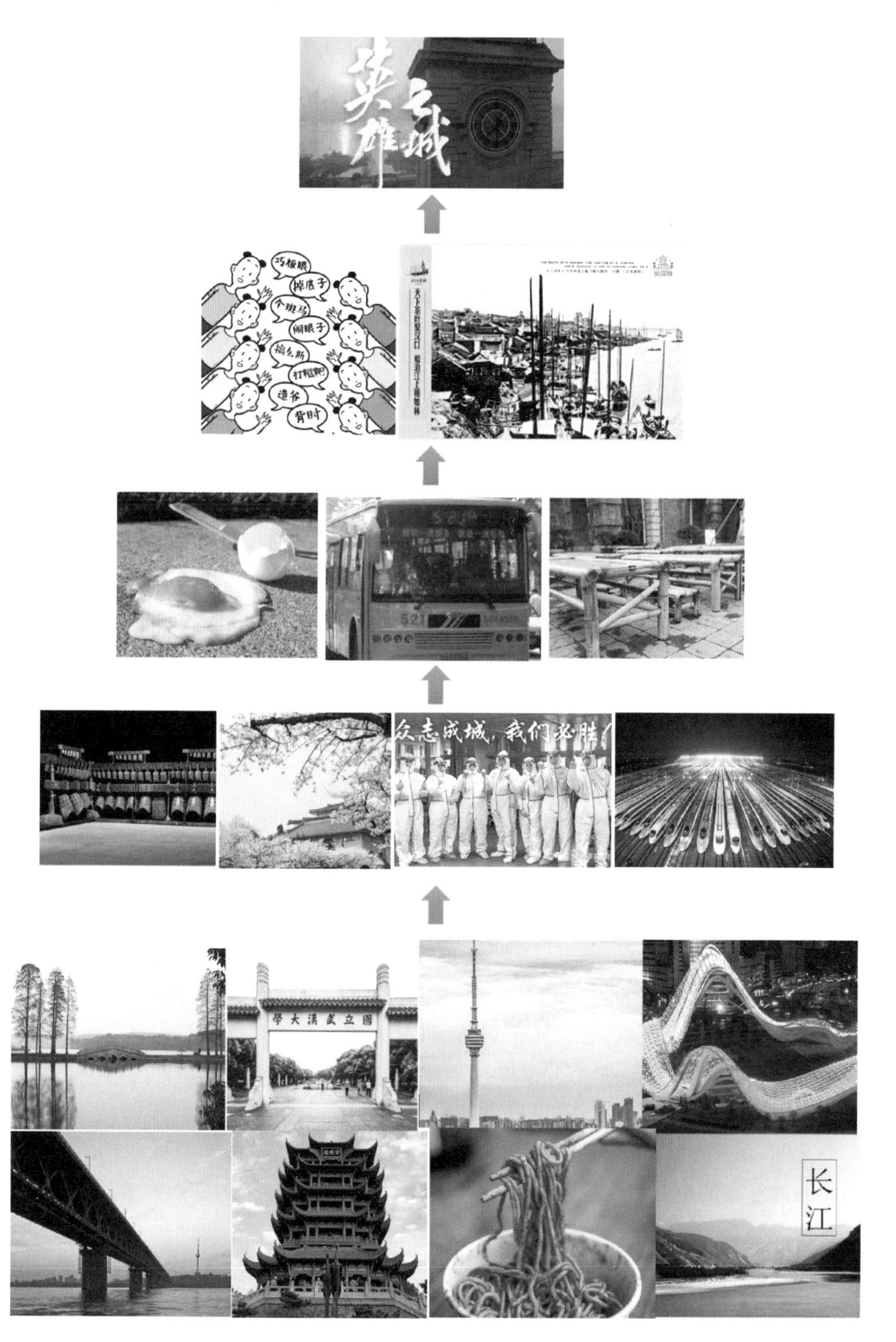


图 B-8-22　丢弃淘汰法案例二

根据惯性思维理论，如图 B-8-23，人和人在很多时候思维方向与方式是极其近似的，所以，头脑中越先出现的想法与其他人相似的几率也就越高。因此要将自己最先想到的方向或者图形丢掉，然后再想，再丢掉，再开始……不断地排除可能雷同或相似的思维，最终筛选出的必将是最具有特点的创意点子。独创性在设计中是十分重要的，特别是在考试和竞赛中，要想更快地从众多作品中跳出来，那么创意就是取胜的关键。

图 B-8-23 惯性思维理论表

其实在我们平时的生活和学习中，就应该有意识地培养自己这样的思维方式，它对于快速地寻找创意出发点有着很重要的作用。

## B-8-4 同构联想法

同构是指将不同的形象素材整合为新的形象时，其中不同的形象之间所具有的共性。同构图形，是指将两个或两个以上的图形通过图形设计的组合、嫁接等处理手段组合在一起，共同构成一个新图形，并且要传达出一个新的意义；同构图形是两个或多个不同的视觉元素契合某种关系而相互构成的结果，两个物体需有一些外形或本质上的联系才能形成同构，在形式上不应是形体上的简单相加和拼凑，而是相互作用、相互协调之后而产生的全新形象。这个新图形并不是原图形的简单相加，而是一种图形意义的超越或突变，从而形成强烈的视觉冲击力，给予观者丰富的心理感受。如图 B-8-24、图 B-8-25 所示。

其形态可以是同质、异质同构，也可以整体与整体同构、整体与局部同构；同构的图形反映一定的空间，保持画面的平面性与叙事性。同时，它也包含着认识与联想的双重意义，其创作意图通过形态的重新组合排列，形成新的空间容量和思维延续，如图 B-8-26 所示。

1）前提条件

图形同构的前提是这几个图形之间存在潜在的形态联系的可能性，或具有意义上的内在联系。在设计同构图形时，可从两个方面着手，一是从图形的外形考虑，观察图形之间是否存在可以结合的共通之处；二是从图形的含义上思考，注重图形内在含义的关联性，从而将它们同构。

图 B-8-24　狮子身人面像

图 B-8-25　人面鱼纹盆

图 B-8-26　记忆的永恒(萨尔瓦多·达利,1931 年)

2）遵循原则

格式塔心理学家的试验表明,当一种简单规则的图形呈现在眼前时,人们会感觉极为平静,相反杂乱无章的图形使人产生烦躁之感,而真正引起人们兴趣的图形,则是那种介于两者之间的、稍微背离规则的图形,它先是唤起一种注意或紧张,继而是使观看者对其积极地组织,最后是组织活动完成,开初的紧张感消失。这是一种有始有终、有高潮有起伏的体验,是能引起审美愉悦的审美经验。由此我们推导出同构图形的原则:用日常生活中人们熟悉的图形,以一种新的、前所未有的同构方式加以组合,正所谓"旧元素、新组合"。通过这种同构方式得到的新图形使人既熟悉又陌生,会引发观看者极大的好奇心,从而使图形的视觉传达变得更加顺畅和自然。

3）基本方法

图形的同构方法基本上可分为并置、重置、透叠三种。

(1) 并置:指的是两个以上(含两个)图像以并列的方式有机组合在一起,它们之间原本没有时空的限定,而是利用内在某种关系(联系)而组成的一种新的意象图景。两种不同的图像并置在一起,生成复合性的图像传达意念,这两种或多种图像并不是简单地拼凑和摆放,而是要利用设计思维进行巧妙同构与建构,这样才能使图形本身的设计思想得到扩展和延伸,从而达到想要的设计目的。

（2）重置：是指两个或者多个图形相互遮挡，层层叠在一起，形成一种图形纵深位置的明确关系。图形之间的遮挡关系主要体现于外形的阻断。在两种图形关系中，被遮挡的图形失去了自身的完整性，完全显露的部分起到代表主要图形的表达效果。

（3）透叠：是当两个图形关系相重叠时，两者相重叠部分显现明确轮廓和形象的表现手法。两形相叠透出重叠的部分，产生一种特定形态的空间感，能有效地丰富单纯的形象，显示出一种独特的视觉效果。透叠的图形保持着各自形状的完整性，它们之间不存在着遮挡关系，也就不像重叠那样能表达明确的纵深位置。很多透叠图形利用图形之间重合部分大做文章，呈现出多重意义表达，形成有意味的同构图形。

# B-9　徽章设计项目市场调研

## B-9-1　设计调研内容

设计调研是设计活动中的一个重要环节，通过调研可广泛收集资料并进行分析研究，得到较为科学的设计项目定位。设计调研一般由设计师或专门的调研机构完成，设计师必须了解调研的过程，并能对结果进行深入分析。调研结果反映的基本上是短期内的情况，而设计思维需要具备一定的超前性才能把握设计的正确方向，设计师要利用调研结果，但不能被调查数据和调查结论禁锢了头脑。

### 1. 市场情况调查

即对设计服务对象的市场情况进行全面调查研究的过程，包括以下三方面内容。

（1）市场特征分析：分析市场特点及市场稳定性等。

（2）市场空间分析：了解市场需求量的大小，目前存在的品牌所占的地位和分量。

（3）市场地理分析：主要是地域市场细分，包括区域文化、市场环境、国际市场信息等。

### 2. 消费者情况调查

即针对消费者的年龄、性别、民族、习惯、风俗、受教育程度、职业、爱好、群体成分、经济情况以及需求层次等进行广泛调查，对消费者的家庭、角色、地位等进行全面调研，从中了解消费者的看法和期望，并发现潜在的需求。

### 3. 相关环境情况调查

消费者的购买行为受到一系列环境因素的影响，设计师们要对市场相关环境如经济环境、社会文化环境、自然条件环境和政治环境等内容进行调查。由于文化影响着道德观念、教育、法律等，对某一市场区域的文化背景进行调研时，一定要重视对传统文化特征的分析，并利用它创造出新的市场机会。

#### 4. 竞争对手情况调查

对相关竞争对手的情况调查，包括企业文化、规模、资金、投资、成本、效益、新技术、新材料的开发情况以及利润和公共关系。另外，还包括有相当竞争力的同类产品的性能、材料、造型、价格、特色等，通过调查发现它们的优势所在。

## B-9-2　设计调研步骤

设计调研的步骤如下。

(1) 确定调查目的，按照调查内容分门别类地提出不同角度和不同层次的调查目的，其内容要尽量具体地限制在少数几个问题上，避免大而空泛的问题出现。

(2) 确定调查的范围和资料来源。

(3) 拟订调查计划表。

(4) 准备样本、调查问卷和其他所需材料，按计划安排，并充分考虑到调查方法的可行性与转换性因素，做好调查工作前的准备。

(5) 实施调查计划，依据计划内容分别进行调查活动。

(6) 整理资料，此阶段尊重资料的“可信度”原则十分重要，统计数据要力求完整和准确。

(7) 提出调研结果及分析报告，要注意针对调查计划中的问题进行回答，文字表述简明扼要，最好有直观的图示和表格，并且要提出明确的解决意见和方案。

# B-10 徽章设计项目用户调研

调研方法在设计项目确认阶段极其重要，能否科学并且恰当地运用调研方法，将对整个设计项目的准确定位产生十分重要的影响。下面介绍几种主要的设计调研方法。

## B-10-1 情境地图

情境地图是一种以用户为中心的设计方法，它将用户视为“有经验的专家”，并邀其参与设计过程。用户可以借助一些启发式工具(generative tools)描述自身的使用经历，从而参与到产品设计和服务设计中，如图 B-10-1 所示。

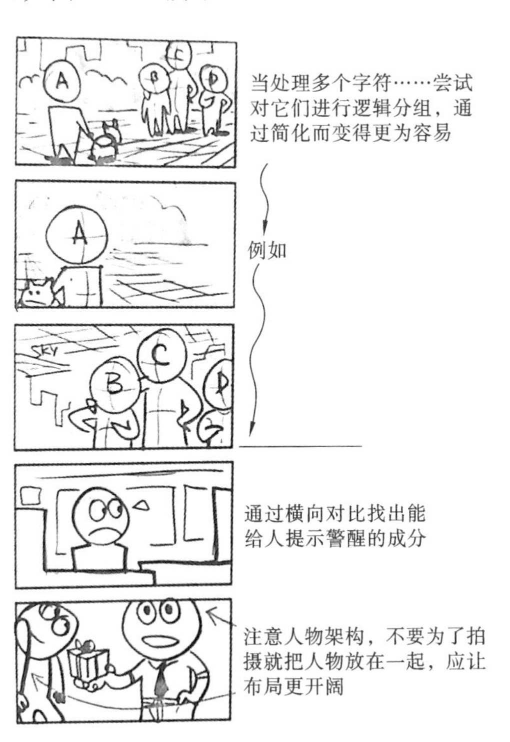


图 B-10-1 用户用绘画故事的方式描述自身的使用经历

“情境”是指产品或服务被使用的情形和环境。所有与产品使用体验相关的因素皆是有价值的，这些因素包含社会因素、文化因素、物理特征以及用户的内心状态(感觉、心境等)。

“情境地图”暗示了所取得的信息应该作为设计团队的设计导图。它能帮助设计师找到设计的方向、整理所观察到的信息、认识到困难与机会。情境地图只能启发设计灵感，不能用于论证设计结果。

### 1. 何时使用此方法

在设计项目概念生成之前使用情境地图的效果最佳，因为此时依然有极大的空间来寻找新的市场机会。除了能深入洞悉目标项目，使用情境地图还能得到其他诸多有助于设计的结果，例如人物角色、创新策略、对市场划分的独到见解和有利于其他创新项目的原创解读等。情境地图法中运用了多种启发式工具，以便用户能在有趣的游戏中描述自己的使用经历，也能让用户更关注自己的使用经历。用户需要绘制一张产品或服务的使用情境图，以帮助他们表达使用该产品的目标、动机、意义、潜在需求和实际操作过程。对情境地图的研究能帮助设计师从用户的角度思考问题，并将用户体验转化成所需的产品设计方案。

### 2. 如何使用此方法

设计师在组织自己的情境地图讨论会议之前，应首先以参与者的身份加入其中，体验其中的各种流程及意义。这样，设计师在自己组织的会议中，能更好地与参与者进行互动，也能确保自己在情境地图讨论会议之前做好充分的计划和准备。否则，在寻找参与者、约定时间地点、准备启发式工具时，可能会遇到麻烦。

### 3. 主要流程

1) 准备阶段

(1) 定义主题并策划各项活动。

(2) 绘制一份预先构想的思维导图。

(3) 进行初步研究。

(4) 在讨论会议前一段时间给参与者布置家庭作业，以增加他们对讨论主题相关信息的敏感度。这样做还可以引导参与者细心观察自己的生活并留意使用产品或服务的经验，从而反馈到讨论的主题中。这里可以使用文化探析方法。

2) 进行阶段

(1) 用视频或音频记录整个会议过程。

(2) 让用户参与做一些练习，也可以运用一些激发材料与参与者建立对话。

(3) 向用户提出诸如“你对此(产品或服务)的感受是什么”和“它(产品或服务)对你的意义是什么”之类的问题。

(4) 在讨论会议结束后及时记录自身的感受。

3）分析阶段

在讨论会议结束之后，分析得出的结果，为产品设计寻找可能的模式和方向。为此，可以从记录中引用一些用户的表述，并组织转化成设计语言。通常情况下，需要将参与者的表述转化、归纳为具有丰富视觉表达效果的情境图以便分析。

4）交流阶段

（1）与团队中其他未参与讨论会议的成员，以及项目中的其他利益相关者交流所获得的情境地图成果。

（2）成果的交流十分必要，因为它对产品设计流程中的各个阶段（点子生成、概念发展、产品和服务进一步发展等）均有帮助。即使是在讨论会议结束数周以后，当参与者看到运用他们的知识产生的结果时，也会深受启发。

## B-10-2　文化探析

文化探析是一种极富启发性的设计工具，它能根据目标用户自行记录的材料来了解用户。调研者向用户提供一个包含各种分析工具的工具包，帮助用户记录日常生活中产品和服务的使用体验。

### 1. 何时使用此方法

文化探析方法适用于设计项目概念生成阶段之前，因为此时依然有极大的空间以寻找新的设计可能性。探析工具能帮助设计师潜入难以直接观察的使用环境，并捕捉目标用户真实"可触"的生活场景。这些探析工具犹如太空探测器，从陌生的空间收集材料。由于所收集到的资料无法预料，因此设计师在此过程中能始终充满好奇心。使用文化探析法时，必须具备这样的心态：感受用户自身记录文件带来的惊喜与启发。因为设计师是从用户的文化情境中寻找新的见解，所以该技术被称为文化探析法。运用该方法所获得的结果有助于设计团队保持开放的思想，从用户记录的信息中找到灵感。

### 2. 如何使用此方法

文化探析研究可以从设计团队内部的创意会议开始，确定对目标用户的研究内容。文化探析工具包中包含多种工具，如日记本、明信片、声音图像记录设备等任何好玩且能鼓励用户用视觉方式表达他们的故事和使用经历的道具。调研者通常向几名到30名用户提供此工具包。工具包中的说明和提示已经表明了设计师的意图，因此设计师并不需要直接与用户接触。简化的文化探析工具包也常常包含在情境地图方法所使用的感觉研究工具包中。

### 3. 主要流程

（1）在团队内组织一次创意会议，讨论并制定研究目标。

(2) 设计、制作探析工具。

(3) 寻找一个目标用户群，测试探析工具并及时调整设计。

(4) 将文化探析工具包发送至选定的目标用户手中，并清楚地解释设计的期望。该工具包将直接由用户独立参与完成，期间设计师与用户并无直接接触，因此，所有的作业和材料必须有启发性且能吸引用户独立完成。

(5) 如果条件允许，应提醒参与者及时送回材料或者亲自收集材料。

(6) 在跟进讨论会议中与设计团队一同研究所得结果，例如，创意启发式工作坊，具体可参考情境地图。

#### 4. 方法的局限性

由于设计师与目标用户在此过程中没有直接接触，因此文化探析法将很难得到对目标用户深层次的理解。观察结果可以作为触发各种新可能的材料，而非验证设计结果的标准。例如，探析结果能反应某人日常梳洗的体验过程，但并不能得出该用户体验的原因，也不能说明其价值与独特性。

文化探析法不适用于寻找某一特定问题的答案。

文化探析法需要整个设计团队保持开放的思想，否则，将难以理解所得材料，有些团队成员也可能对所得结果并不满意。

使用这个方法要注意以下几点。

(1) 使各个探析工具具备足够的吸引力。

(2) 探析工具需保持未完成感，如果太过精细完美，用户会不敢使用。

(3) 个性化探析工具材料，例如在封面贴上参与者的照片。

(4) 制定好玩且有趣的任务。

(5) 将设计师的目的解释清楚。

(6) 提倡用户即兴发挥。

(7) 使用探析工具前先进行测试，以确保各项表述的准确性。





## B-10-3 用户观察与采访

通过用户观察，设计师能研究国标用户在特定情境下的行为，深入挖掘用户“真实生活”中的各种现象、相关变量及现象与变量间的关系。图 B-10-2 所示的是设计师在观察乘客地铁刷卡的过程。

#### 1. 何时使用此方法

不同领域的设计项目需要论证不同的假设并回答不同的研究问题，观察所得到的五花八门的数据亦需要被合理地评估和分析。人文科学的主要研究对象是人的行为，以及人与

图 B-10-2 观察乘客地铁刷卡的过程

社会技术环境的交互。设计师可以根据明确定义的指标，描述、分析并解释观察结果与隐藏变量之间的关系。

当对产品使用中的某些现象、相关变量以及现象与变量间的关系一无所知或所知甚少时，用户观察可以助设计师一臂之力。设计师也可以通过它看到用户的"真实生活"。在观察中，会遇到诸多可预见和不可预见的情形。在探索设计问题时，观察可以帮设计师分辨影响交互的不同因素。观察人们的日常生活，能帮助设计师理解什么是好的产品或服务体验，而观察人们与产品原型的交互能帮助设计师改进产品设计。

运用此方法，设计师能更好地理解设计问题，并得出有效可行的概念及其原因。由此得出的大量视觉信息也能辅助设计师更专业地与项目利益相关者交流设计决策。

### 2. 如何使用此方法

如果想在毫不干预的情形下对用户进行观察，则需要像角落里的苍蝇一样隐蔽，或者也以采用问答的形式来实现。更细致的研究则需观察者在真实情况中或实验室设定的场景中观察用户对某种情形的反应。视频拍摄是最好的记录手段，当然也不排除其他方式，如拍照片或记笔记。观察者要配合使用其他研究方法，积累更多的原始数据，全方位地分析所有数据并转化为设计语言。例如，用户观察和访谈结合使用时，设计师能从中更好地理解用户思维。将所有数据整理成图片、笔记等，进行统一的定性分析。

### 3. 主要流程

为了从用户观察中了解设计的可用性，需要进行以下步骤。

（1）确定研究的内容、对象以及地点(即全部情境)。

（2）明确观察的标准：时长、费用以及主要设计规范。

（3）筛选并邀请参与人员。

（4）准备开始观察。事先确认观察者是否允许进行视频或照片拍摄记录；制作观察表格（包含所有观察事项及访谈问题清单）；做一次模拟观察试验。

（5）实施并执行观察。

（6）分析数据并转录视频（如记录视频中的对话等）。

（7）与项目利益相关者交流并讨论观察结果。

#### 4. 方法的局限性

使用此方法要注意以下几点。

（1）务必进行一次模拟观察。

（2）确保刺激物（如模型或产品原型）适合观察，并及时准备好。

（3）如果要公布观察结果，则需要询问被观察者材料的使用权限，并确保他们的隐私受到保护。

（4）考虑评分员们的可信度，在项目开始阶段计划好往往比事后再思考来得容易。

（5）考虑好数据处理的方法。

（6）每次观察结束后应及时回顾记录并添加个人感受。

（7）至少让其他利益相关者参与部分分析以加强其与项目的关联性。但需要考虑到他们也许只需要一两点感受作为参考。

（8）观察中最难的是保持开放的心态。切勿只关注已知事项，相反地，要接受更多意料之外的结果。鉴于此，视频是首要推荐记录方式。尽管分析视频需要花费大量的时间，但它能提供丰富的视觉素材，并且为反复观察提供了可行性。

此方法也有局限性，当用户知道自己将被观察时，其行为可能有别于通常情况。然而如果不告知用户而进行观察，需要考虑道德、伦理等方面的因素。





## B-10-4　问卷调查

#### 1. 纸质问卷调查

问卷是一种常用的研究工具，如图 B-10-3 所示，它可以用来收集量化的数据，也可以通过开放式的问卷题目，让受访者做质化的深入意见表述。

在网络通信发达的今天，以问卷收集信息比以前方便很多，甚至有许多免费的网络问卷服务可供运用。但方便并不代表可以随便，在问卷设计上仍然必须特别小心，因为设计不良的问卷，会引导出错误的研究结论，从而导致整体设计方针与策略上的错误。张绍勋教授在《研究方法》一书中，针对问卷设计提出了以下几个原则。

（1）问题要让受访者充分理解，问句不可以超出受访者的知识及能力范围。

（2）问题必须切合研究假设的需要。

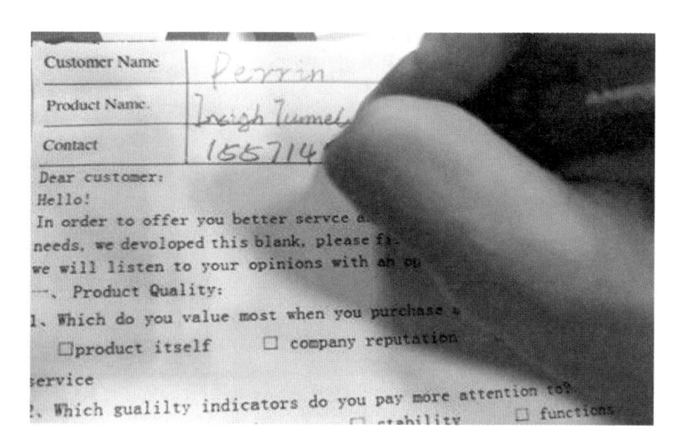


图 B-10-3　问卷调查

（3）要能够引发受访者的真实反应，而不是敷衍了事。

（4）要避免以下三类问题。

① 太广泛的问题。例如“你经常关心国家大事吗？”每一个人对国家大事定义不同，因此这个问题就太过于笼统。

② 语意不清的措辞。例如“您认为汰渍洗衣粉质量够好吗？”因为“够不够”这个措辞本身太过含糊，因此容易造成解读上的差异。

③ 包含两个以上的概念。例如“汰渍洗衣粉是否洗净力强又不伤您的手？”这样受访者会搞不清楚要回答“洗净力强”和“不伤您的手”这两者中的哪一项。

（5）避免涉及社会禁忌、道德问题、政治议题或种族问题。

（6）问题本身要避免引导或暗示。例如“女性社会地位长期受到压抑，因此你是否赞成新人签署婚前协议书。”这问题的前半部，就明显地带有引导与暗示的意味。

（7）忠实、客观地记录答案。

（8）答案要便于建档、处理及分析。



### 2. 在线问卷调查

现在，有很多专业的在线调研网站或平台，调研者可以选择多样化的调研方式。一些提供在线问卷调研和数据分析的软件，如图 B-10-4 所示。

在线问卷调查的优点主要体现在以下 7 个方面：

（1）快速、经济；

（2）包括全球范围的细分市场中不同的、特征各异的网络用户；

（3）受调查者自己输入数据有助于减少研究人员录入数据时可能出现的差错；

（4）对敏感问题能诚实回复；

（5）任何人都能回答，被调查者可以决定是否参与，可以设置密码保护；

（6）易于制作电子数据表格；

图 B-10-4　一些提供在线问卷调研和数据分析的软件

(7) 采访者的主观偏见较少。

**3. 方法的局限性**

同样，在线问卷调查法也存在以下问题：

(1) 样本选择问题或普及性问题；

(2) 测量有效性问题；

(3) 自我选择偏差问题；

(4) 难以核实回复人的真实身份；

(5) 重复提交问题；

(6) 回复率降低问题；

(7) 把研究者的调查请求习惯性地视为垃圾邮件。

与传统调查方法相比，在线调查既快捷又经济，这也许是在线调查最大的优势。

## B-10-5　实地调查

实地调查就是亲身到产品使用的现场，去观察和记录真实的过程和状态。假设要设计一套教学用的软件，设计前一定要到教室里面，去实际观察上课过程中老师与学生的互动状态，才能够设计出符合需求的成品。这种观察所得到的信息，是无法用面谈来取代的，因为通常人的主观意识和记忆，并不一定与事实相符。就像是在用圆珠笔做笔记时偶尔会抽空翻看手机一样。如果状况许可，在实地调查之后也很少有学生会在面谈中提到，上课过程中会和朋友用手机微信聊天，如图 B-10-5 所示。

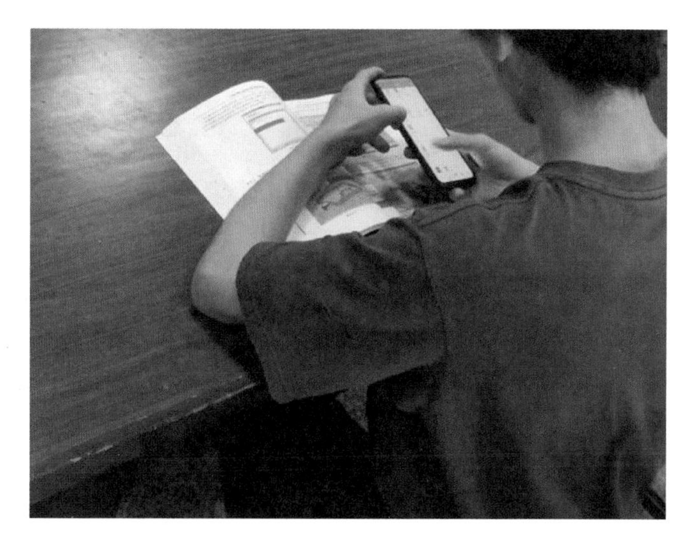

图 B-10-5　上课时用手机微信聊天

尽管问卷和面谈都可以提供一些用户的相关信息，但实地调查，其实才是了解使用者以及使用状况最好的方式，如图 B-10-6 所示。

图 B-10-6　实地了解产品的真实使用环境和状态

## B-10-6　焦点团体

焦点团体就是将一群符合目标客户条件的人聚集起来，通过谈话和讨论的方式，来了解他们的心声或看法，如图 B-10-7 所示。这种方式的好处在于有效率，并且也很适合用来测试目标客户群对于产品新形状或视觉设计的直接反应。但由于在团体的情况之下，讨论的方

向和结论，很容易就会被少数几个勇于表现、擅于雄辩的人所主导，因此所得结果只适合参考，并不适合将所得建议和结论直接拿来作为修正设计的依据。

图 B-10-7　团体讨论过程

一般来说，通过未经训练的素人焦点团体的共识所选择出来的设计方针，通常代表的是一种妥协，并不是有特色、有效的设计方针。以群体意见来主导设计的方式，在美国称为 design by committee（委员会计），意指太多人参与决策而最终达成一个平庸的设计决策。也有谚语如此形容“骆驼是一群人设计出来的马（A camel is a horse designed by a committee）。”也就是说，原本很好的创意和想法，经过一群人讨论和妥协，最后产生的东西往往变成平凡无奇，甚至于什么都不是的四不像，因为妥协的结果只会降低产品成功的机会。




## B-10-7　量化评估

量化评估能够提供客观的数据，潜在市场的大小、用户的平均年龄、消费额度或习惯等，这种接近市场调查的数据，可以协助规划设计的大方向和原则如图 B-10-8 所示。此外，可用性也可以用量化的方式做评估，例如一般人的阅读速度、按钮合理尺寸等。这种市场分析或功效学的量化评估并不容易做到精确，但可以通过阅读文献资料和学者发表过的研究报告来获得资讯。

量化评估的主要功能在于获得客观的数据，例如年龄、性别、收入、学历等。

量化评估的结果，比较接近于描述一种社会现象，适合用来表达客观事实、局外人的观点、破除迷思和侦测规划性。

另一种研究的类型，则是质化研究（qualitative research）。质化研究比较主观，与个案紧密连接，比较能够表达个人的观点，因此有助于深入了解使用者。质化研究的方式很多，面谈、实地调查和文化探测等，都是质化研究的典型。

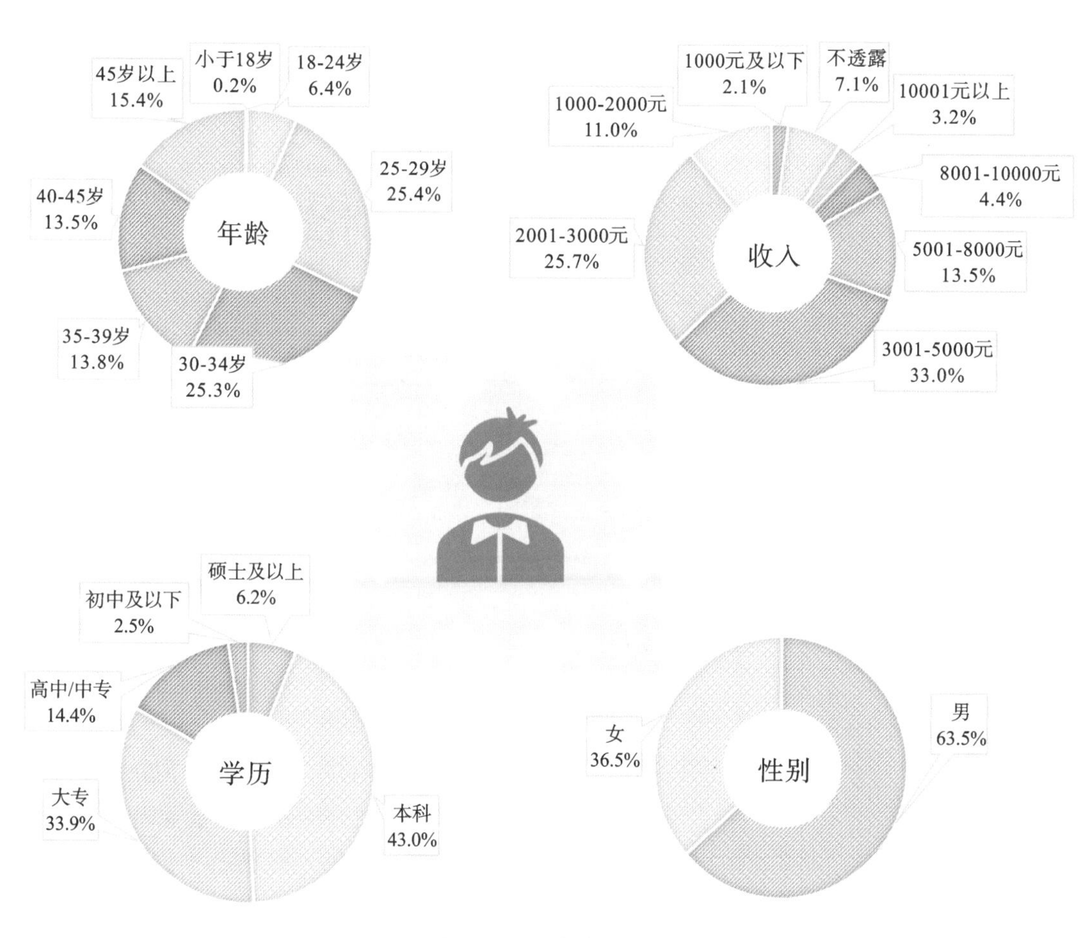
年龄
小于18岁
0.2%
18-24岁
6.4%
25-29岁
25.4%
30-34岁
25.3%
35-39岁
13.8%
40-45岁
13.5%
45岁以上
15.4%
收入
1000元及以下
2.1%
不透露
7.1%
10001元以上
3.2%
8001-10000元
4.4%
5001-8000元
13.5%
3001-5000元
33.0%
2001-3000元
25.7%
1000-2000元
11.0%
学历
硕士及以上
6.2%
初中及以下
2.5%
高中/中专
14.4%
大专
33.9%
本科
43.0%
性别
女
36.5%
男
63.5%

图 B-10-8　量化评估

# B-11 徽章设计手绘训练

## B-11-1 工具与用法



“工欲善其事,必先利其器。"

要做出一份好的创意设计,同样需要准备一套好的工具。这对我们来讲,也意味着创意手法的多样化。

好的创意设计实际上是把巧妙的构思用视觉图形语言表现出来,视觉图形语言其形式因人或工具不同而千姿百态、丰富多彩,用不同的绘画工具可以表现出形式多样的视觉语言,合适的设计工具加上娴熟运用工具的技巧,就能画出生动悦目的画面。创意设计需要富有表现力的技法,这都需要设计工具来完成。常用的工具主要有铅笔、铁笔、毛笔、彩铅、水彩、水粉颜料、直尺、三角尺、坐标纸等。

### 1. 铅笔

铅笔是用来起稿的,一般用较软的4B铅笔,软铅笔画起来线条松软流畅,起稿时能达到构思与铅笔同步的效果,一闪而过的灵感就会随线条自由地在纸上行走而初见笔端。相反,过硬的铅笔画起来则线条细而单薄,过于肯定的线条一旦需要调整则不易修改,硬线容易限制思绪的发展和表达。

### 2. 小圭笔

小圭笔实际上就是小毛笔,有大、中、小规格。毛质有羊毫和狼毫之分(羊毫呈白色,柔软;狼毫呈棕色,硬朗),一般可以各买一套,在使用中根据个人习惯再固定选用。小号圭笔在画细线或刻画细节时特别出效果。同一大小规格的圭笔要买两套,一套用来画黑色(或深色),一套用来画白色(或亮色)。现在美术用品专卖店中也有一种纤维尼龙材质的小圭笔,材质相对于羊毫和狼毫而言硬而富有弹性,便于初学者掌握,但吸水性差且价格较贵。

### 3. 彩色铅笔

彩色铅笔是用来填色的(取代水粉颜料),因其在使用中没有很大的技巧,适合初学者使用。上色时通常已是定稿阶段,可以在色彩上做深化突破。如果用水彩、水粉颜料,需要一定的熟练程度才能够把握,不然,很容易弄脏画面而前功尽弃。彩色铅笔就没有这样的担心,只要搭配好颜色,注意色相、明度的变化,就可以使单色变为铅笔淡彩或钢笔淡彩。彩色铅笔有不同的品牌,最好买贵一点的,也可以根据自己的需要单支购买。

### 4. 水彩、水粉颜料

水彩和水粉都是水性颜料,用水来调合,水分的多与少、干与湿存在着很大的技巧性,需要一定时间的训练才能够熟练掌握。水彩和水粉的区别在于,前者透明,后者厚实而饱和。在专业设计或创意设计时一般更多是选用水粉。水粉色使用时要注意的问题是:①调色均匀;②不要调脏;③颜色鲜亮;④几套颜色的搭配。

### 5. 铁笔

铁笔是一种用铁针和塑料杆制成的特殊辅助工具,用于拷贝设计稿。设计草稿到定稿过程中有一个将定稿铅笔稿拷贝到白纸上的过程,这就需要用铁笔。具体做法是将画有铅笔稿的正稿的反面,用4B以上软铅笔反复涂抹,然后,再用铁笔从正面将铅笔稿轮廓用力刻画,正面的铅笔稿就拷贝到白纸上了。

### 6. 尺

尺有三角尺、直尺、曲线板等几种,它们也是一种辅助设计工具。三角尺一组有两块:一块为直角尺(角度分别为90°、60°、30°);一块为等腰直角三角尺(角度分别为90°、45°),其用途最广,可以画出绝对的水平线和垂直线。其方法是:将一个三角尺放到需要的左边位置并用力按住(固定),另一个三角尺紧靠固定三角尺的一边,并上下移动可画出水平线。垂直线的画法是固定上边,尺左右移动即可。曲线板也是一种用途很广的工具,特别是在绘制创意图形和装饰图案时能够绘制出理想的曲线。

### 7. 直线笔

也称鸭嘴笔,是涂色时用来画直线的工具。方法是:将水粉颜色调匀,用小圭笔刮到直线笔的中间,干湿适中,然后靠在尺边均匀移动就可画出很匀且挺的细线,线的粗细可以调整。

### 8. 橡皮

用来擦去修改的铅笔线和纸面上的污痕,如果说其他工具是以“添加”的形式创造“正像”,那么橡皮就是以“减法”的形式创造“负像”。一般选用软质的,以不擦脏纸面为宜。

### 9. 纸张

设计用的纸张应选用 200 克以上，纸质紧致、细密的白板纸或白卡纸，这样的纸质颜色涂到上面吸收均匀且鲜亮，纸也不会变形。

## B-11-2 文字设计

### 1. 关于文字与文字设计

文字是人类语言特有的符号体系，世界范围内文字因民族、地域的差异而呈现不同的体系，大体来说文字可分为语音文字和表意文字。中国的汉字属表意文字。文字的发展演变体现了人类文明的进步，最早的楔形文字距今已有 6000 年，如图 B-11-1、图 B-11-2 所示；中国甲骨文距今也有 3400 年，如图 B-11-3、图 B-11-4 所示。无论何时、何种文字，它们都具有一种约定性记录信息的符号特征，如图 B-11-5 所示，集语音、视觉、表意于一体，音、形、意构成



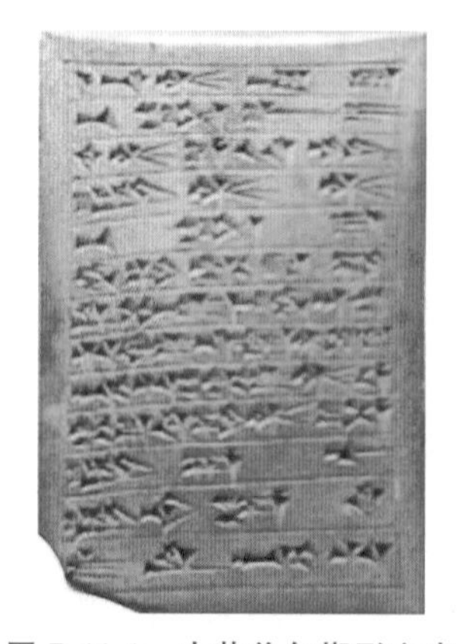

图 B-11-1 古苏美尔楔形文字

图 B-11-2 埃及人墓碑

图 B-11-3 刻在龟甲上的文字

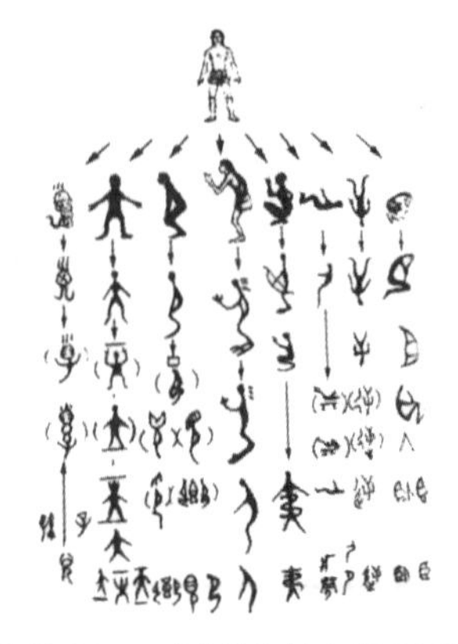

图 B-11-4 “人”字的创造过程

了文字的三要素，文字是借用形，通过音来表达意义的。意美感心、音美感耳、形美感目。文字本身所特有的“形”，是人们理解意与转化音的依据，也是产生文字美感的开始与终结。对文字形美的形式追求就是文字设计。

图 B-11-5　大汶口文化出土陶器上的象形文字符号

相关知识链接

## 文字定义

1）广义定义

(1) 文字是人类社会记录和交流的工具，是记录语言、记录文化的符号体系。

(2) 文字是书写的工具。这一工具操作的特点是书写，有史以来的文字都是书写的，即使是图画文字，也是一种特殊的书写。

(3) 文字是一种约定俗成的符号。

2）狭义定义

中国传统文字学认为单独以一个象形体构成的字应为“文”，而由两个形体组合成的字便称为“文字”，这便是“独体为文，合体为字”的“文字”定义。这种文字学说，由于只针对中国古汉字的构字方法而言，故只能视作是汉字构字的定义。这种狭义的文字学说始源于东汉时期，代表人是许慎和他的《说文解字》。许慎将中国古汉字的构字形式区分归纳为象形、指事、会意、形声、转注、假借等六种形式，即“六书”。

### 2. 中文字体设计

中文字体设计虽然种类繁多，千变万化，但基本上可分为基本字体和创意字体两类。基本字体又分为宋体、黑体，它们在结构、规律上基本是一致的，只是笔形有别。创意字体是依据基本字体变化而来的，掌握了基本字体，创意字体也就容易掌握了。

范例：根据“花”字的宋体和黑体字变形为创意美术字体，如图 B-11-6 所示。

图 B-11-6 “花”字的创意美术字

中文字的造型特征为方形，其结构由点、横、竖、撇、捺等基本笔画构成。写好中文字最大的诀窍，就是熟悉基本笔画特征和常见的结构组合方式，并熟记笔画位置，一个字的笔画结构写准了，字就看得舒服了。考生要达到随手就能够单线写准任何字的笔画结构，并能够写出宋体、黑体、变体三种字体，这样你就可以对付任何形式的文字设计。宋体、黑体是文字设计的基础，变体是文字创意的无限延伸。变体美术字都是以标准宋体、黑体字为基础变化而来的，没有较熟练的绘写标准字体的能力，是写不出形美的美术字的。因此，首先学写宋体、黑体标准字，对创意变体美术字十分有益。在艺术设计中，宋体、黑体标准字体的使用范围非常广泛，使用率大大超过变体美术字。宋体、黑体标准字体给人一种现代感和庄重感，它规范化、标准化，信息传递效果最佳，任何变体美术字在传递信息容量方面都无法与标准宋体、黑体字相比。可以说所有变体美术字都是依据宋体和黑体的基本笔画结构变化而来的，掌握好基本的宋体和黑体字，变体美术字就容易掌握了。

范例：根据“发”“树”的宋体和黑体字变形为创意美术字体，如图 B-11-7 所示。

图 B-11-7 “发”和“树”的创意美术字

1）宋体字

宋体字起源于宋代，到明代才被广泛使用，也称明体，又称老宋，它是在刻书字体的基础上发展起来的，是中文印刷字体中历史最悠久的字体。它的笔画特征是：横细竖粗，在横笔右端有一小三角形，竖笔下端不是平头而是倾斜的刀锋形，横与竖的连接，吸收了楷书的用笔特点。

宋体字的风格：端庄秀丽、典雅，有中国式的东方韵味美，适合表现中国题材和中国民间、传统文化或女性类的设计。

基本笔画练习：点、横、竖、撇、捺，如图 B-11-8 所示。

图 B-11-8 宋体字笔画练习

中文美术字（宋体）书写步骤：从打格开始到铅笔定稿过程，如图 B-11-9 所示。

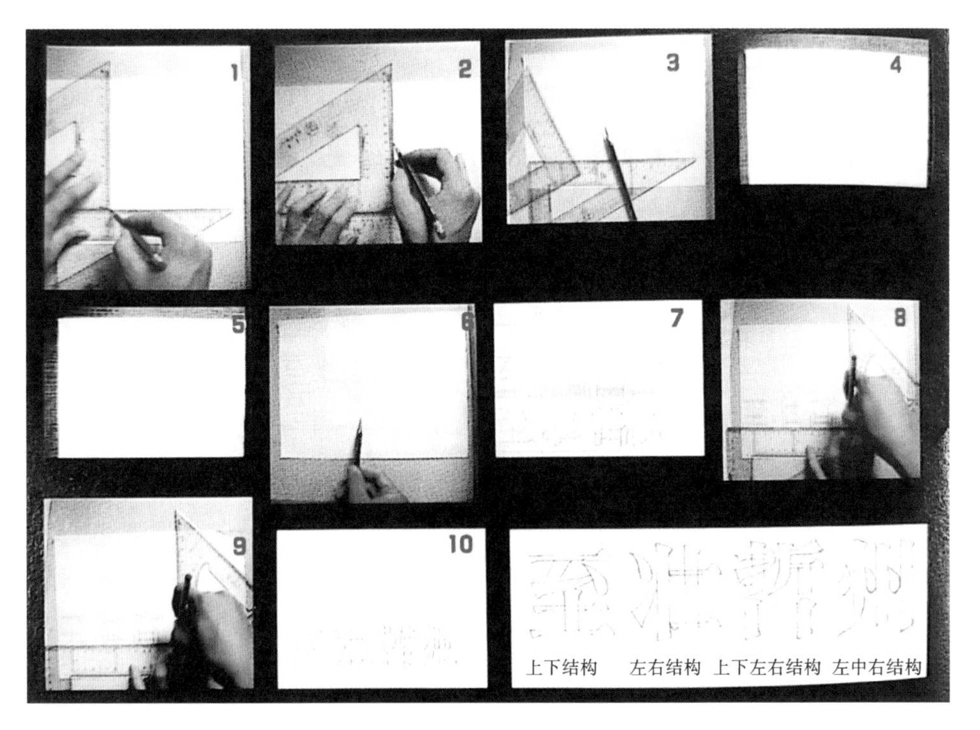


图 B-11-9 宋体字书写特征口诀 宋体字招贴设计范例（白木彰）

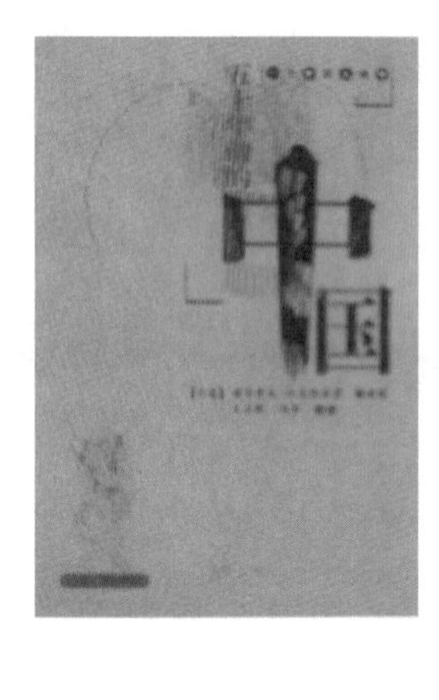

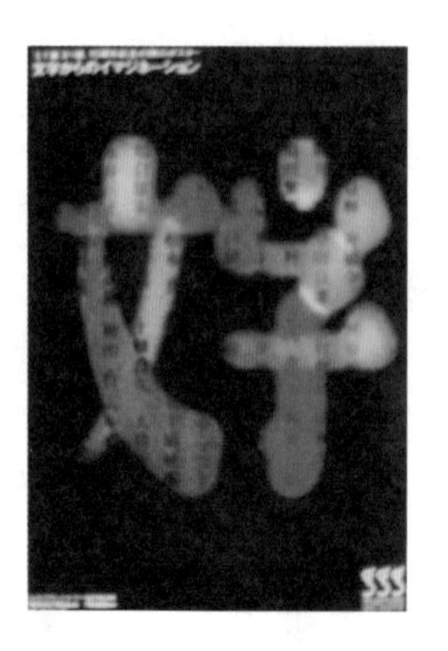

中文美术字(宋体)书写步骤:
1-3.字架打格,画横格线与竖格线;
4.字架分割;
5-6.字架起稿;
7.打点统一笔画粗细;
8.画横点统一笔画线;
9.画竖点统一笔画线;
10.确定笔端笔尾笔画的特征,完成字体铅笔定稿。

续图 B-11-9



相关知识链接

### 宋体字书写特征口诀

横细竖粗撇如刀,点如瓜子捺如扫。

2）黑体字

黑体字字形方正,笔画没有装饰,方头方尾,点、撇、捺、钩也是方头,也称无饰线体。其笔画特征是:横竖粗细均匀一致,笔画粗壮有力,朴素大方,视觉冲击力强。黑体字在风格上不及宋体生动活泼,但它庄重醒目、浑厚有力、朴素大方,作标题或主题文字非常醒目。

基本笔画练习:点、横、竖、撇、捺,如图 B-11-10 所示。

3）变体美术字

变体字是在宋体和黑体的基础上进行装饰变化的,它在一定程度上脱了原字形和笔画的约束,依据文字内容,充分运用想象力,艺术性地重新组织字形。变体字虽有自由发挥的一面,但一定注意要从内容出发,塑造出能够体现词意和属性的字形。一般变体美术字不易写过多的词句,更不易排写正文,因为它的可读性远远不如标准印刷字体。字数较少的标题字或商标字、商标名称等使用变体字较为合适,如图 B-11-11 所示。

4）外文美术字设计

外文美术字设计的对象是 26 个字母：A 、B 、C 、D 、E 、F 、G 、H 、I 、J 、K 、L 、M 、N 、0、P 、Q 、R 、S 、T 、U 、V 、W 、X 、Y 、Z ,如图 B-11-12 所示。

外文美术字设计的内容:一是能准确地书写字母的笔画结构,二是对字母笔画进行两种形式(罗马体和等线体)的装饰,如图 B-11-13 至图 B-11-18 所示。

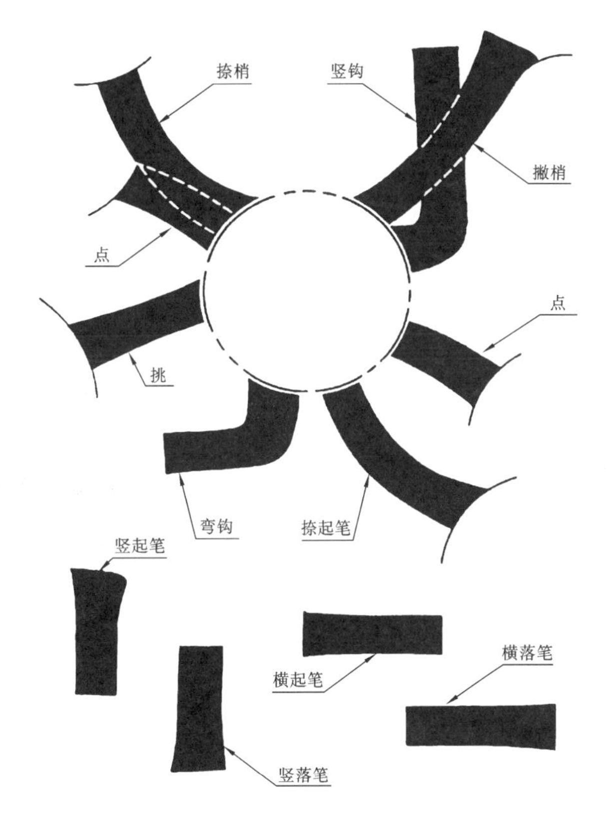


图 B-11-10　黑体字基本笔画

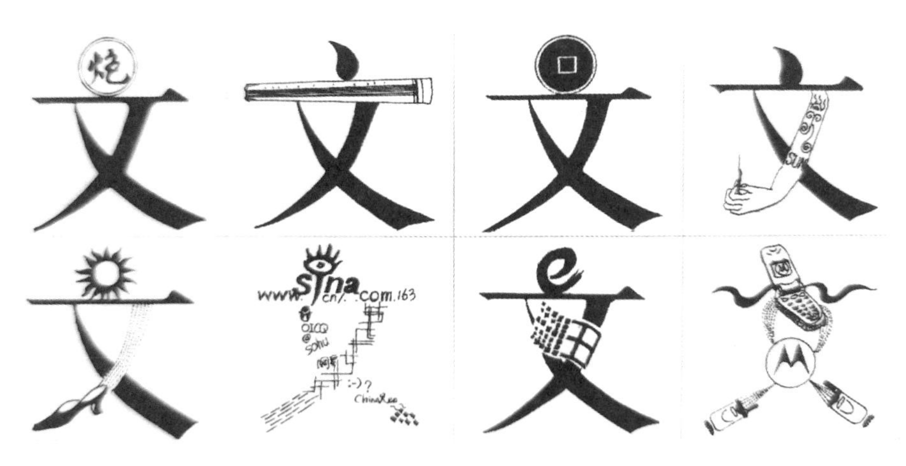

图 B-11-11　“文”字的变体字设计(严珣)

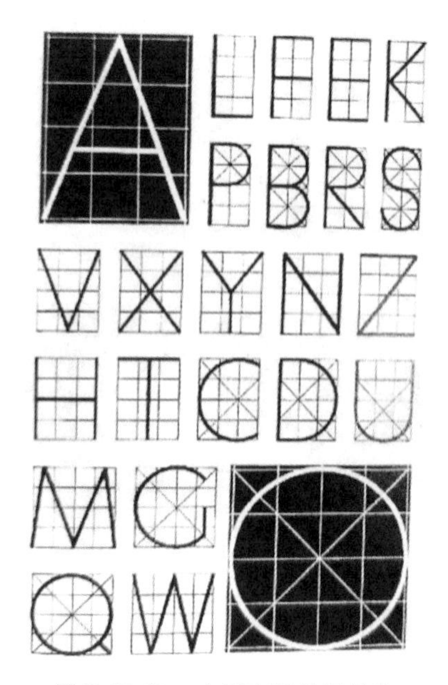

图 B-11-12　大写字母笔画结构

图 B-11-13　宏基电脑公司标志

图 B-11-14　明基电通公司标志

图 B-11-15　日本富士通公司标志

图 B-11-16　日本 SONY 公司的 VAIO 品牌商标

图 B-11-17　美国 Adobe 公司标志

图 B-11-18　思维特公司标志(欧阳超英)

在艺术专业设计当中，外文美术字作为文字要素是对中文字体设计的补充和丰富，如招贴设计的广告语常将外文字母和中文同时运用，体现了一种国际化的设计理念。外文字体招贴设计示范如图 B-11-19 所示。

GENEVE
SALON
INTERNATIONAL
AUTO
14-24 MARS 1957
43e SALON DE
L'AUTO GENÈVE
15-25
MARS
1973

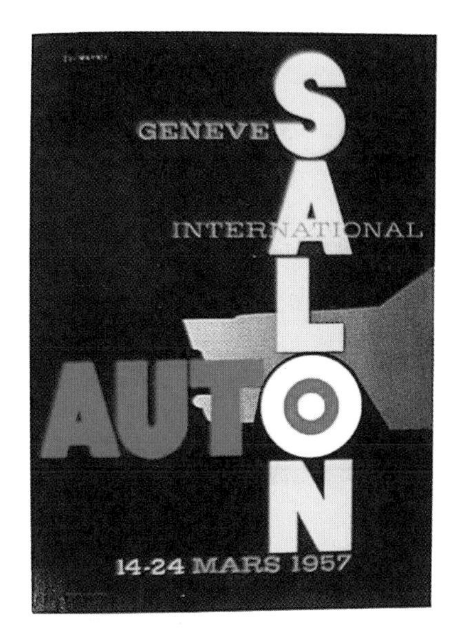

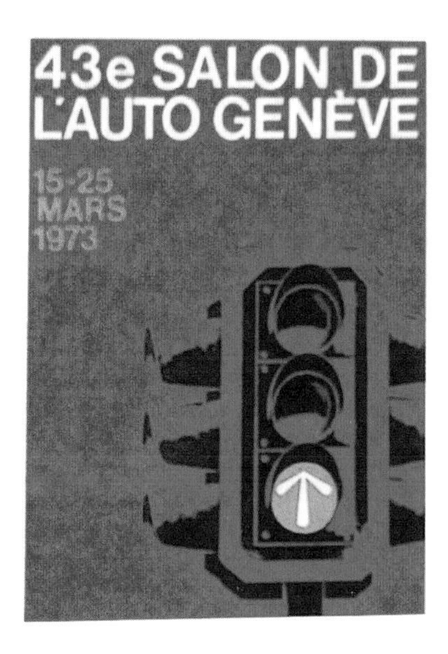

图 B-11-19　外文字体招贴设计示范

罗马体：字母笔画特征与中文宋体的笔画特征相似，横细竖粗，横笔画与竖笔画的连接圆润，笔画末端富有装饰性，具有典雅、端庄、秀丽的韵味，适用于正文和标题，如图 B-11-20 所示。

等线体：字母笔画特征与中文黑体的笔画特征相似，笔画粗细对比不明显，笔画末端简洁，无装饰，具有粗犷、大气、稳重的力感，适合于招贴广告语和包装品牌字体的设计，如图 B-11-21 所示。

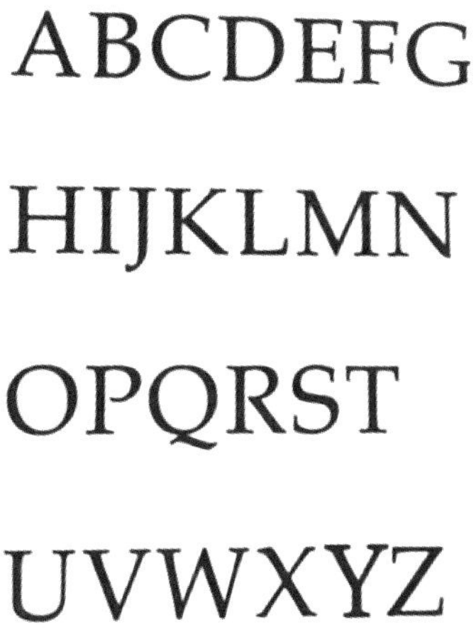

ABCDEFG
HIJKLMN
OPQRST
UVWXYZ

图 B-11-20　罗马体

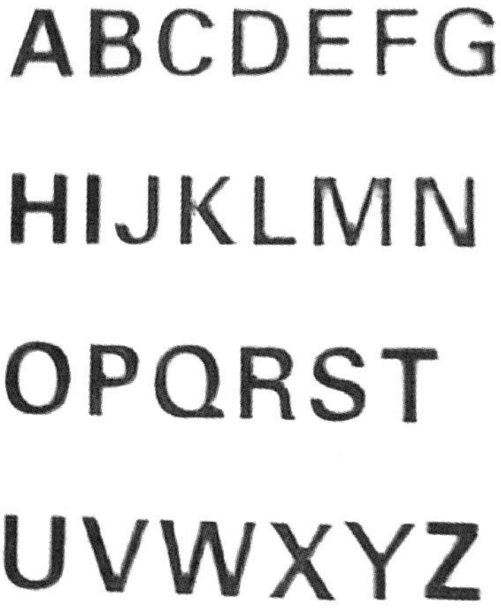

ABCDEFG
HIJKLMN
OPQRST
UVWXYZ

图 B-11-21　等线体

## B-11-3 图案设计

图案设计的训练旨在培养学生的观察、提炼、审美及应用形式法则来表现人物、动物、植物、风景及综合图案的能力。

### 1. 装饰图案

图案一词，源于上世纪初，是日本人最早提出使用的。因当时欧洲建筑业和纺织业的发展，需要装饰纹样的设计，日本紧随欧洲工业迅速发展，许多工业产品也都需要图案装饰、美化，这就是最初的图案设计。因此，“图案”最初的含义是“装饰纹样”(decorative ornament)。狭义而言，图案仅指器物、织物上的纹样和色彩；广义而言，图案指某种器物的造型结构、形状、纹饰、色彩。图案作为实用美术主要以装饰为主要功能，广泛运用到建筑、陶瓷、染织、商品装潢、书籍装帧、日用工业产品等方面造型与装饰的设计，如图 B-11-22 至图 B-11-24 所示。

图 B-11-22 容器上的装饰图案

图 B-11-23 脸谱上的装饰图案

无论是平面设计、广告设计、产品设计、环境设计，还是服装设计都离不开图案的设计基本规律与技法。通过图案设计的训练，可以使我们掌握图案的造型规律。

如果说素描是解决造型的写实性问题，图案则是解决用概括的装饰美对自然物象进行提炼和表现，如图 B-11-25 至图 B-11-29 所示。图案是所有艺术设计的基础，特别是中国传统图案是中国意味风格设计的源泉，不了解图案设计，自然就缺乏了设计者必需的养分。

图 B-11-24　商代青铜器上的凤纹装饰图案

图 B-11-25　概括装饰图案

图 B-11-26　荷花写生稿

图 B-11-27　荷花概括装饰图案(平视)

图 B-11-28　荷花概括装饰图案(俯视)

图 B-11-29　荷花面表现的装饰图案

**2. 图案的基本构成**

图案的基本构成大致可分为具象形态、抽象形态、综合形态三种。

1）具象形态

具象形态的构成又分为自然形态和人为形态，自然形态是客观自然的形，如云朵、树、牛、鱼等；人为形态是由人的想象变为现实的客观存在物象，如人类创造的梯田、道路、房屋景观等，如图 B-11-30、图 B-11-31 所示。

图 B-11-30　自然形态图案

图案创作必须通过想象和再创造才能得以完成，我们面对一片树叶、一朵云，我们的心情、视觉感受会因叶的轮廓、云的姿态而感动。人对自然形态和自然现象的感受都能转化为一种精神意象，由此转换为视觉形状，这就是由想象支配的创造的萌芽，如图 B-11-32 至图 B-11-36 所示。自然形态或人为形态的媒介，起着支配引导作用。人为形态创造的体现，是我们图案设计需要的能力。

图 B-11-31　人为形态图案

图 B-11-32　云朵的自然形态

图 B-11-33　人为的云朵图案

图 B-11-34　房屋的人为形态图案

图 B-11-35　自然形态图案

图 B-11-36　人为形态图案

树桩的自然形态是圆的剖面，加上树上滚落的果实，启发工匠发现和制造了人为形态的轮子，轮的圆形成为我们感悟轮回、永恒、不息、圆满的象征。从树枝分叉的自然形态，先民们感悟到三角形态，并用来支撑容器熏烤食物，进而又创制出了人为形态的三足器物。这些都体现了人为形态源于自然形态。

2）抽象形态

抽象形态是对具象形态的概括和提炼。作为装饰图案而言，抽象是装饰图案的特征，图案的韵律美是浓缩具象显于抽象的结果。

抽象是指在装饰图案中表现物象所具备的共同特征，是主观人为地把具象物体中美的要素抽取出来，形成具有美感的形象。抽象形态是对所有自然形态的归纳，是形的基础，是在许多形态中普遍存在的单位或形态要素，如图 B-11-37 至图 B-11-42 所示。

图 B-11-37　抽象纹样一(蛙纹)

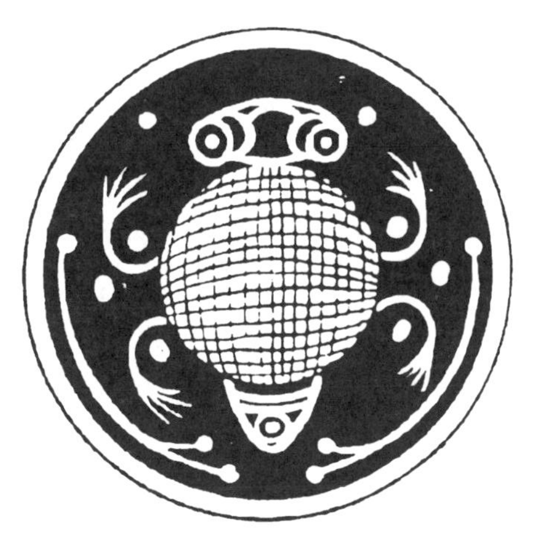

图 B-11-38　抽象纹样二(蛙纹)

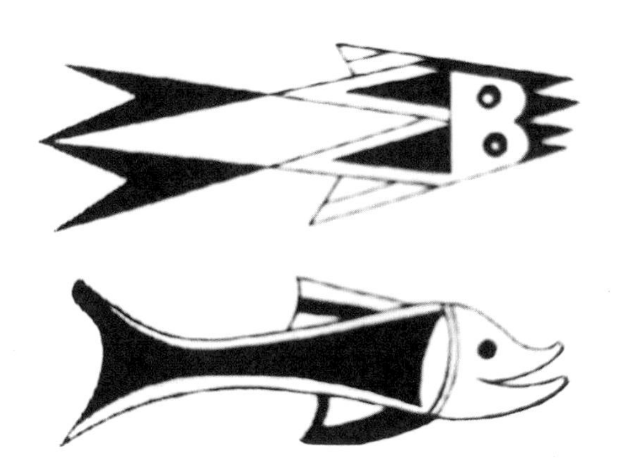

图 B-11-39　抽象纹样三(鱼纹)

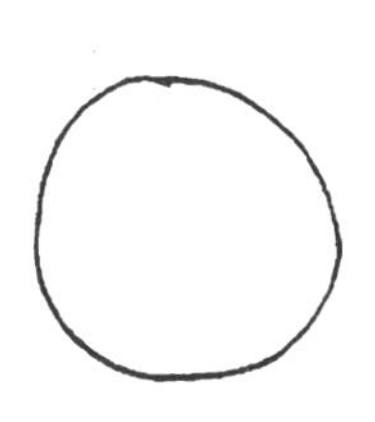

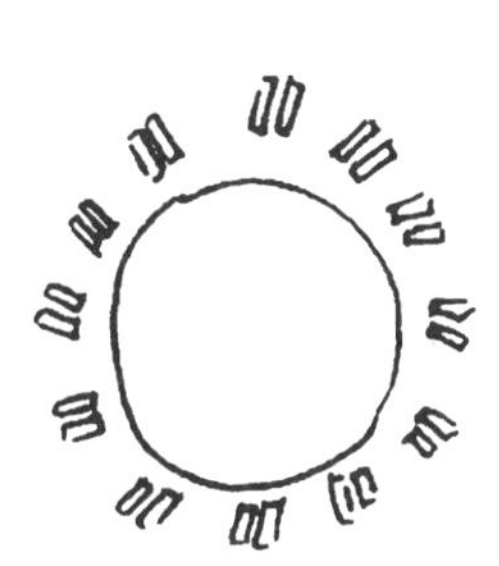

图 B-11-40　圆是日的抽象(雷娟)

图 B-11-41　三角是山的抽象(雷娟)

图 B-11-42　方是田的抽象(雷娟)





3）综合形态

综合形态是根据艺术美法则将自然形态和抽象形态进行组合而成的装饰图案。综合形态图案构成方法是图案与图案之间的加与减，如图 B-11-43 所示。

图 B-11-43　综合形态(葛菲)

### 3. 图案的基本构成形式

1）单独纹样

单独纹样是一种能独立存在、并能构成完整美感的纹样图案，是组成图案纹样的基本形式和单位，图案不受外轮廓的限制，能够单独应用的一种图案纹样，不必与外轮廓相适合，但在设计上必须注意力的平衡。单独纹样适合于包装、染织、装饰、标志等设计形式。

单独纹样的构成形式有对称式和均衡式两大类。

（1）对称式是利用相对的等形、等量、等色的对称组合，其特点是平和、安定、庄严、统一，具有对称的美感，如图 B-11-44 所示。

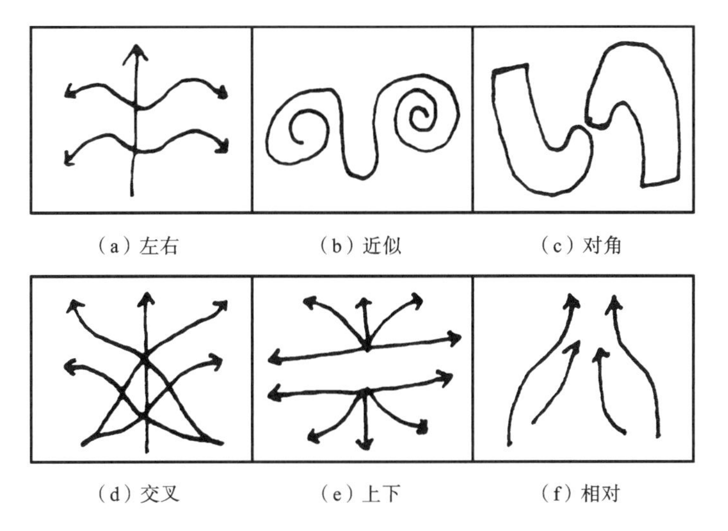


图 B-11-44　结构形式对称

（2）均衡式不受中轴线的制约，达到力和疏密关系的平衡，其特点是活泼生动，富有变化，如图 B-11-45。

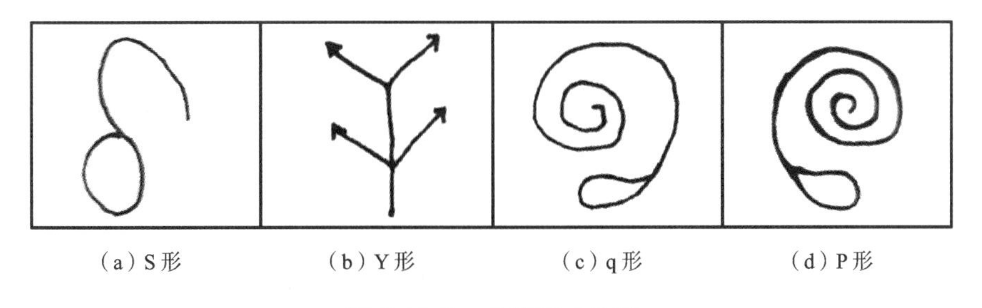


图 B-11-45　结构形式均衡

2）适合纹样

适合纹样属于单独纹样，是指图案与一定的外轮廓相适合。根据不同形状的外轮廓配置适合的纹样。适合纹样适合于方形、圆形、三角形、多边形、半圆形等，如图 B-11-46 所示。

图 B-11-46　适合纹样(邹欣)

3) 连续纹样

(1) 采用一个或多个单独纹样,作左右或上下连续伸延、排列,组成长条纹样图案形式,称为二方连续。二方连续又称带饰、边饰纹,它适合于染织、书籍装帧、室内等设计,如图 2 11 47 至图 B 11 54 所示。

(2) 采用一个单独或多个单独纹样,在平面作上下、左右排列成块面的纹样图案形式,称为四方连续,如图 B-11-55、图 B-11-56 所示。

图 B-11-47　结构形式连续纹样

图 B-11-48　二方连续(垂直式)

图 B-11-49　二方连续(水平式)

图 B-11-50　二方连续(折线式)

图 B-11-51　二方连续(波浪式)

图 B-11-52　二方连续(散点式)

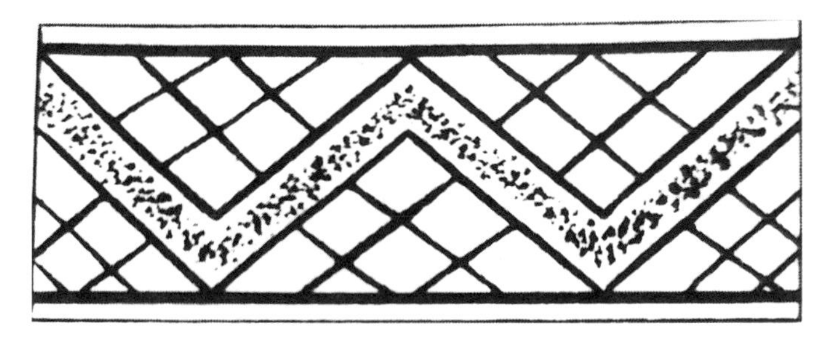

图 B-11-53　二方连续(几何式)

图 B-11-54 二方连续(连缀式)

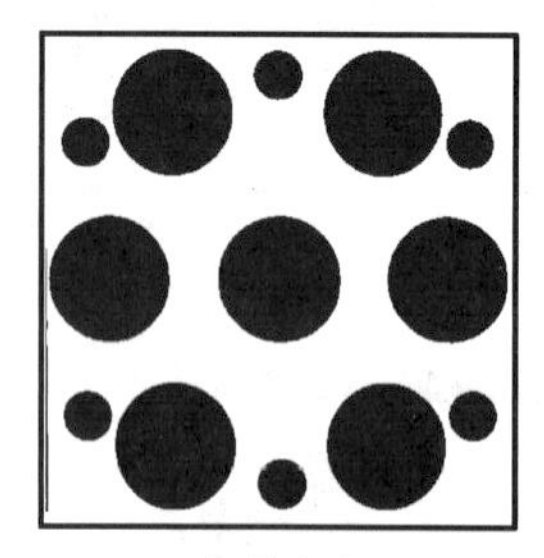

① 散点式

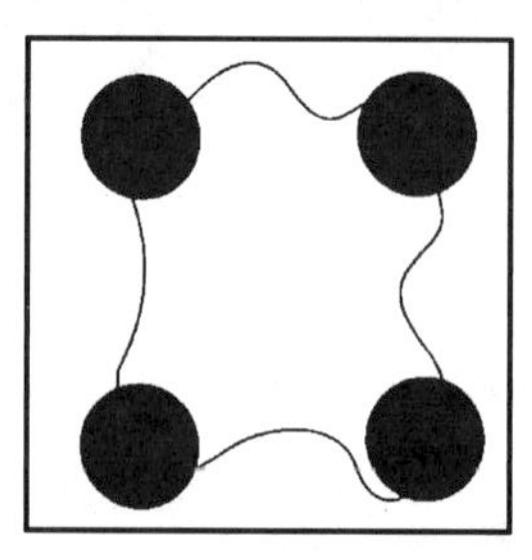

② 连缀式

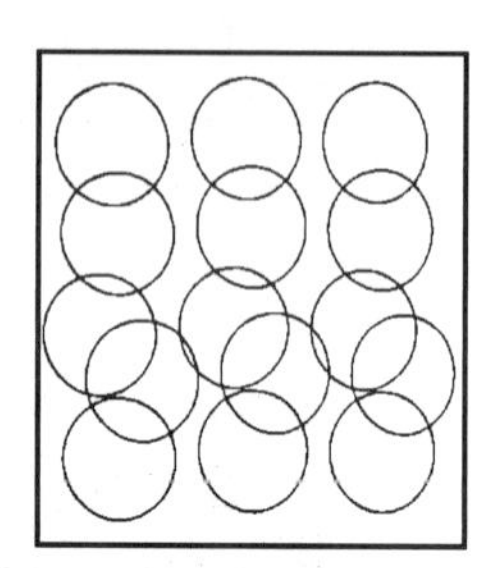

③ 重叠式

图 B-11-55 四方连续

图 B-11-56 四方连续(重叠式)

4）角隅纹样

角隅纹样属于适合纹样的一种，用对称或平衡式的纹样，配置在正方形、长方形、多边形的边角上，称为角隅纹样，如图 B-11-57 所示。

图 B-11-57 角隅纹样

### 4. 形式美法则

1）对比与调和

对比就是将图案中多种相互对立的形象要素充分地展现出来，达到相互衬托，以增强图案的视觉强度并获得鲜明的视觉感受。

调和是将图案中的形象要素的差异性、对立性通过造型手法达到一种协调的视觉效果，其目的是使不协调的关系协调起来，使过分生硬的形象合乎形式美法则。

对比与调和是图案设计中主要的形式美法则，是辩证法在图案设计中的体现，如图 B-11-58 所示。

图 B-11-58 图案对比与调和

2）节奏与韵律

节奏与韵律是音乐美在图案中的延伸，是强与弱、轻与重在图案形式中通过形的曲与直而产生的视觉表现。节奏在图案中是通过形状重复，尺寸重复等而产生的一种视觉上的秩序美。形的大小、位置的变化而产生视觉韵律美，节奏与韵律美是图案设计审美的高层追求，如图 B-11-59 所示。

**图 B-11-59　图案节奏与韵律**

3）比例与权衡

比例是指物象与物象之间，整体与局部之间，局部与局部之间的数量关系。图案纹样的比例则更多地强调比例的合理性所带来的视觉愉悦感。古希腊黄金分割率 0.618 是最好的数量比，历来被广泛应用在国旗和建筑结构比例中，图案设计中的比例是图案形象之间各种数量比例所产生的形象美，其比例美是客观自然变化的反映。

权衡是人们的心理活动现象，图案中的权衡是对视觉比例的探寻和对美的比例追求。

比例与权衡是图案中形与形、整体与局部等协调关系的完善，也是图案美的表现，如图 B-11-60 所示。

**图 B-11-60　图案比例与权衡**

4）传统吉祥图案

传统吉祥图案是中国民间世代相传的吉祥符号，趋吉避凶的传统心态，造就了丰富多彩的吉祥图案，它以建筑雕饰、织品花绣、金漆镶嵌、木器纹饰、陶瓷描绘、窗花剪纸、壁画装饰等形式广泛运用到我们生活当中。传统图案的意义在于设计的资源性和表达中国的意味性。

传统吉祥图案是通过借喻、比拟、双关、谐音、象征等手法来表现人们向往美好生活态度的民间艺术形式。传统吉祥图案既是现代设计艺术借鉴与延伸的表现形式，又是设计艺术的表现内容。它常应用于标志设计、招贴设计、包装设计、环境艺术设计等设计当中，如图 B-11-61 至图 B-11-70 所示。

图 **B-11-61**　一帆风顺

图 **B-11-62**　海水江牙

图 **B-11-63**　子孙万代

图 **B-11-64**　富贵无极

图 **B-11-65**　福禄寿

图 B-11-66　方胜

图 B-11-67　四季平安

图 B-11-68　双喜

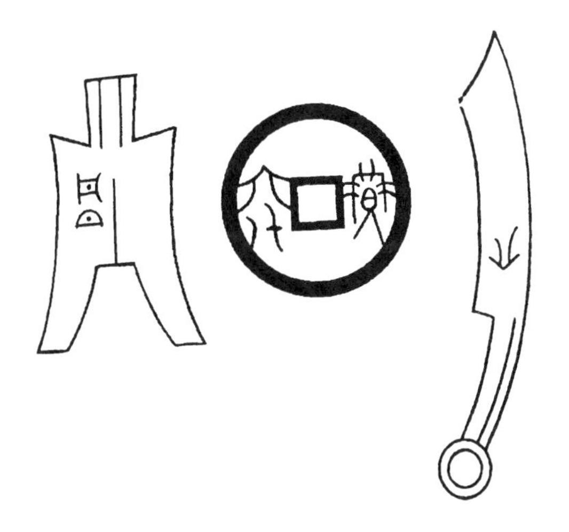

图 B-11-69　古钱

图 B-11-70　宝相花

## B-11-4　图形设计

这一部分我们将对图形进行训练。那什么是图形呢？图形其实对于大家来说并不陌生，我们从来到世界的这一刻起，就开始通过我们的眼睛以“图形”的模式来认识大千世界，认识的过程实质就是用“图形”样式对大千世界不同的影像进行区分。

### 1. 关于图形

图形概念可以从不同的层面去理解，泛指的图形可以理解为视觉能够感受到的各种影像，可以是具象的、抽象的，也可以是平面的、立体的，或是大的、小的。这里所训练的图形是具有视觉传达意义的、语言性、创造性的图形，也是基础设计试题所考的图形设计。图形可以定义为："具有思想性、语言性、创造性特点，区别于普通图像、标记、标志与图案，它既不是一种单纯的标识、记录，也不是单纯的符号，更不是单一以审美为目的的一种装饰而是在特定思想意识支配下对某一个或多个元素组合的一种蓄意刻画和表达的形式。"

设计在一定意义上是指有针对性的表现或创造某种事物和形态时所经历的内心活动传达到外在表现形式的过程。不同类别的设计又有其不同的表现特征，而图形设计可以说是由"意"确立与引导(内容、主题的意义)，通过复杂的心理活动、联想机制，并利用视觉形式法则创造出可视的"象"，再通过这个"象"直接或间接地对"意"的内涵进行表现或象征；而观者则通过"象"——图形的轮廓结构，以视觉感应引发联想，产生心理效应，得到"意"的内涵。

图形的轮廓结构，以视觉感应引发联想，产生心理效应，得到"意"的内涵。因此，我们可把图形设计理解为是一种"意象"设计。就是以"意"生"象"，再以"象"表"意"。但图形设计绝不是对"意"的简单陈述，它是一种升华和提取，是一种再创造过程，如图 B-11-71 所示。

图 B-11-71　埃舍尔图形作品

### 2. 点线面

千里之行，始于足下。一点一线构建奇妙无限的图形世界。图形的训练以点、线、面为起步，是十分必要的。点、线、面是绘画、设计的基本元素。基础元素的理解与表现技巧对于考生特别重要。我们在视觉感受过程中，不同样式的点、线、面构成的图形会给人带来不一样的心理暗示，如：大点有冲击强烈的感觉，小点有精致聚焦的感觉；直线有力量的气势，曲线有柔美的意味；光滑的面和粗糙的面给人视觉有不一样的感受，如图 B-11-72 至图 B-11-74 所示。

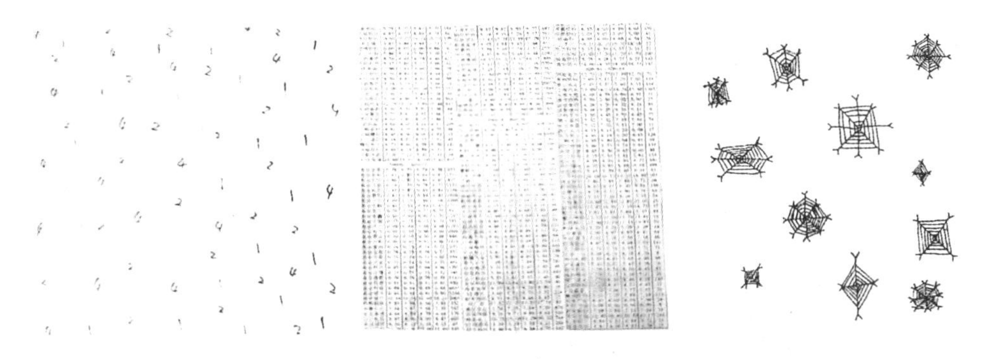

图 B-11-72　点的训练

图 B-11-73　线的训练

图 B-11-74　点、线、面的训练

相关知识链接

**点、线、面**

（1）点的概念——点表示位置，它既无长度也无宽度，是最小的单位。在图形中点只是一个相对概念，它在比较中而存在，通过比较而显现。例如同一个圆的形象，在小的框架里显得大，在大的框架里显得小。

（2）线的概念——线是点移动的轨迹。在几何学定义中，线只有位置、长度而不具有宽度和厚度；从图形来讲，线必须能够看得见，因此它既有长度，还有一定的宽度，它在设计中是不可缺少的元素。

（3）面的概念——面是线的连续移动，是起始至终而形成的。面有长度、宽度，没有厚度。直线平行移动成长方形；直线旋转移动成圆形；自由弧线移动构成有机形；直线和弧线结合形成不规则的形。

**3. 异影图形**

异影即客观物象在有光源的情况下，产生异常的变化，呈现出与原形不同的影像。如常理中夕阳下的树影应该就是树的影子，但在创造性思维设计师笔下却画成了一把斧子，这就是异影图形。

在现代图形设计中，研究异影是为了强化图形所传达主题的力度和深刻性，利用异影语言来丰富视觉语言，传达某种特定的信息，表现更有意义的观念。在广告招贴中，异影图形能起到深刻尖锐的点题作用，如图 B-11-75、图 B-11-76 所示。

图 **B-11-75**　异影图形・老者(饶鉴)

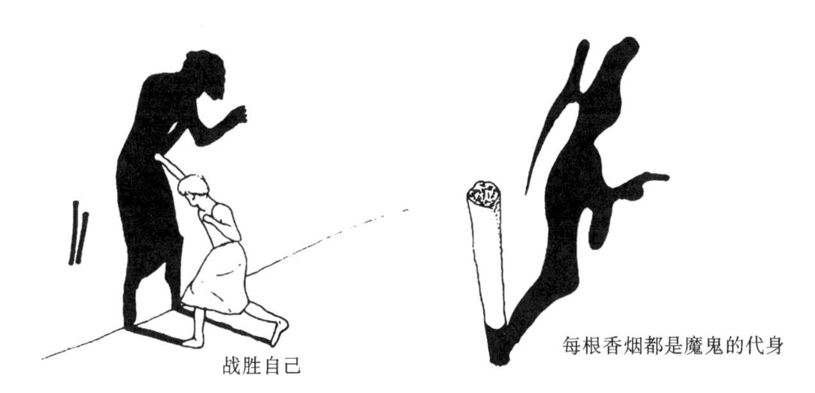


图 **B-11-76**　异影图形・香烟(饶鉴)

### 4. 双关图形

双关图形即“一图二看”，它可以同时解读两种不同的物形，一个图形可以从两个不同的视域观察到两种不同的物象，并通过这两种物形的联系产生更加丰富的含义，从而传递耐人寻味的视觉信息和主题内涵。

同时，双关图形还可以解释为具有两种不同意思的图形，一种是直接的意思，另一种是间接的意思。前一种在表现时直截了当，而后一种在表现时较为含蓄，双关图形如图 B-11-77 所示。

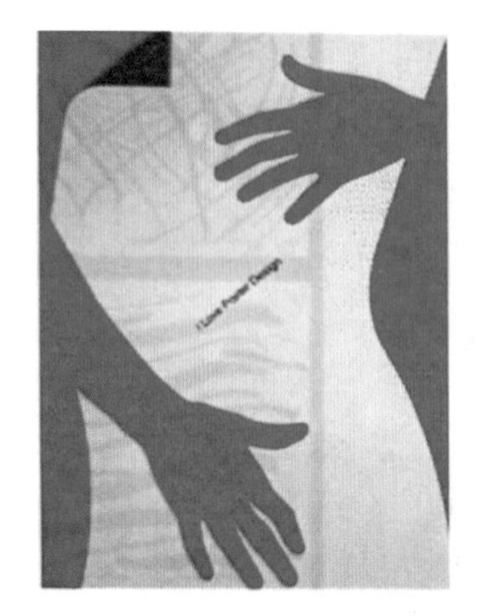

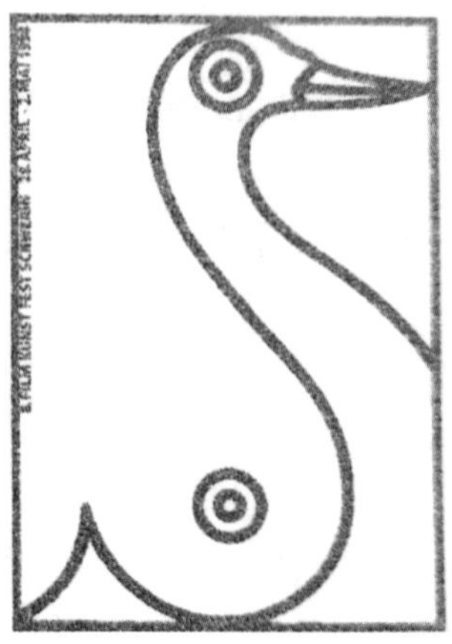

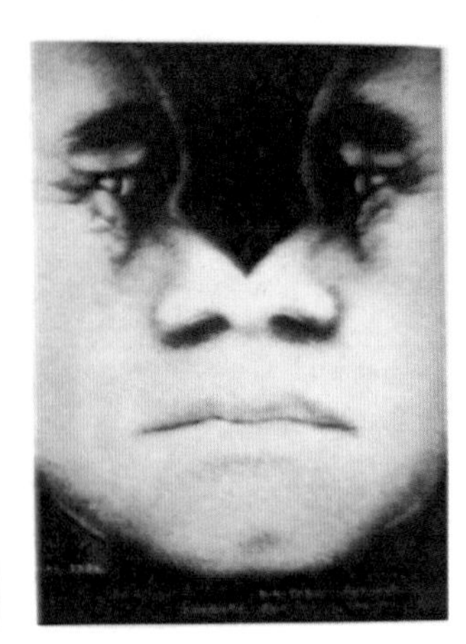

图 B-11-77　双关图形



**5. 正负图形**

正负形图形在格式塔心理学派里称“形基”概念，它描述了一种心理现象。当我们注意力选择的视觉对象作视域中心时，它就凸显在前，显得清晰和鲜明，其他对象则模糊远去成了背景。那么，凸显者为“形”（正形）退远者为“基”（负形），合称“形基”，也就是正负形。正形与负形相辅相成，相互衬托。在一种线形中隐含着两种各自不同的形。

正负形是一种智慧的形，是创意之极的标志。如中国妇女联合会的标志设计也是巧妙地用中文“女”和“w”（women）为设计元素，用正负形这种形式创造了一个绝顶的标志符号，达到了妙不可言的视觉境界，正负图形如图 B-11-78 所示。

（a）正负图形一：全国妇女联合会会徽（王炯）

图 B-11-78　正负图形

（b）正负图形二（日本 福田繁雄）

（c）正负图形三（日本 福田繁雄）

（d）正负图形四

（e）正负图形五（埃舍尔）

（f）正负图形六

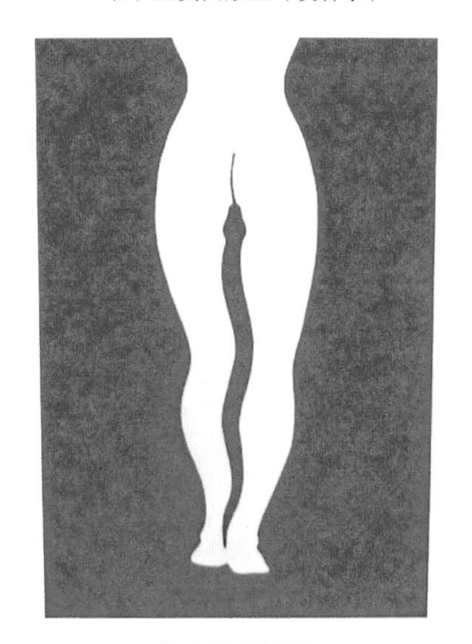

（g）正负图形七

续图 B-11-78

# B-12　徽章草图设计

## B-12-1　草图的构思与表现方法

设计草图是设计师将自己对设计目标的理解和构想逐渐明晰化的一个十分重要的创造过程，它实现了抽象思考到图解思考的过渡，也是设计师展开创意性设计的一个重要阶段。在设计草图的画面上往往会出现文字和尺寸的标识、颜色的推敲、结构的展示等。它是设计师在设计过程中，进行设计创意的分析和推敲过程的一种记录。优秀的设计师往往都具有很强的图面表达能力和图解思考能力。构思会稍纵即逝，所以必须有十分快速和准确的速写能力。从草图功能上看，设计者主要掌握记录性草图和思考性草图。

### 1. 记录性草图

此类草图描绘的大多是一些设计的构想和概念，是对设计师概念最初形成的思考过程的一种记录，因此，其表现不需要有固定的模式，具有随意性的特点，记录性草图如图 B-12-1 至图 B-12-4 所示。

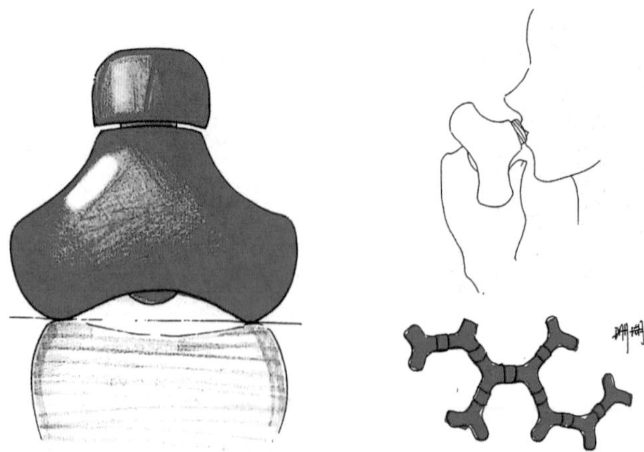

图 B-12-1　记录性草图一（冉苒）

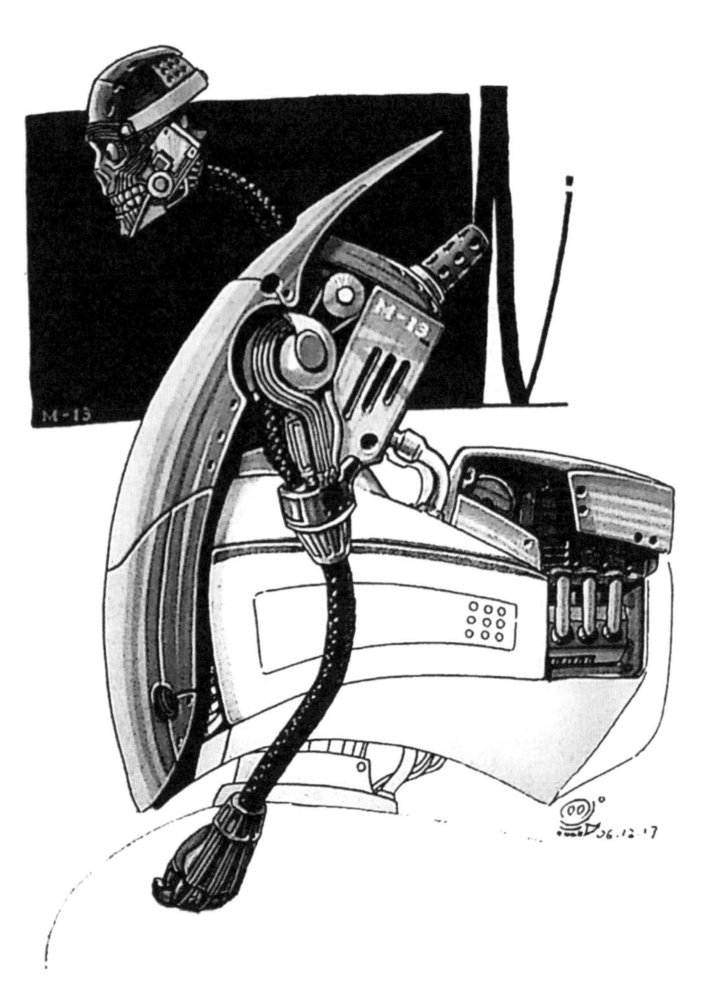


图 B-12-2　记录性草图二(何默康桥)

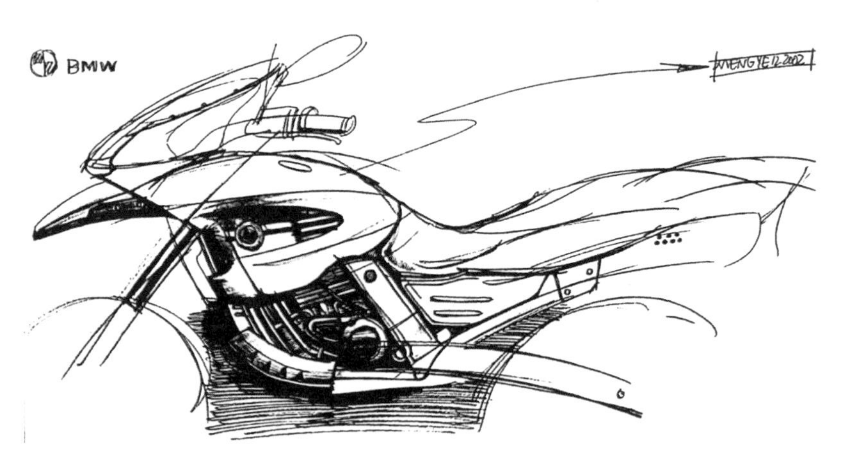


图 B-12-3　记录性草图三(孟野)

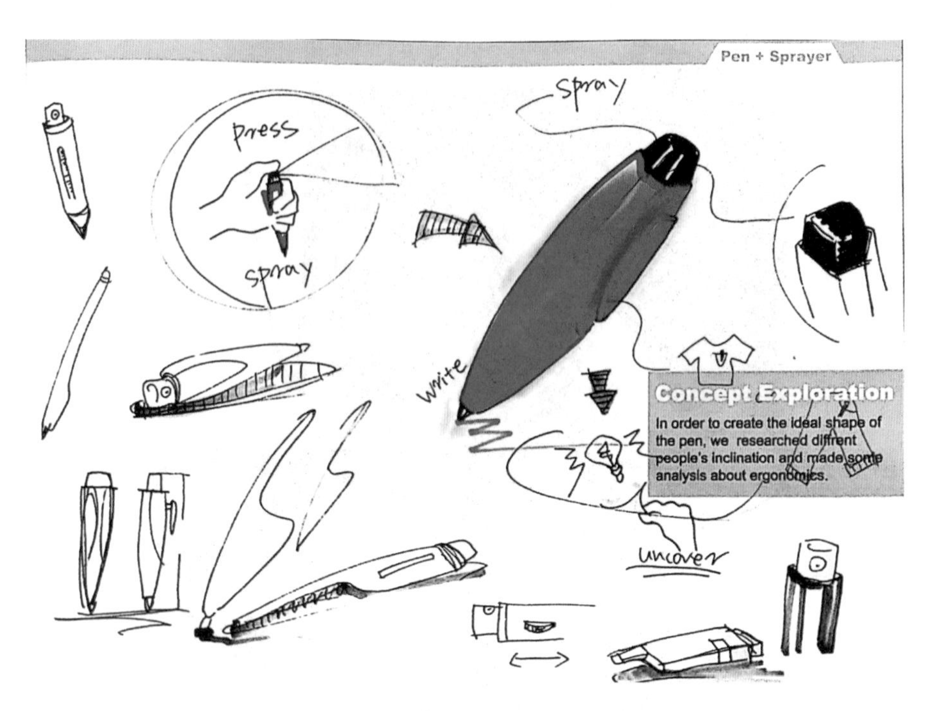


图 B-12-4 记录性草图 Pen+Sprayer(何思倩)

**2. 思考性草图**

运用草图绘制对形态、功能、结构三者之间的关系进行推敲，并将思考的过程记录下来，对方案的可行性进行初步的分析和判断，以便对设计师的构思进行再推敲和再构思。这类草图更加偏重于思考过程，一个形态的过渡和一个细小的结构往往都要经过一系列的构思和推敲，而这种推敲靠抽象的思维往往是不够的，要通过一系列的画面来辅助思考，如图 B-12-5、图 B-12-6 所示的是思考性草图。其中，图 B-12-5 所绘的是为解决吃烧烤问题而绘制的一种思考性草图。

如同其他的语言形式一样，设计草图不仅是设计者对设计思维过程的一种记录，同时也是设计者同他人进行交流的一种有效的语言形式。下面介绍几种常用的表现方法。

1）远距离设计表现——整体

从远距离的角度检视轮廓、姿态及被强调的部分等，不需要太在意细节，只需要完整地将你要表达的概念表达出来就可以了，如图 B-12-7、图 B-12-8 所示的是远距离思考性草图。

2）中距离设计表现——立体与面的构成

中距离设计讲究的是检视立体的成分与面的构造，决定物体的特征线及图样，它需要表现出产品的质感与动感。透视画法的草图是最适合达成这个目标的。可以适度地使用夸张的手法来表明设计意图。形体可以用明暗度来表达，可以不上色彩，如图 B-12-9、图 B-12-10 所示的是中距离思考性草图。

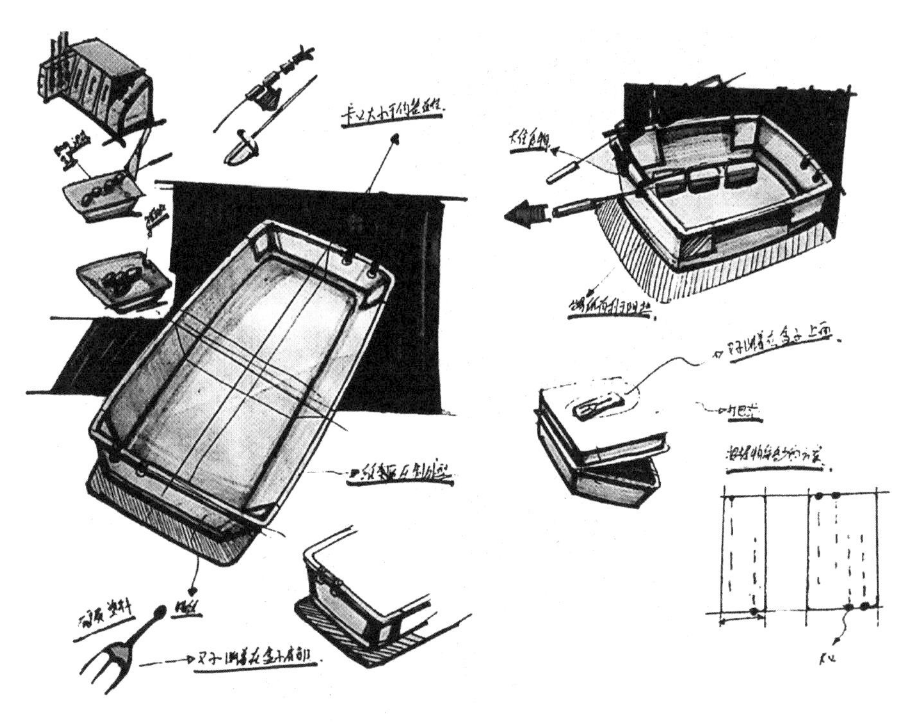

图 B-12-5　思考性草图一(烧烤方便盒的设计草图)

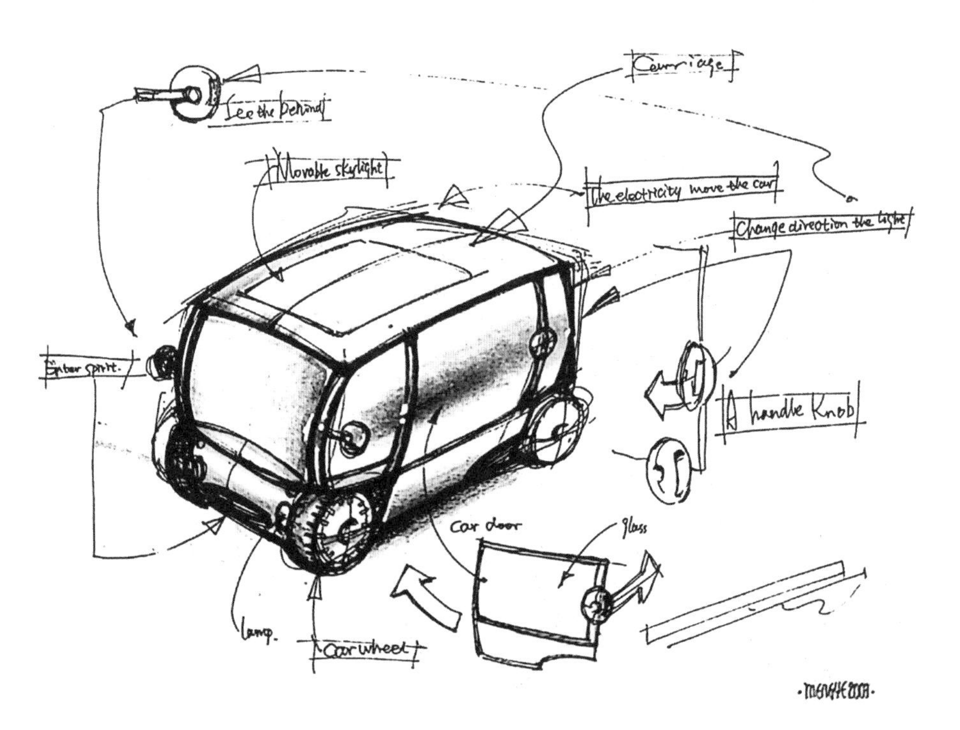


图 B-12-6　思考性草图二(孟野)

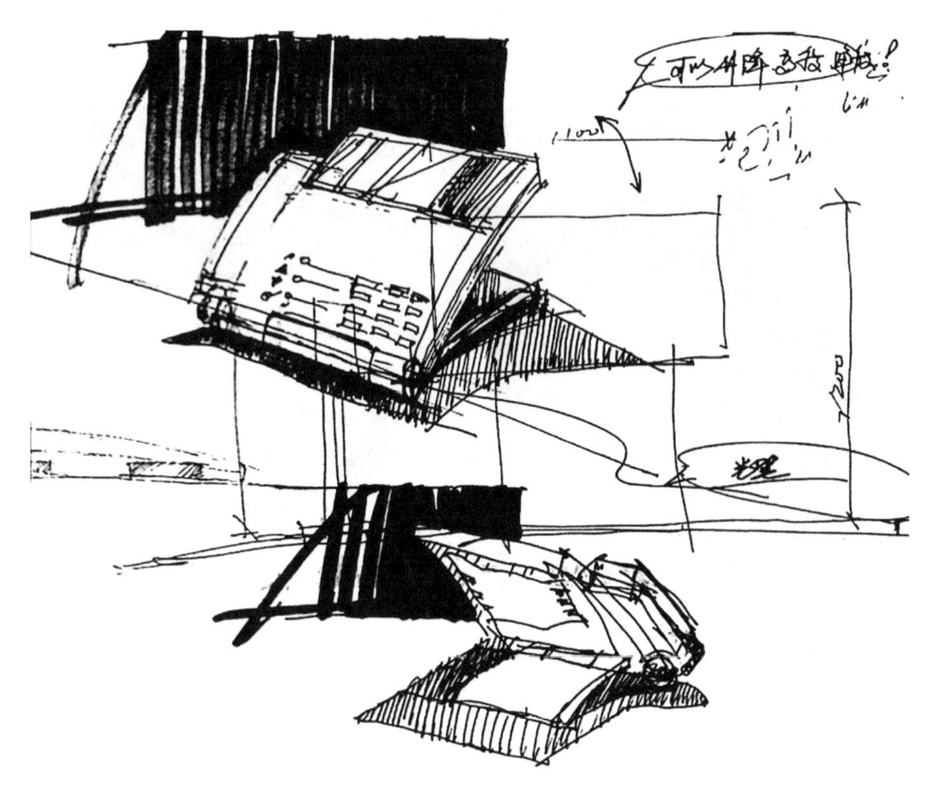

图 B-12-7　思考性草图三(李梁军)

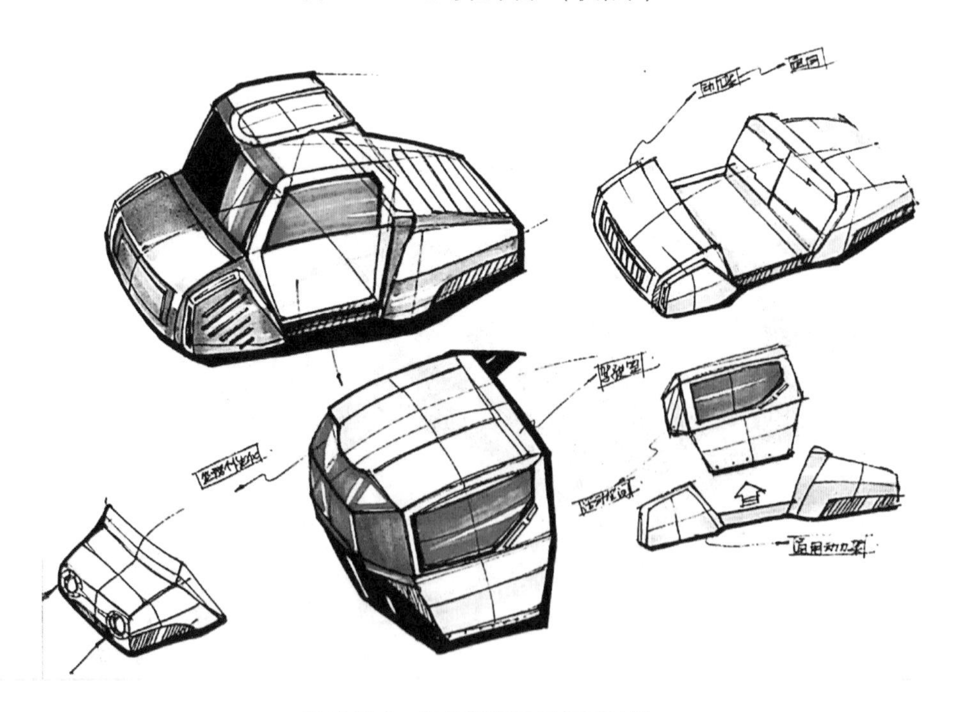

图 B-12-8　思考性草图四(曾海波)

图 B-12-9　思考性草图五(曾海波)

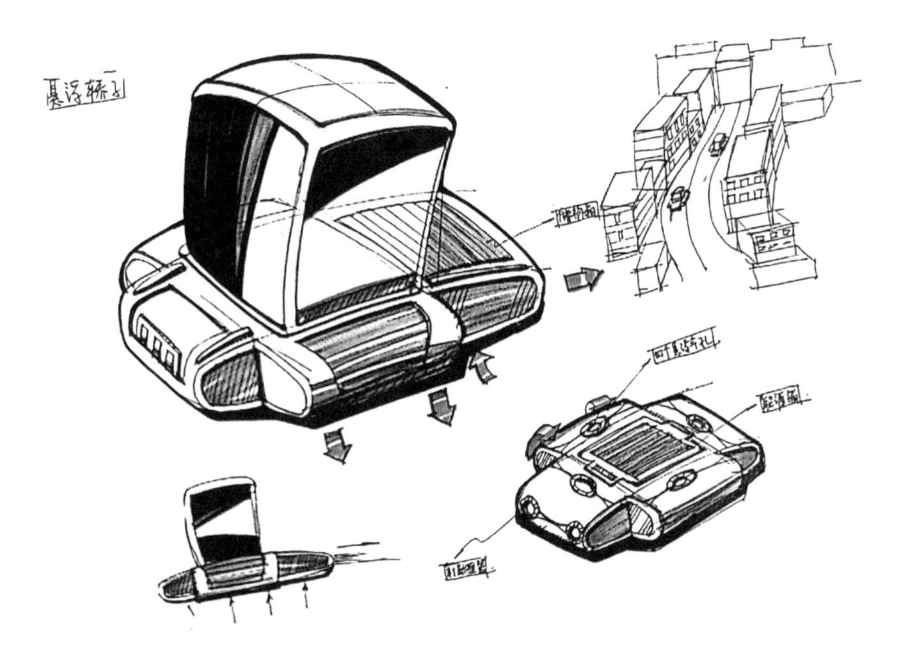

图 B-12-10　思考性草图六(曾海波)

3）近距离设计——表现出物体的本质

这个距离就是展示距离或使用距离，这时物体的角度变化非常大。表面的精致线条、配色都能被感觉，质感也比较强烈，细部的处理容易被感受到。在这个距离，设计者要使精心设计的物件展现出魅力而产生最佳的整体效果，如图 B-12-11 至图 B-12-16 所示的是近距离思考性草图。

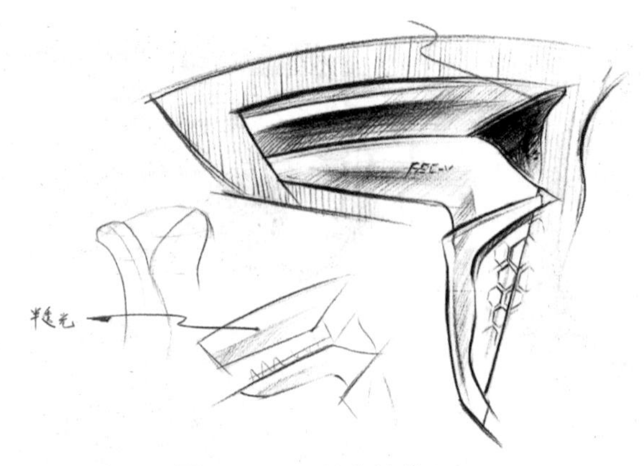

图 B-12-11　思考性草图七

图 B-12-12　思考性草图八

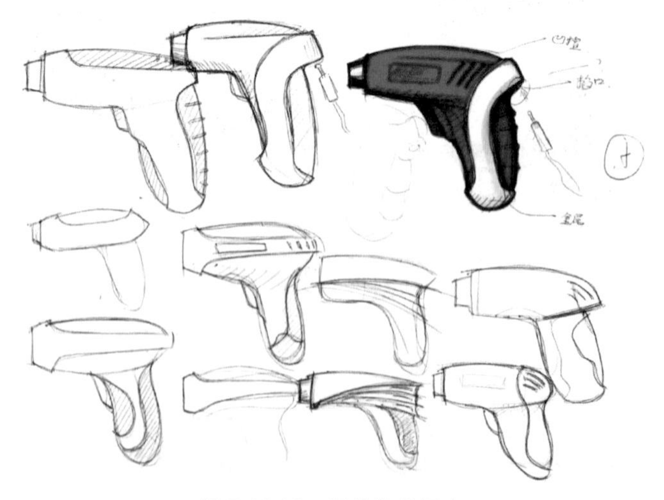

图 B-12-13　思考性草图九

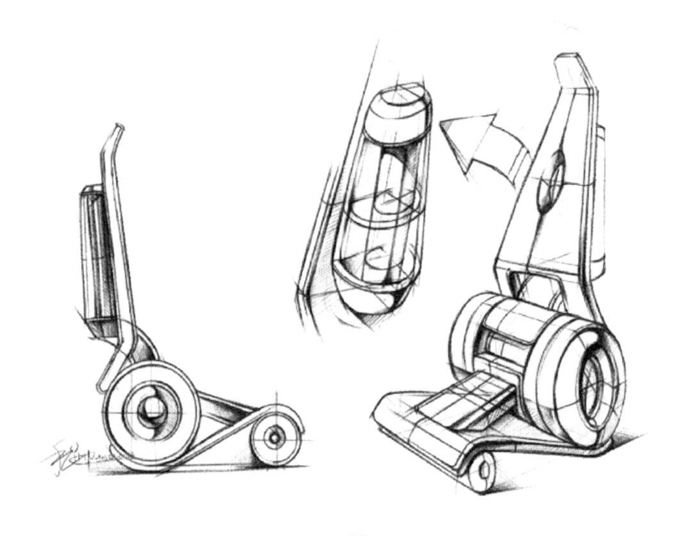

图 B-12-14　思考性草图十

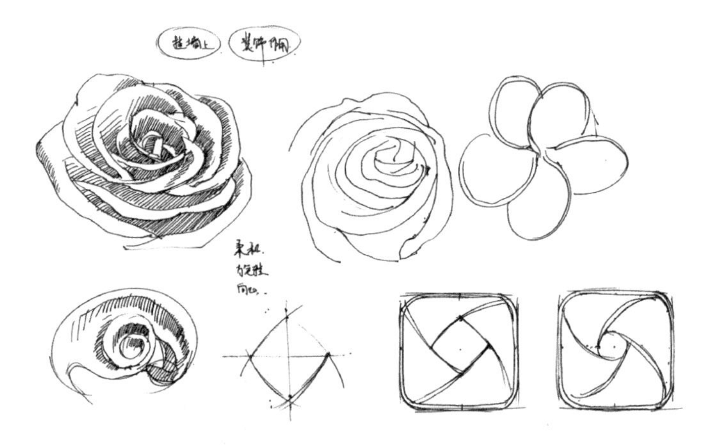

图 B-12-15　思考性草图十一

图 B-12-16　思考性草图十二

总之，构思阶段是一个灵感闪光点捕捉的阶段。由于此阶段只需用简洁的线条或熟悉的表达方式捕捉灵机一动的念头，因此不必过分强求画面的整洁或者美观，只要将脑海中一闪而过的灵感记录下来就可以了。这些图将在接下来的思维和设计过程中起到很大的作用。

## B-12-2 结构设计与表现

### 1. 产品结构设计

功能的满足始终都是同结构紧密相联的。因此，在明确了设计方向，并根据设计主题提出设计概念之后，就必须根据设计要求从人机工程以及结构等技术的角度，对构思方案进行筛选与推敲。结构分析图就是在这个阶段经常使用的表现方法。如同表现人的骨骼、肌肉和表皮之间的关系一样，产品的外部造型都是根据产品内部的结构而形成。例如：在做汽车造型设计的时候，必须要先明确汽车的车身布置，车身的底盘结构对于车身设计来说是至关重要的。虽然现在我们很少提“功能决定形式”或“形式追随功能”的说法，但如何处理好形式、功能、结构三者之间的关系，则是我们在这个阶段需要处理好的关键问题。无论是先从功能入手来进行设计，还是先从形态入手来进行设计，设计方案的可行性最终都需要通过对结构合理性的分析来确定，以达到两者的自然合一，如图 B-12-17 所示。





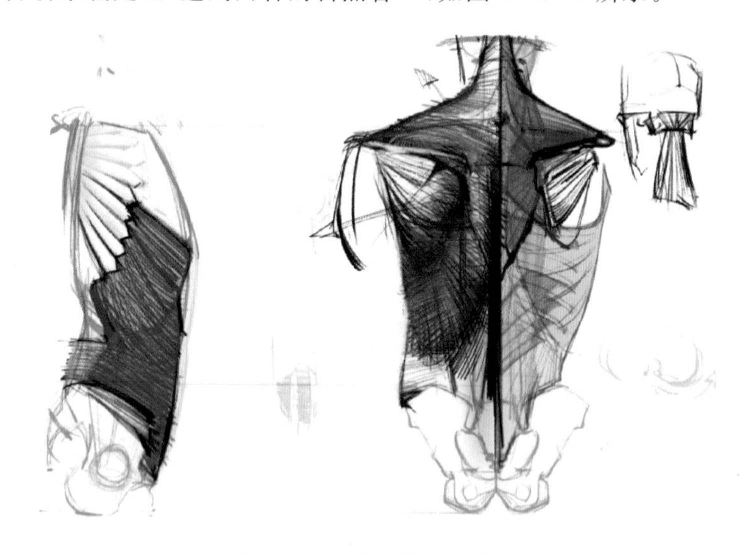

图 B-12-17 结构设计与表现

如图 B-12-18 所示 Deuter Attack 背部防护背包，这是一款为登山自行车运动员设计的背包。它采用了具有保护作用的特殊填充材料，弓形的背部曲线设计更加贴合人体的曲线，加大的腰带可以提供更好的稳定性，可分离的连接头盔的结构更方便使用。此款创新的背部保护装备，通过 TUV 测试及 CE 认证，符合专业需求。它不论在硬质还是软质部分，都呈现出高品质设计及优质的做工。该设计以其功能结构与形态的完美结合获得了“欧洲自行车 2005 年度金奖”，如图 B-12-18 所示。图 B-12-19 所示的是 Alpha Rad 设计的一台 49cc，2 冲程的轻量化、低成本的交通工具。

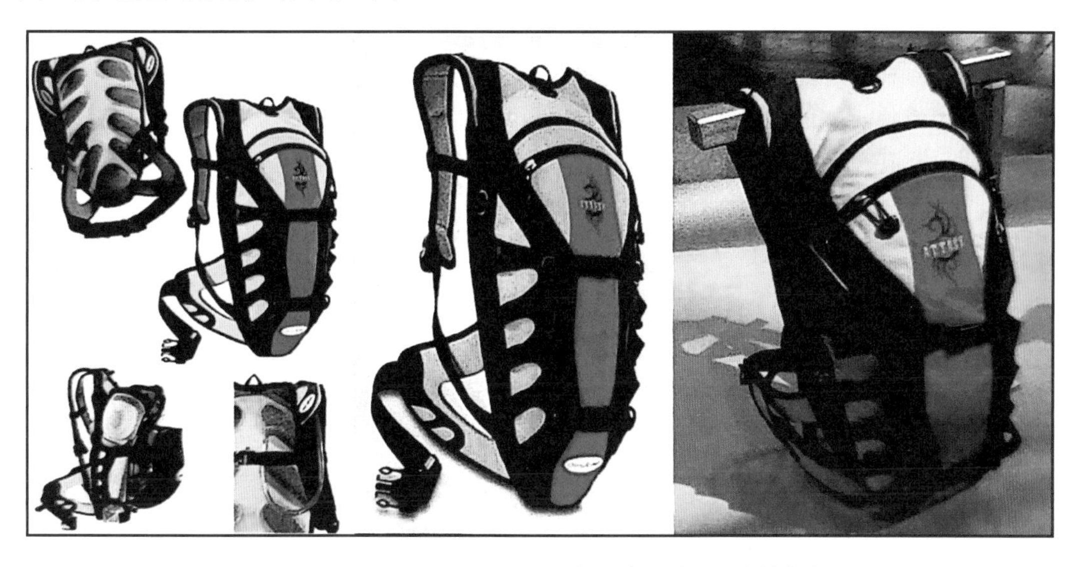

图 B-12-18　Deuter Attack 登山自行车运动员用防护背包

图 B-12-19　Alpha Rad 设计：Tzeming Lee

## 2. 结构设计表现形式

1）结构草图的表现

与结构素描的表现方法类似，结构设计图需要将产品各部分之间的衔接关系明确地表达出来，即随着功能结构之间的切换，各部分的形态是如何进行转换的。

结构素描如图 B-12-20、图 B-12-21 所示。

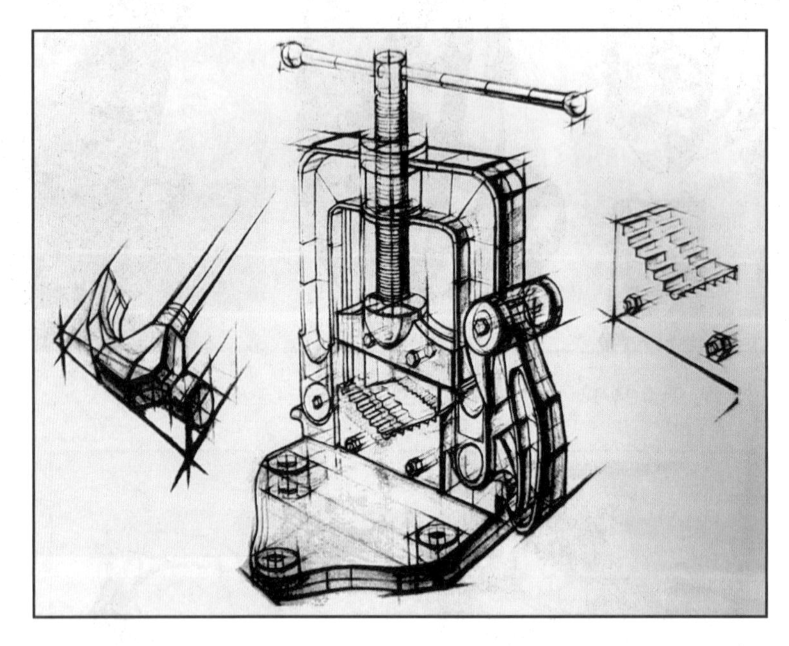

图 B-12-20　结构素描一（杨梦雪）

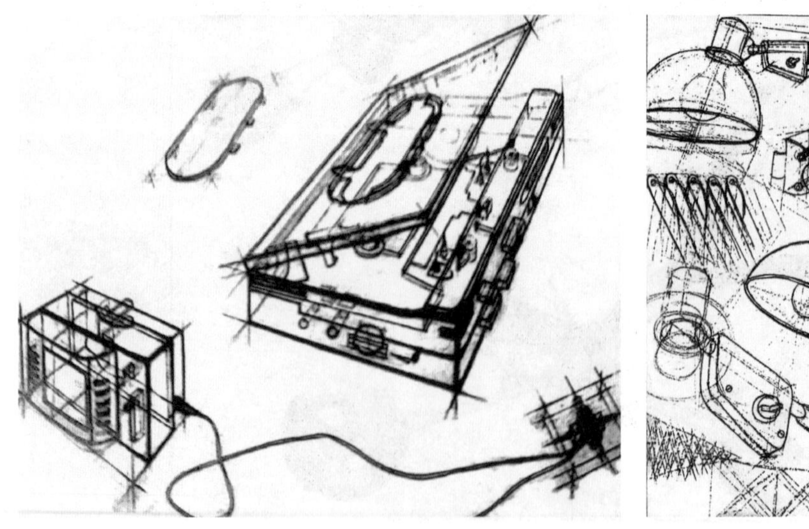

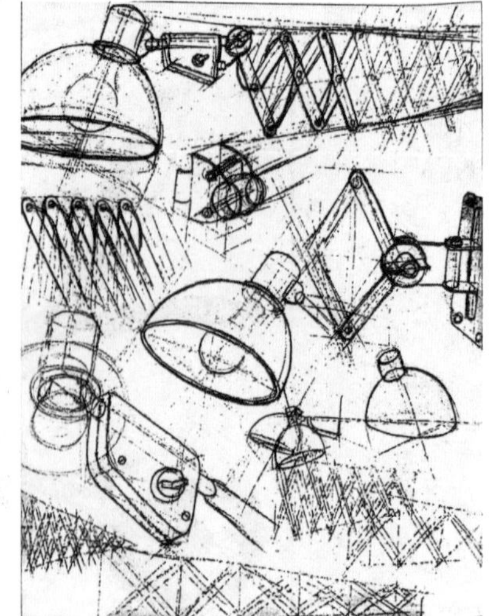

图 B-12-21　结构素描二（德国哈勒艺术和设计学院）

结构表现图如图 B-12-22 至图 B-12-25 所示。

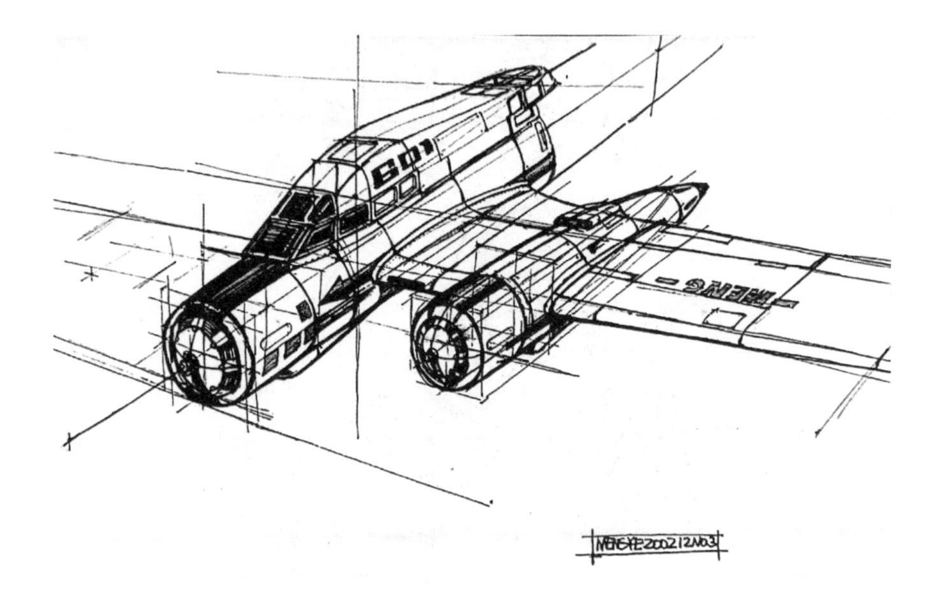


图 B-12-22　结构表现图一(孟野)

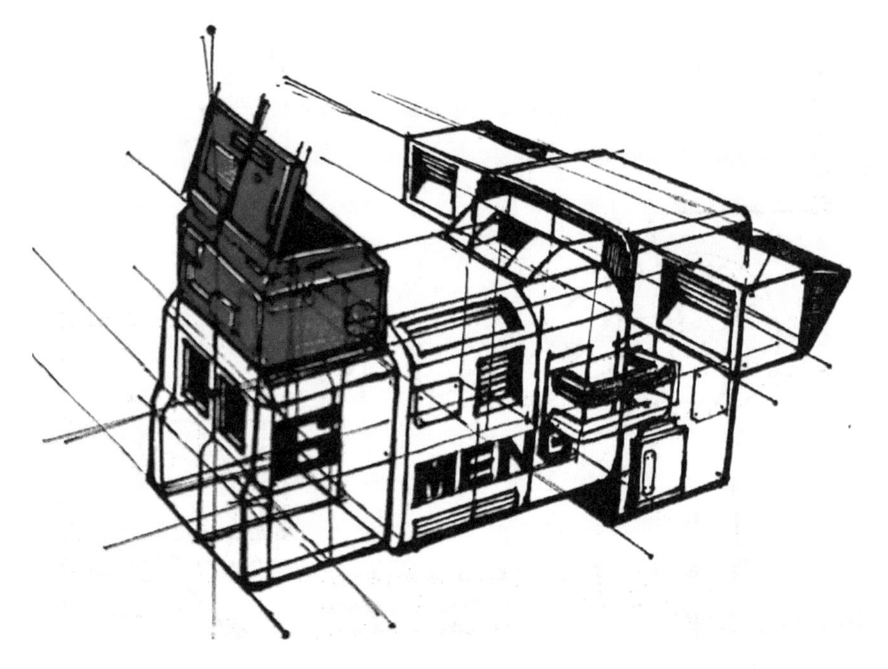


图 B-12-23　结构表现图二(孟野)

2）设计草模表现

为了验证设计方案是否可行，我们通常会采用制作草模的办法来对所设计的结构问题进行研讨。例如，针对所发现的快餐盒能否方便携带的问题，图 B-12-26、图 B-12-27 提出了解决方案，并用草模的形式来进行了验证。

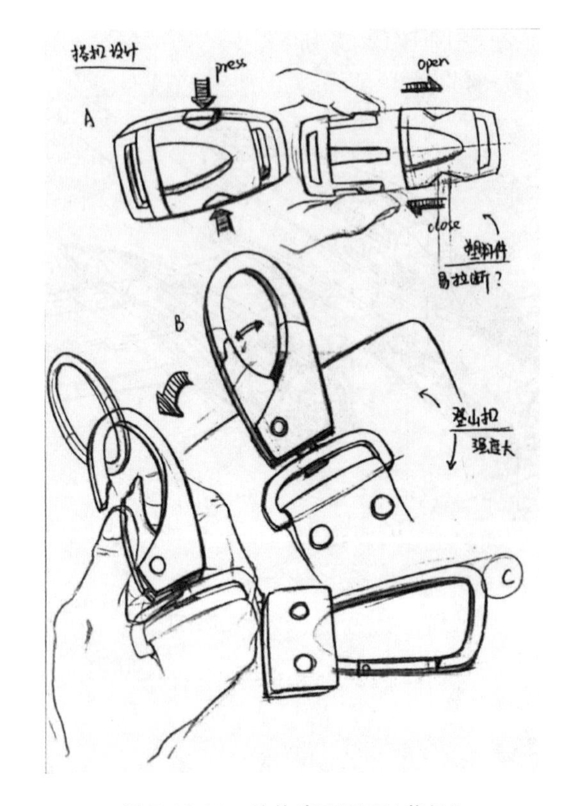


图 B-12-24　结构表现图三（蒋侃）

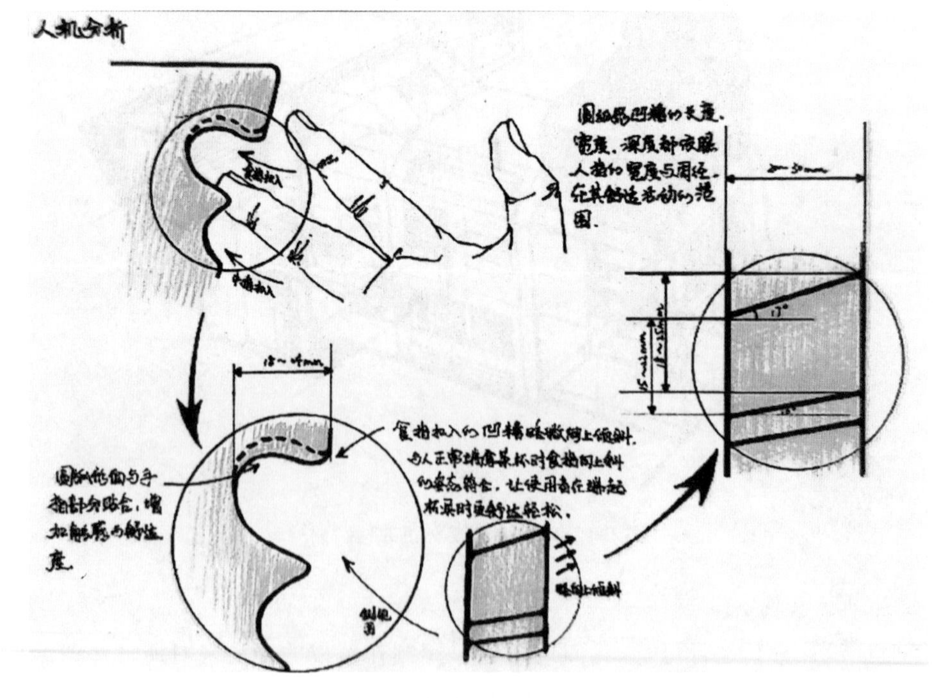


图 B-12-25　结构表现图四（杨雪梦）

在日常生活中，我们会因为过了时间或者别的原因而要把饭菜带回家，所以我们小组设计了一个打包用的装置，用来代替塑料袋，由于塑料袋广泛使用造成“白色污染”，所以我们所选材料为纸，环保，防渗漏，也可回收利用。

设计思路：①包纸打包法　两边对折，打一个活结。

②纸材料打包法，可利用折痕和卡槽来实现对碗的固定。此打包法简单快捷，节省时间，给人们提供了方便。

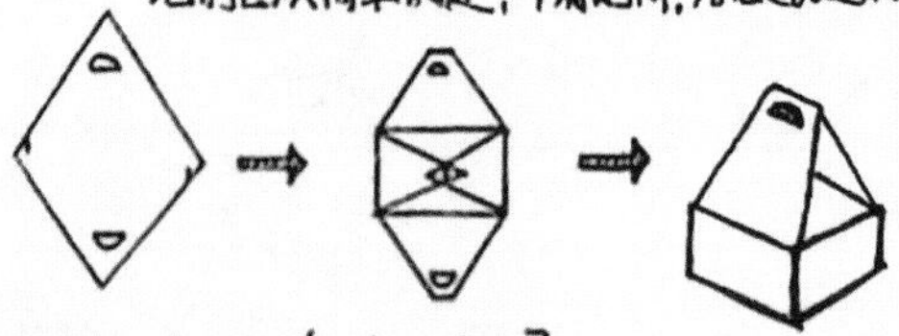

最常用的一次性饭盒，如下图所示：

经测量：一次性碗的碗口直径为175mm，碗底直径为100mm，高为80mm

下面是一次性碗的包装图（注：由于无法购买一次性碗所用的材质，我们小组暂且用卡纸代替）

图 B-12-26　快餐盒解决方案(1)

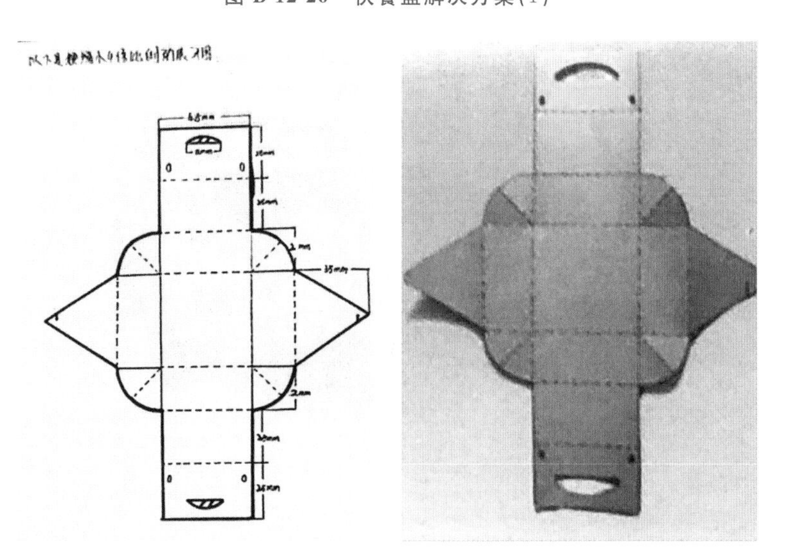

图 B-12-27　快餐盒解决方案(2)

### 3. 电脑辅助设计表现

电脑作为现代工业设计中的重要辅助性手段，已被广泛地运用在我们的设计过程之中。在设计方案确定之后，通常会借助电脑来帮助我们做更进一步的设计思考。其表现形式一般有外观效果图和爆炸图两种，如图 B-12-28 至图 B-12-30 所示。

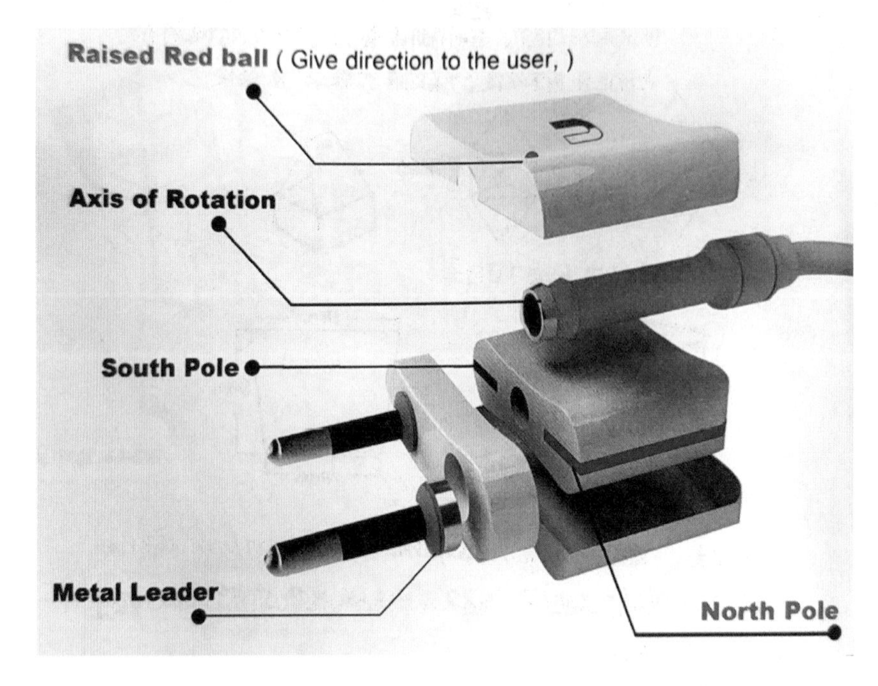


图 B-12-28　Magnetic Plug&Socket 结构爆炸图(何思倩)

图 B-12-29　电脑辅助设计表现一

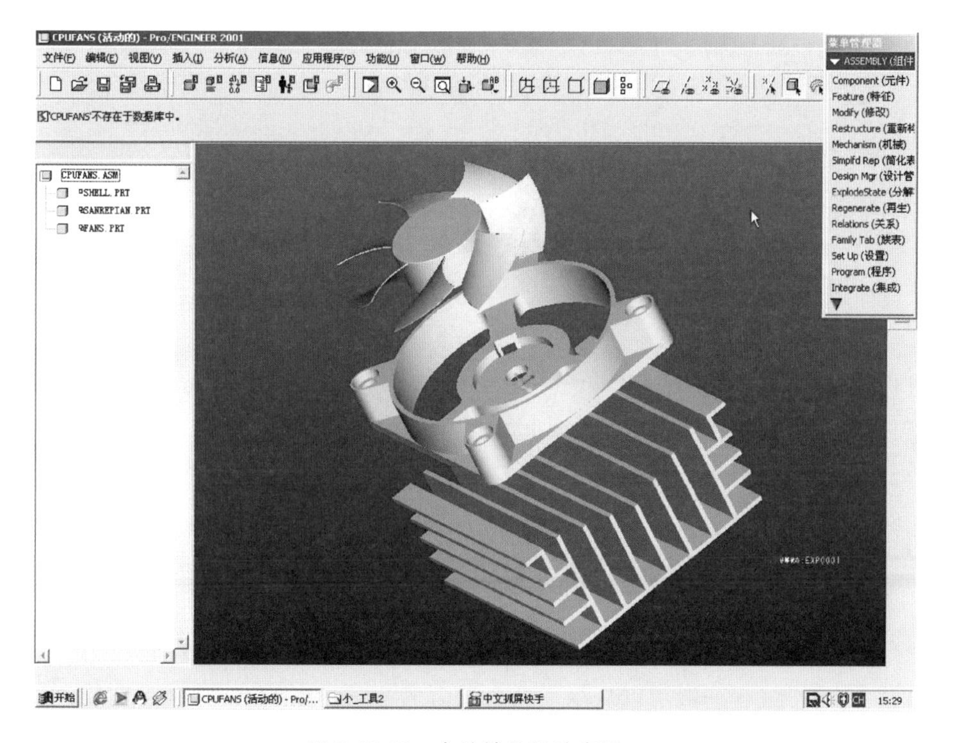


图 B-12-30 电脑辅助设计表现二

# B-13 徽章设计方案优选

## B-13-1 方案的确定与表现





方案的确定是指根据设计命题或设计目标来评定备选方案是否达到设计要求的过程。在快题设计中,这个过程一般可以从以下几个方面来考虑。

1)方案的切题性

就像写命题文章不能跑题一样,快题设计同样不能“答非所问”。它的评价标准就是设计命题,即看设计者是否根据设计命题找到了问题的根源,以及针对问题寻找的各种解决方法中,哪一种或几种方案是合理的,是可实现性。

2)方案的创新性

创新能力的培养是快题设计的重要训练目标,设计方案的创新程度是评价设计好坏的一个重要指标。创新包括功能、结构、形式和使用方式等多个方面。在评价方案的创新性时,可以从横向或纵向等不同的角度来对既有的方案进行评估,选取创意性最强的那个方案即可。当然,在方案选择时。由于创新性不是一个完全可以量化的指标,所以它也需要根据具体的命题环境来确定。

3)方案的感染力

感染力是设计方案给人的最直观的感受。方案的造型质量起着决定性作用。在方案展开中,会产生一系列不同造型风格的设计。在最后定稿选择方案的时候,应该选择最能表现设计概念与主题的造型方案与设计。

4)方案的可行性

方案的可行性主要是从材料、结构、工艺等角度出发,来考虑该方案是否可行。我们的学生在设计中常会出现这样的问题:

(1)他们总是避开真正的问题来想自己的方案;

(2)在思考产品方案时不想可行性,都当概念设计,不思考可以用什么方式实现,采用何种技术。

以上是定稿选择方案时的主要考虑方面。实际快题设计中，往往要综合权衡各方面，从一系列方案中选出自己最满意的设计，进行最后深化并最终定稿。

如图 B-13-1 所示，定稿的过程实际上就是对解决方案进行筛选、评价和调整的过程，也是对解决方案进行重新审视，使之与设计目标一致的过程。

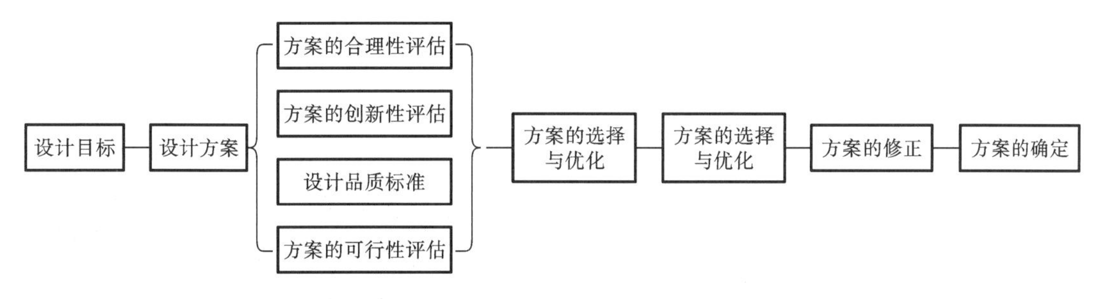


图 B-13-1　方案确定流程图

## B-13-2　方案确定的表现形式

### 1. 手绘设计效果图

当我们对于设计方案的想法思考得比较成熟的时候，就需要用一种形式把它确定下来，通常我们会用手绘表现的形式进行表述。它强调的是产品给人的一种较为直观的感觉，往往会比电脑效果图更具有感染力。设计者只有较好地掌握了效果图的手绘技巧与方法，才能更为准确贴切地表达出自己的想法与设计理念，如图 B-13-2 所示。

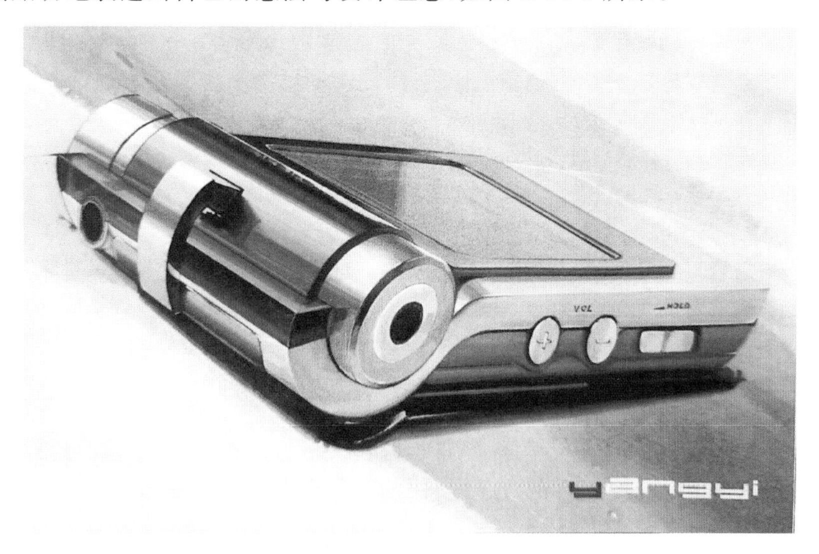


图 B-13-2　设计效果图一（杨艺）

### 2. 电脑效果图

相对于手绘效果图来说，电脑制作的效果图具有更为真实的效果。随着计算机硬件和软件的飞速发展，计算机辅助设计逐渐成为产品概念设计过程中一个不可缺少的重要工具。它能够快速模拟出产品的真实效果，更为直观地表达出产品的细节。因此，设计中涉及许多平面和三维软件。这些软件都有各自的特点，只有在了解每个软件自身的特性和优缺点的基础上，合理搭配，综合使用，发挥辅助设计软件最大的效用，才能取得良好的效果，达到最终的设计目标，如图 B-13-3、图 B-13-4 所示。

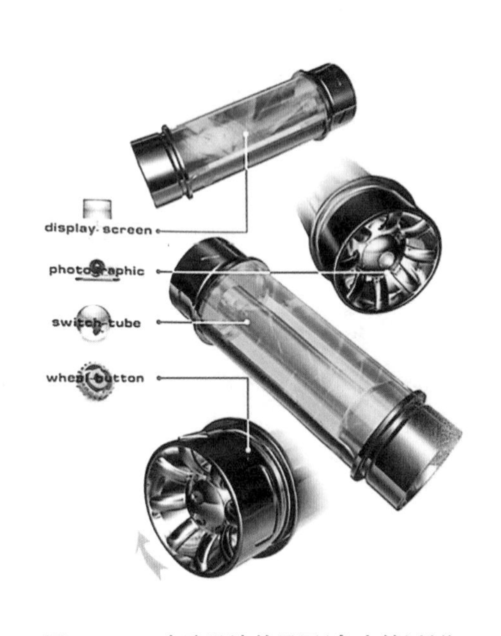


图 B-13-3　电脑设计效果图(詹言敏)制作

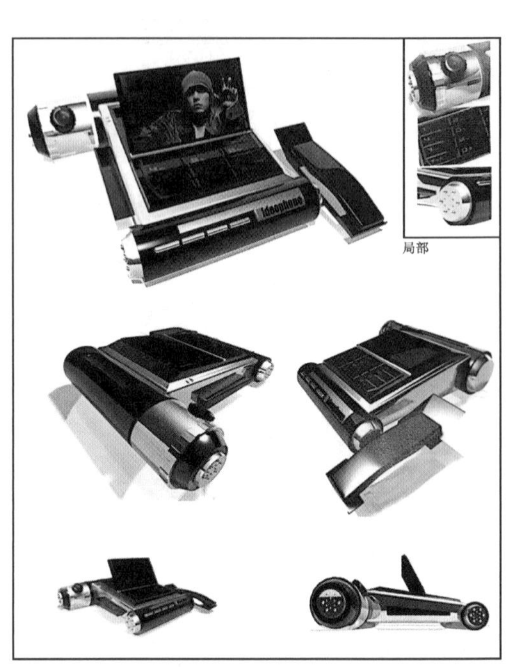


图 B-13-4　电脑设计效果图(侯海涛，刘贝利)制作

# 模块C　产品建模与加工实作

任务C-1　徽章设计三维建模

任务C-2　工程图绘制

任务C-3　徽章数控加工制作

任务C-4　徽章3D打印制作

任务C-5　徽章激光内雕制作

**设计说明：**

(1) 黄鹤楼是武汉市的地标建筑，是最能代表武汉这座城市的建筑物。

(2) 黄鹤楼下面英雄之城四个字点明武汉是英雄之城，武汉人民是英雄的人民。

(3) 黄鹤楼后面是武汉市市花梅花，梅花是岁寒三友之一，梅花香自苦寒来。经过全体武汉人民的共同努力，武汉于 2020 年 4 月 8 日解封，在冬去春来之际迎来了阶段性胜利。象征武汉人民坚定、坚强、坚韧，向阳而生的精神。

(4) 整个徽章上有三个同心圆，代表全武汉人民和全国人民万众一心，紧紧团结在以习近平同志为核心的党中央周围。

(5) 一共八个火和雷字，代表火神山和雷神山，守护着英雄的武汉人民和武汉这座英雄之城。火字为小篆、雷字为甲骨文，代表了中国悠久的历史与文化底蕴，甲骨文是经考证的最古老的中国文字，小篆为秦始皇统一六国后创制的统一文字的汉字书写形式。

(6) 最外圈光芒代表武汉人民的精神像阳光一样照耀到每一处，温暖了每一个中国人的心。

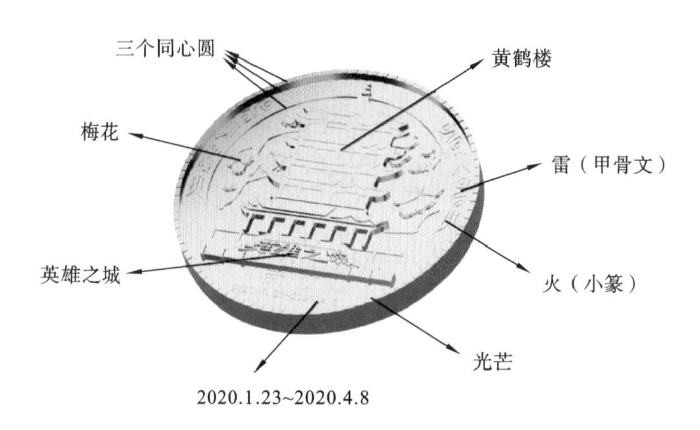

# 任务 C-1　徽章设计三维建模

## 任务目标

根据图 C-1-1 所示的设计手稿，完成如图 C-1-2 所示徽章的三维建模。

图 C-1-1　设计手稿

图 C-1-2　徽章模型

## 实施要点

通过光栅图像、艺术样条、阵列面、拉伸、圆柱、布尔运算等功能，完成徽章的特征建模。

## 实施步骤

工作步骤 1：完成任务 C-1 的【建模分析】。
工作步骤 2：完成任务 C-1 的【建模操作】。
工作步骤 3：完成任务 C-1 的【任务评价】。

## 实施过程

### 工作步骤 1 【建模分析】

徽章的三维建模分析如表 C-1-1 所示。

表 C-1-1 徽章的三维建模分析表

| 序号 | 建模步骤图 | 主要功能 |
| --- | --- | --- |
| 1 | φ50 | 绘制圆柱体 |
| 2 |  | 插入“黄鹤楼”手稿 |

续表

| 序号 | 建模步骤图 | 主 要 功 能 |
| --- | --- | --- |
| 3 |   | 绘制“黄鹤楼”轮廓 |
| 4 | 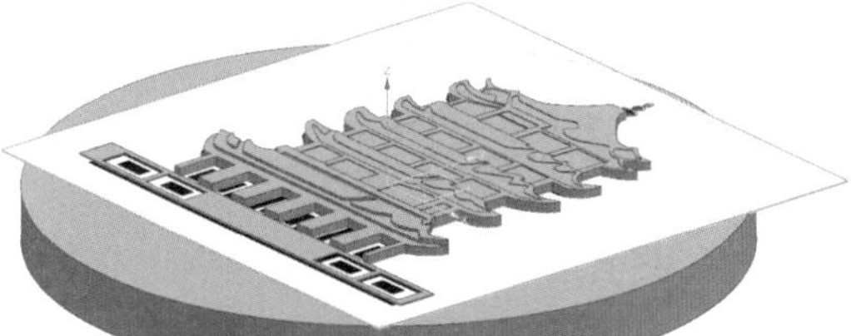  | 拉伸“黄鹤楼”实体 |
| 5 | 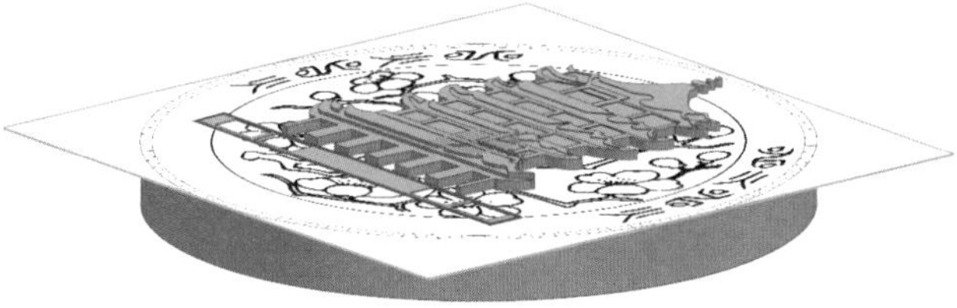  | 插入“梅花图”手稿 |
| 6 |   | 绘制徽章边框轮廓 |

续表

| 序号 | 建模步骤图 | 主要功能 |
| --- | --- | --- |
| 7 | 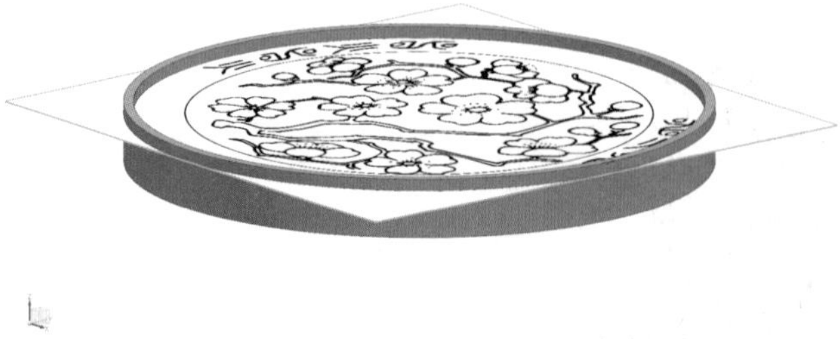  | 拉伸边框实体 |
| 8 |   | 绘制一个边框齿形轮廓 |
| 9 |   | 拉伸减除一个边框齿形 |
| 10 |   | 阵列边框齿 |

续表

| 序号 | 建模步骤图 | 主要功能 |
| --- | --- | --- |
| 11 |  | 根据自己的创意草图绘制底座草图 |
| 12 | 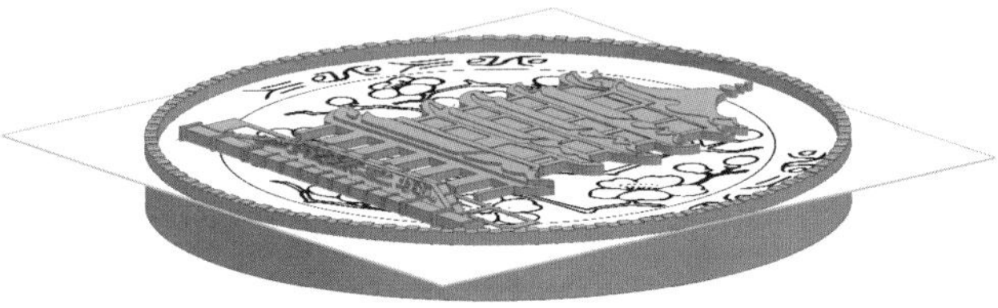 | 拉伸底座实体 |
| 13 |  | 绘制内圈圆环草图 |
| 14 |  | 拉伸圆环实体 |

续表

| 序号 | 建模步骤图 | 主 要 功 能 |
|---|---|---|
| 15 |  | 插入文字 |
| 16 |  | 拉伸减除文字外形 |
| 17 |  | 绘制“梅花”轮廓 |

续表

| 序号 | 建模步骤图 | 主要功能 |
|---|---|---|
| 18 |  | 绘制“雷火”甲骨文的轮廓 |
| 19 |  | 拉伸梅花实体 |
| 20 |  | 拉伸“雷火”实体并求差 |
| 21 | 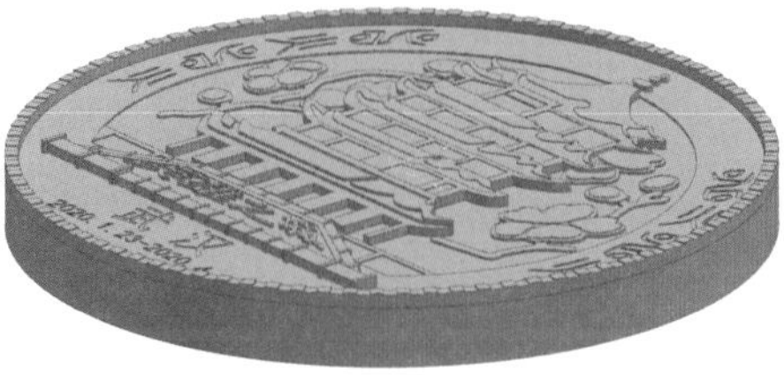 | 合并移除参数完成<br>绘制三维建模 |

工作步骤 2 【建模操作】

徽章的三维建模操作如表 C-1-2 所示。

表 C-1-2 徽章的三维建模操作

<table>
<tr><th>三维建模操作要点</th><th>三维建模操作简图</th></tr>
<tr><td>(1) 绘制圆柱体<br>单击“主页”选项卡→“特征”功能区→“更多”→“圆柱”，如图 C-1-3 所示。</td><td>

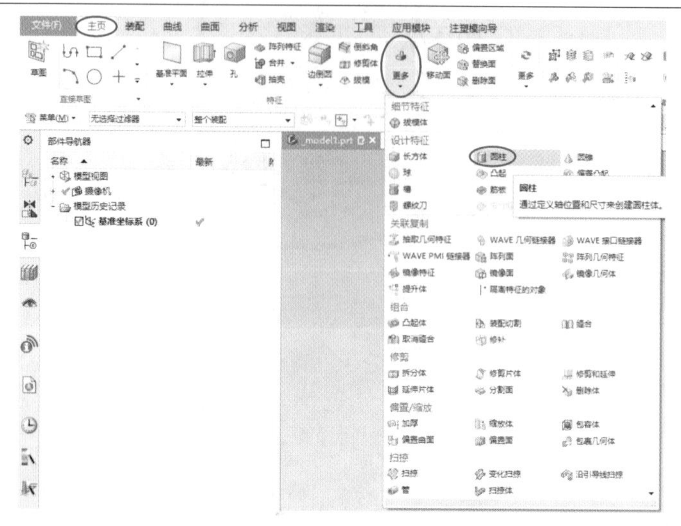


图 C-1-3 “圆柱”功能选项卡

</td></tr>
<tr><td>或单击“菜单”→“插入”→“设计特征”→“圆柱”，如图 C-1-4 所示。弹出如图 C-1-5 所示“圆柱”对话框。在图 C-1-5 所示的“圆柱”对话框中：将“类型”设置为“轴、直径和高度”；将“指定矢量”设置为“ZC↑”；将“指定点”设置为“坐标系原点”；将“尺寸”设置为“50”；将“高度”设置为“4”；将“布尔运算”设置为“无”。</td><td>

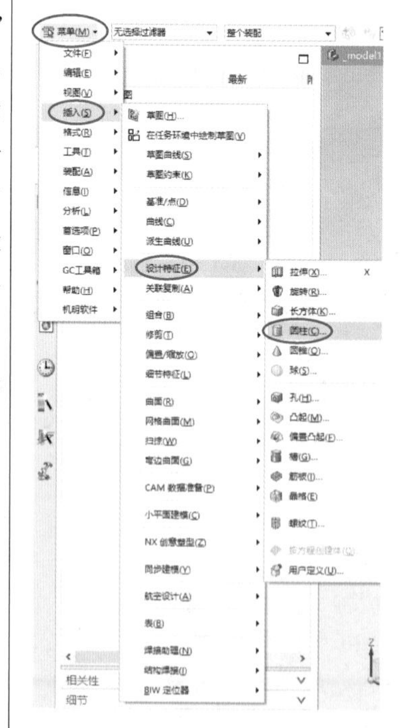


图 C-1-4 “圆柱”菜单命令

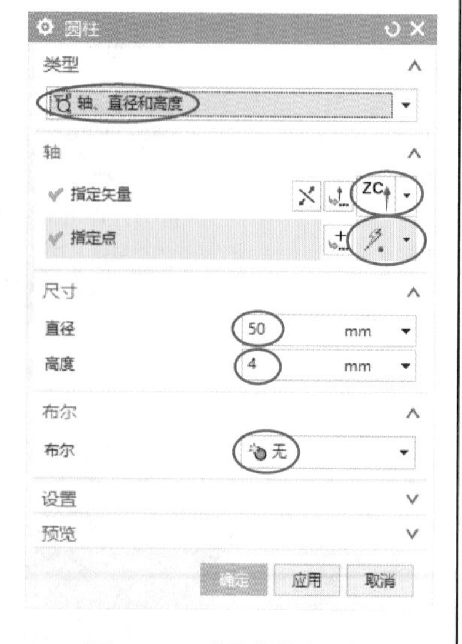


图 C-1-5 “圆柱”对话框

</td></tr>
</table>

续表

<table>
<tr><th>三维建模操作要点</th><th>三维建模操作简图</th></tr>
<tr><td>单击“确定”，完成如图 C-1-6 所示圆柱体的绘制</td><td>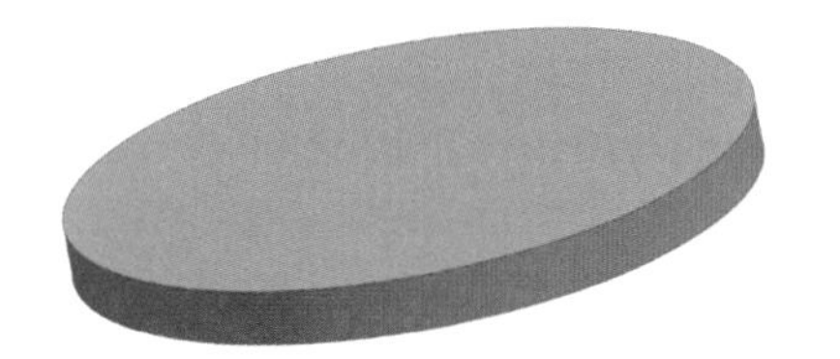<br>图 C-1-6　圆柱体</td></tr>
<tr><td>(2) 插入“黄鹤楼”手稿<br>单击“主页”选项卡→“特征”功能区→“基准平面”下拉菜单→“光栅图像”，如图 C-1-7 所示。</td><td>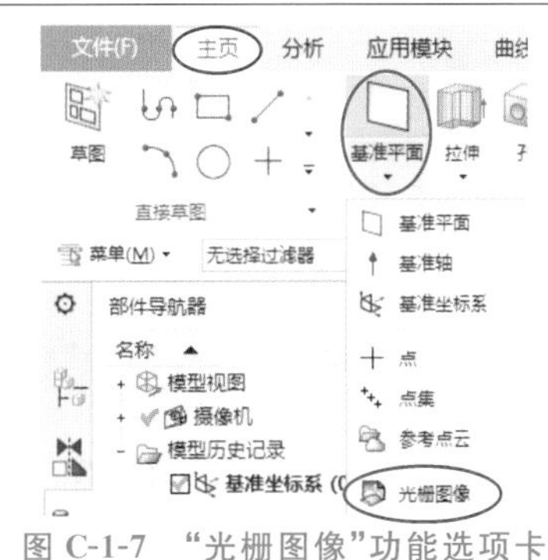
<br>图 C-1-7　“光栅图像”功能选项卡</td></tr>
<tr><td>或单击“菜单”→“插入”→“基准/点”→“光栅图像”，如图 C-1-8 所示。<br>弹出“光栅图像”对话框如图 C-1-9 所示。</td><td>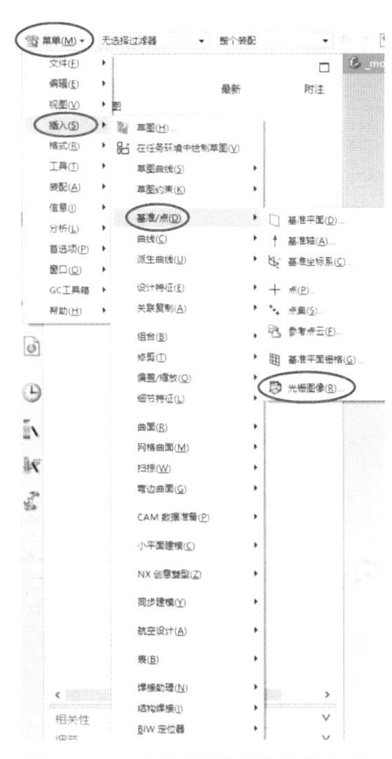
<br>图 C-1-8　“光栅图像”菜单命令<br>
<br>图 C-1-9　“光栅图像”对话框</td></tr>
</table>

续表

| 三维建模操作要点 | 三维建模操作简图 |
| --- | --- |
| 在图 C-1-9 所示的“光栅图像”对话框中：<br>将“基点”设置为“中心”；<br>单击“指定平面”，选中如图 C-1-10 所示的圆柱实体上表面。 | 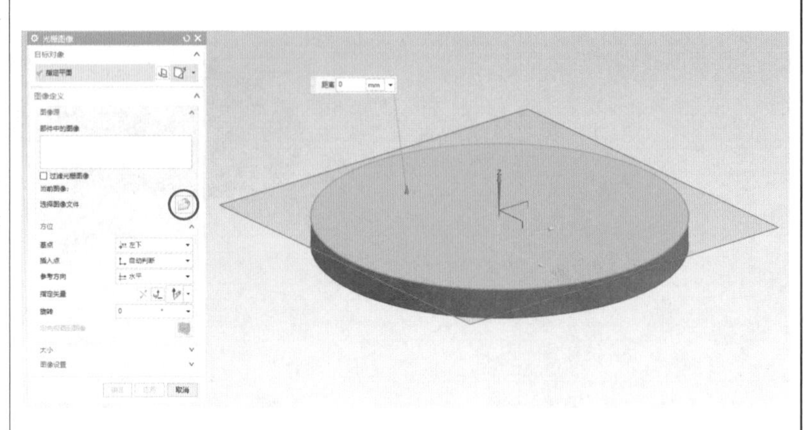<br>图 C-1-10　选中圆柱实体上表面 |
| 单击“选择图像文件”，弹出如图 C-1-11 所示的光栅文件选择对话框。 | 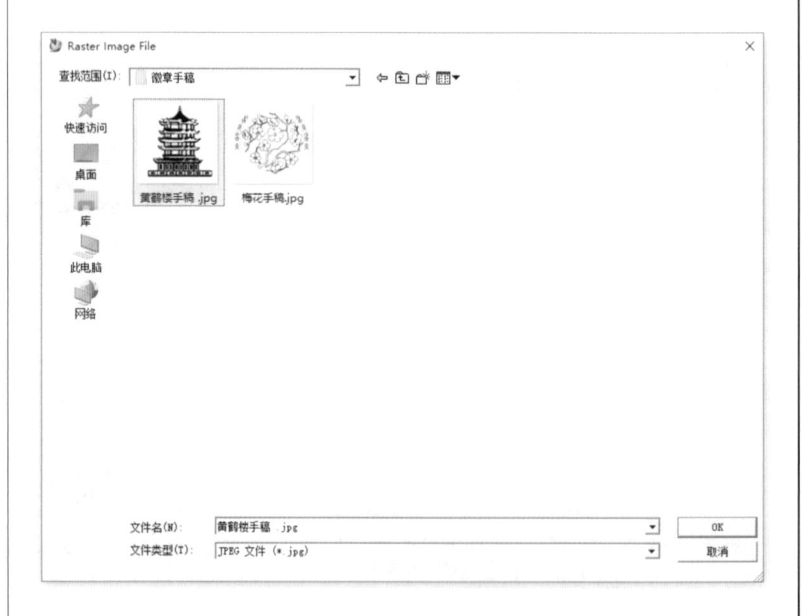<br><br>图 C-1-11　光栅文件选择对话框 |
| 选择“黄鹤楼”手稿图片文件，单击“确定”。“黄鹤楼”手稿图片就加载到绘图区，如图 C-1-12 所示。 | 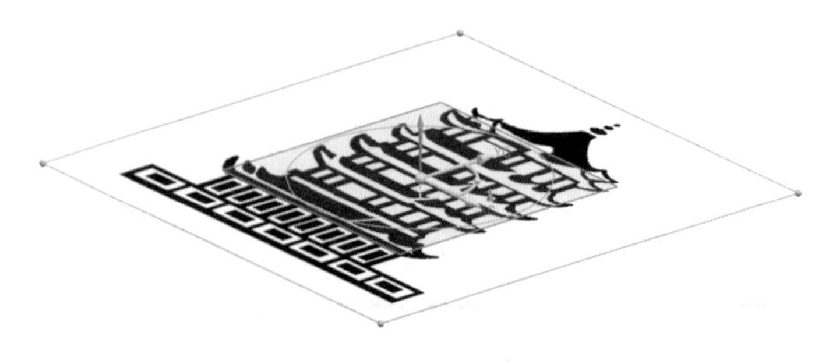<br>图 C-1-12　加载到绘图区的“黄鹤楼”手稿图片 |

续表

<table>
<tr><th>三维建模操作要点</th><th>三维建模操作简图</th></tr>
<tr><td>调整图像大小，让“黄鹤楼”手稿图片在圆柱体上表面内部合适位置，如图 C-1-13 所示。</td><td><br>图 C-1-13　完成“黄鹤楼”手稿图片插入的结果</td></tr>
<tr><td>(3) 绘制“黄鹤楼”轮廓草图<br>单击“主页”选项卡→“直接草图”功能区→草图图标，如图 C-1-14 所示。弹出如图 C-1-15 所示“草图”对话框。</td><td>
<br>图 C-1-14　“草图”功能选项卡<br>
<br>图 C-1-15　“草图”对话框</td></tr>
<tr><td>选中圆柱实体上表面，如图 C-1-16 所示，单击“确定”，进入草图环境。</td><td><br>图 C-1-16　选中“徽章平面”作为草图平面</td></tr>
<tr><td>单击“主页”选项卡→“直接草图”功能区下拉菜单→“艺术样条图标”，如图 C-1-17 所示；或使用快捷键“S”激活命令。弹出如图 C-1-18 所示“艺术样条”对话框。<br>在图 C-1-18 所示的“艺术样条”对话框中：<br>将“类型”设置为“根据极点”；将“次数”设置为“2”；</td><td>
<br>图 C-1-17　“样条曲线”功能选项卡<br>
<br>图 C-1-18　“艺术样条”对话框</td></tr>
</table>

<table>
<tr><th>三维建模操作要点</th><th>三维建模操作简图</th></tr>
<tr><td>取消“封闭”勾选框。<br>根据手稿轮廓描点（过程略），完成黄鹤楼的艺术样条的绘制，如图 C-1-19 所示。<br>单击“完成草图”，退出草图环境，完成“黄鹤楼”轮廓草图绘制。</td><td><br>图 C-1-19　“黄鹤楼”的艺术样条</td></tr>
<tr><td>（4）拉伸黄鹤楼实体<br>① 拉伸屋檐。<br>单击“主页”选项卡→“特征”功能区→[拉伸图标]，如图 C-1-20 所示；或使用快捷键“X”激活命令。弹出如图 C-1-21 所示的“拉伸”命令对话框。<br>在图 C-1-21 所示的“拉伸”对话框中：<br>单击“选择曲线”，拾取下端屋檐，如图 C-1-22 所示。（注意拾取一条封闭的曲线，勿要多选。）<br>将“方向”设置为“ZC↑”；<br>将“开始”距离设置为“0”；<br>将“结束”距离设置为“1”；<br>将“布尔”距离设置为“无”。</td><td><br><br>图 C-1-20　“拉伸”功能选项卡<br><br><br>图 C-1-21　“拉伸”命令对话框</td></tr>
</table>

<table>
<tr><th>三维建模操作要点</th><th>三维建模操作简图</th></tr>
<tr><td>单击“确定”，完成拉伸，如图 C-1-23 所示。</td><td><br>图 C-1-22　下端屋檐曲线拾取<br><br>图 C-1-23　拉伸屋檐实体</td></tr>
<tr><td>同上操作，拾取如图 C-1-24所示的封闭轮廓：<br>将“开始”距离设置为“0.8”，“结束”距离设置为“1”；<br>将“布尔”距离设置为“减去”；<br>单击“确定”完成下端屋檐拉伸，如图 C-1-25 所示。</td><td><br>图 C-1-24　曲线拾取<br><br>图 C-1-25　第一个屋檐拉伸实体</td></tr>
<tr><td>②拉伸第二层屋檐。<br>同①操作，将拉伸高度设置为“0.7”，拾取图 C-1-26 所示的第二层屋檐轮廓，拉伸结果如图 C-1-27 所示。</td><td><br>图 C-1-26　第一层屋檐轮廓拾取<br><br>图 C-1-27　第二层屋檐拉伸实体</td></tr>
</table>

<table>
<tr><th>三维建模操作要点</th><th colspan="2">三维建模操作简图</th></tr>
<tr><td>同上操作，将拉伸“开始”高度设置为“0.65”，“结束”高度设置为“1”；<br>将“布尔”设置为“减去”；<br>拾取如图 C-1-28 所示轮廓，拉伸结果如图 C-1-29 所示。</td><td><br>图 C-1-28　第二层屋檐曲线拾取</td><td><br>图 C-1-29　第二层屋檐</td></tr>
<tr><td>③拉伸第三层屋檐。<br>同①操作，将拉伸高度设置为“0.65”，拾取图 C-1-30所示的第三层屋檐轮廓，拉伸结果如图C-1-31所示；</td><td>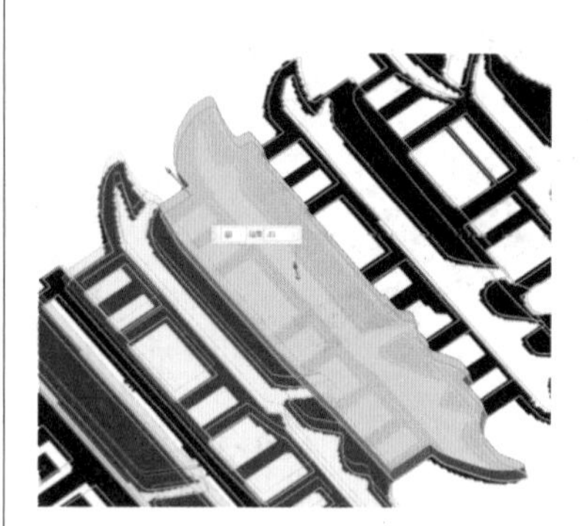<br>图 C-1-30　第二层屋檐</td><td><br>图 C-1-31　第二层屋檐</td></tr>
<tr><td>同上操作，将拉伸“开始”高度设置为“0.6”，“结束”高度设置为“1”；<br>将“布尔”设置为“减去”；<br>拾取如图 C-1-32 所示轮廓，拉伸结果如图 C-1-33 所示。</td><td>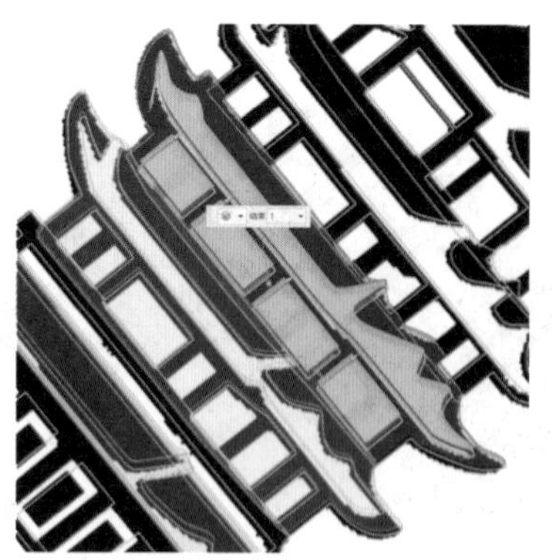<br>图 C-1-32　拾取第三层屋檐轮廓</td><td><br>图 C-1-33　拉伸第三层屋檐</td></tr>
</table>

| 三维建模操作要点 | 三维建模操作简图 |
| --- | --- |
| ④其他特征拉伸。<br>同①操作，以圆柱上表面为基准，将图 C-1-34 中的：<br>黄色部分拉伸至“0.6”；<br>绿色部分拉伸至“1”；<br>洋红色部分拉伸至“0.65”；<br>粉色部分拉伸至“0.75”；<br>酒红色部分拉伸至“0.7”；<br>深蓝色部分拉伸至“0.55”；<br>浅蓝色部分拉伸至“0.5”。 | <br>图 **C-1-34** 拉伸“黄鹤楼”实体 |
| (5) 插入梅花手稿<br>同(2)中操作过程，将梅花手稿插入绘图区，如图C-1-35所示。 | 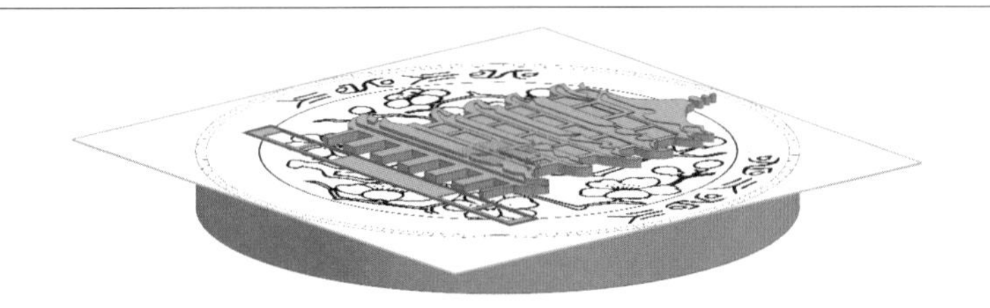<br>图 **C-1-35** 插入“梅花手稿” |
| (6) 绘制徽章边框轮廓<br>同(3)中插入草图操作过程，进入草图环境。<br>单击“主页”选项卡→“直接草图”功能区→“◯”，如图 C-1-36 所示。<br>单击图标激活“圆”命令，圆心捕捉插入圆柱的圆心，如图 C-1-37 所示。根据插入的梅花手稿的边框来确定两个圆的大小，如图 C-1-38 所示。 | 图 **C-1-36** “圆”功能选项卡<br>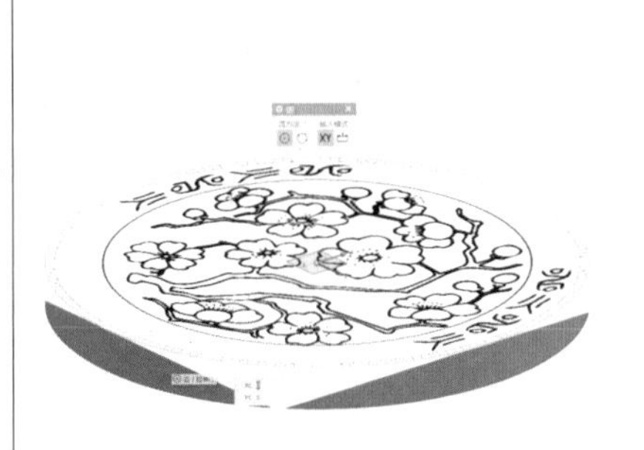<br>图 **C-1-37** “圆命令”捕捉圆心<br><br>图 **C-1-38** 绘制“边框”图形 |

续表

| 三维建模操作要点 | 三维建模操作简图 |
| --- | --- |
| (7) 拉伸边框实体<br>单击图标“”，弹出如图 C-1-39 所示“拉伸”命令对话框。<br>在图 C-1-39 所示的“拉伸”对话框中：<br>单击“选择曲线”，拾取图 C-1-38 所绘制的边框图形；<br>将“方向”设置为“ZC”；<br>将“开始”距离设置为“0”，“结束”距离设置为“0.5”；<br>将“布尔”距离设置为“无”；<br>单击“确定”，完成拉伸，如图 C-1-40 所示。 | <br>图 C-1-39 “拉伸”命令对话框<br>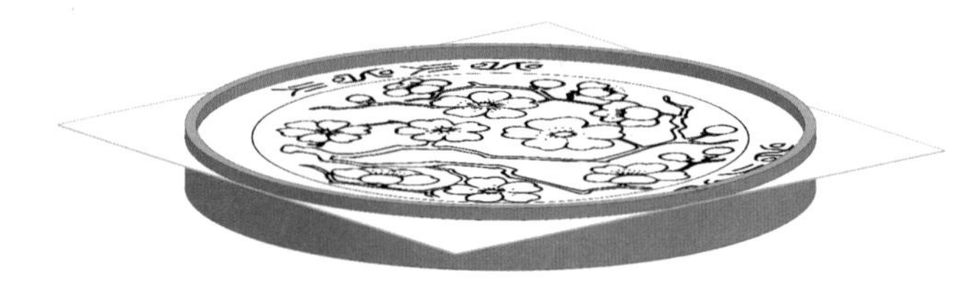<br>图 C-1-40 “拉伸”边框 |
| (8) 绘制一个边框齿形轮廓<br>同(5)中操作过程，进入任务环境，根据梅花手稿画一个边框齿，单击“确定”，如图 C-1-41 所示。 | <br>图 C-1-41 绘制“边框齿” |

续表

<table>
<tr><th>三维建模操作要点</th><th>三维建模操作简图</th></tr>
<tr><td>
（9）拉伸一个边框齿并求差<br>
单击图标“ ”，激活拉伸命令，如图 C-1-42 所示，更改曲线规则为“区域边界曲线”。<br>
在图 C-1-42 所示的“拉伸”对话框中：<br>
单击“选择曲线”，拾取图 C-1-43 所绘制的边框齿；<br>
将“方向”设置为“ZC”；<br>
将“开始”距离设置为“0.4”，<br>
“结束”距离设置为“0.51”；<br>
将“布尔”距离设置为“求差”；
</td><td>

图 C-1-42 “曲线规则”修改<br>
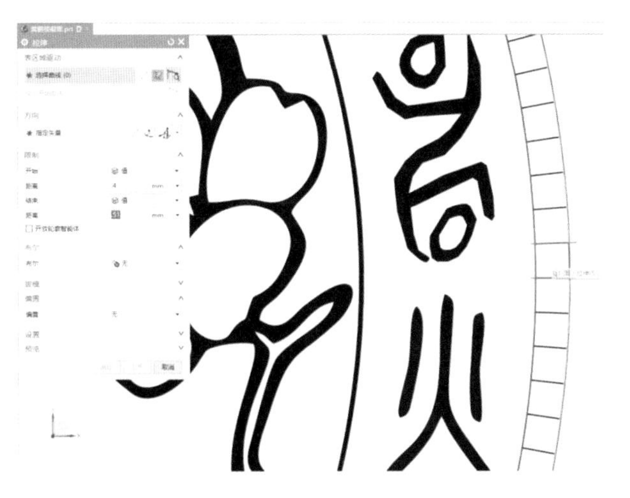
图 C-1-43 “选择曲线”
</td></tr>
</table>

续表

| 三维建模操作要点 | 三维建模操作简图 |
| --- | --- |
| 单击“确定”完成拉伸，如图 C-1-44 所示。 | 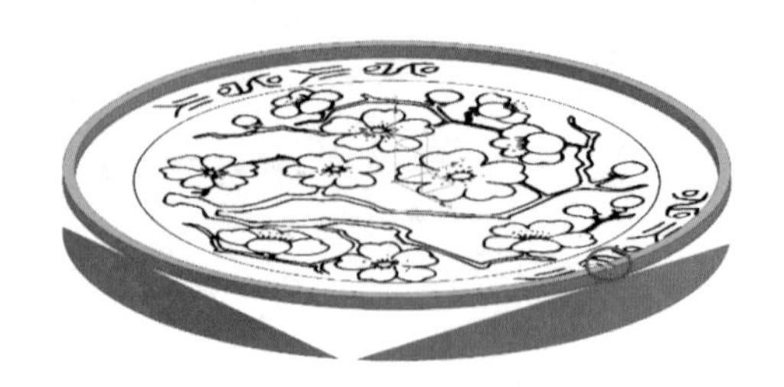<br>图 C-1-44　“拉伸”边框齿 |
| (10) 阵列边框齿<br>单击“主页”选项卡→“特征”功能区→“更多”→“阵列面”，如图 C-1-45 所示。弹出如图 C-1-46 所示“阵列面”对话框。 | 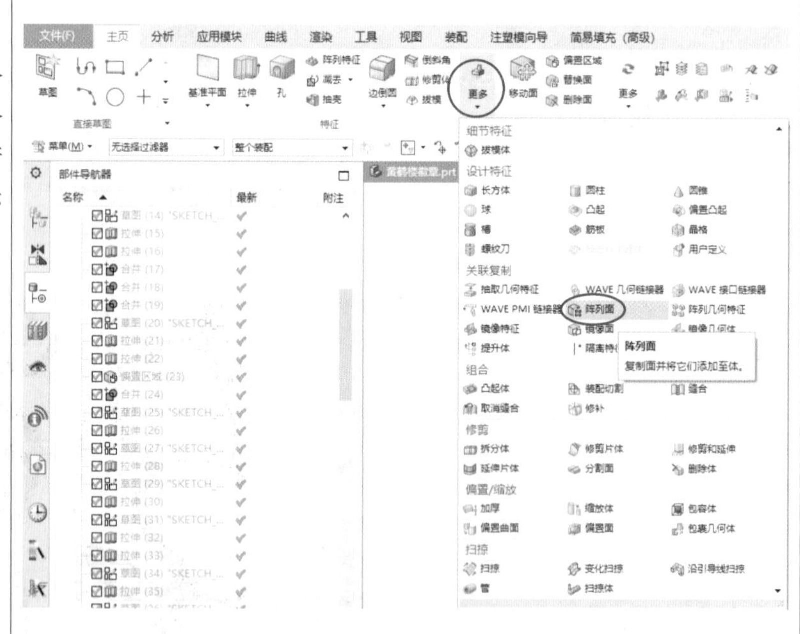<br>图 C-1-45　“阵列面”功能选项卡 |

续表

| 三维建模操作要点 | 三维建模操作简图 |
| --- | --- |
| 在图 C-1-46 所示的“阵列面”对话框中：<br>单击 “选择面”选中图 C-1-44 拉伸的“边框齿”的所有面；<br>将“布局”设置为“圆形”；<br>将“指定矢量”设置为“ ZC↑ ”；<br>将“指定点”设置为“圆柱圆心”；<br>将“间距”设置为“数量和跨距”；<br>将“数量”设置为“90”；<br>将“跨角”设置为“360°”；<br>单击“确定”，完成阵列面，如图 C-1-47 所示。 | <br>图 C-1-46 “阵列面”对话框<br><br>图 C-1-47 “阵列面” |
| (11) 绘制底座草图<br>同(3)中操作过程，使用样条曲线分别画出栏杆、台阶、斜体文字等元素，如图 C-1-48 所示。 | <br>图 C-1-48 绘制底座草图 |

<table>
<tr><th>三维建模操作要点</th><th>三维建模操作简图</th></tr>
<tr><td>(12) 拉伸底座实体<br>① 拉伸前排栏杆。<br>单击图标，弹出如图C-1-49所示“拉伸”命令对话框。<br>在图C-1-49所示的“拉伸”对话框中：<br>单击“选择曲线”，拾取前排栏杆曲线，如图C-1-50所示；<br>将“方向”设置为“ZC”；<br>将“开始”距离设置为“0”，“结束”距离设置为“0.8”；<br>将“布尔”距离设置为“无”；<br>单击“确定”完成拉伸，如图C-1-51所示。<br><br>②“拉伸”其他元素同①中操作。<br>将“前排栏杆柱子”拉伸至“0.85”；<br>将“左右栏杆”拉伸至“0.85”；<br>将“左右栏杆柱子”拉伸至“1”；<br>将“左右斜栏杆”拉伸至“0.7”；<br>将“上端、左右斜栏杆柱子”拉伸至“0.75”；<br>将“上端、左右栏杆柱子”拉伸至“1”；<br>将“文字”拉伸至“1”，有底座实体如图C-1-52所示。</td><td>

图 C-1-49 “拉伸”对话框<br>
图 C-1-50 拾取前排栏杆曲线<br>
图 C-1-51 “拉伸”前排栏杆<br>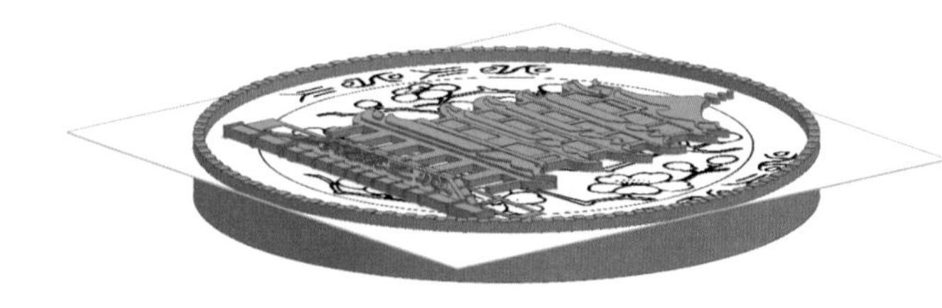
图 C-1-52 “拉伸”底座实体</td></tr>
<tr><td>(13) 绘制内圈圆环草图<br>单击“”激活草图命令，进入草图环境，根据梅花手稿画小圆环，如图C-1-53所示。</td><td>
图 C-1-53 绘制内圈“小圆环”</td></tr>
</table>

续表

| 三维建模操作要点 | 三维建模操作简图 |
| --- | --- |
| (14) 拉伸圆环实体<br>单击“”激活拉伸命令。<br>单击“选择曲线”拾取图 C-1-53 绘制小圆环；<br>将“拉伸高度”设置为“0.15”；<br>单击“确定”完成梅花圆环拉伸，如图 C-1-54 所示。 | <br>图 C-1-54 “拉伸”小圆环 |
| (15) 插入文字<br>单击“曲线”选项卡→“曲线”功能区→“文本”，如图 C-1-55 所示。弹出如图 C-1-56 所示“文本”对话框。<br>在图 C-1-56 所示的“文本”对话框中：<br>将“类型”设置为“平面副”；<br>在“文本属性”中分别输入“武汉”和“2020.1.23-2020.4.8”；<br>将“线型”设置为“黑体”；<br>将“锚点位置”设置为“中下”；<br>分别将“武汉”和“2020.1.23-2020.4.8”调整到合适的大小尺寸，并摆放到正下方合适位置，如图 C-1-57 所示。 | 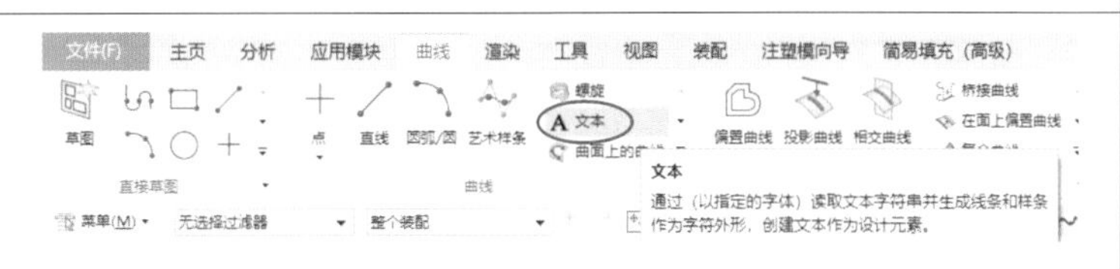<br><br>图 C-1-55 “文本”功能选项卡<br><br><br>图 C-1-56 “武汉”二字的“文本”对话框<br><br><br>图 C-1-57 插入“文字” |

| 三维建模操作要点 | 三维建模操作简图 |
| --- | --- |
| (16) 文字求差<br>单击“”，激活“拉伸”命令。<br>将“曲线规则”设置为“自动判断的曲线”；<br>单击“选择曲线”选中“部件导航器”的“文本”如图 C-1-58 所示；<br>将“指定矢量”设置为“-ZC”；<br>将“拉伸高度”设置为“0.05”；<br>将“布尔”设置为“减去”；<br>单击“选择体”选中徽章；<br>最后，单击“确定”，如图 C-1-59、图 C-1-60 所示。 | <br>图 C-1-58 “部件导航器”的“文本”<br>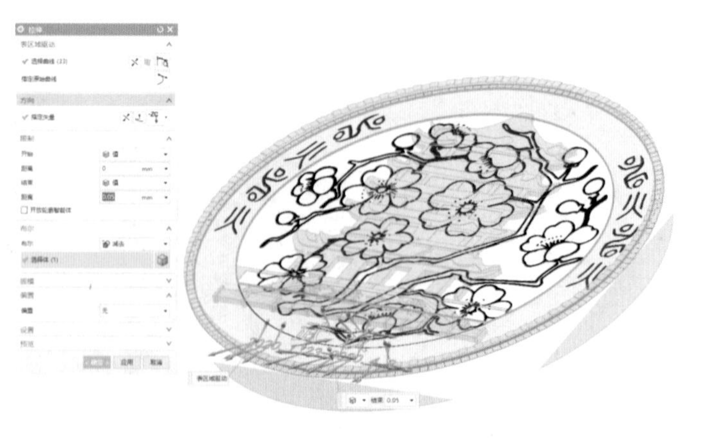<br>图 C-1-59 “拉伸”命令对话框 |

<table>
<tr><th>三维建模操作要点</th><th>三维建模操作简图</th></tr>
<tr><td></td><td><br>图 C-1-60 “文字”求差</td></tr>
<tr><td>(17) 绘制“梅花”轮廓<br>单击“”，激活“草图”命令，选中“圆柱”上表面，单击“确定”。<br>进入草图环境后，使用“艺术样条”快捷键“S”，“艺术样条”对话框设置同(3)一样，根据手稿轮廓描图完成梅花的艺术样条，如图 C-1-61 所示。</td><td>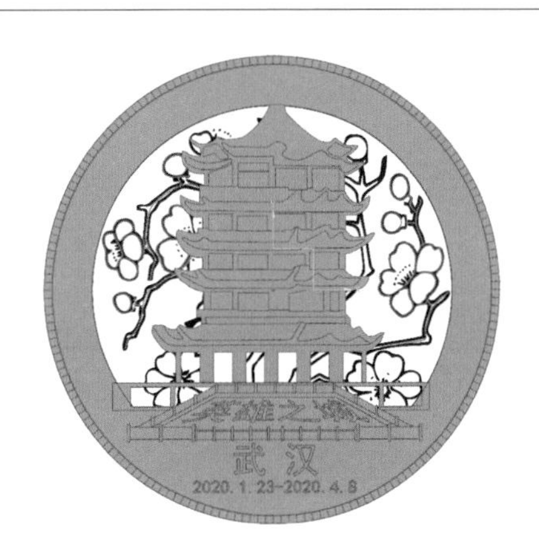<br>图 C-1-61 “梅花图”“艺术样条”描图</td></tr>
<tr><td>(18) 绘制“雷火”甲骨文的轮廓<br>单击“”，激活“草图”命令，选中“圆柱”上表面，单击“确定”。<br>进入草图环境后，使用“艺术样条”快捷键“S”，“艺术样条”对话框设置同(17)一样，根据手稿轮廓描图完成雷火甲骨文的艺术样条，步骤结果如图 C-1-62所示。</td><td><br>图 C-1-62 “雷火”甲骨文“艺术样条”描图</td></tr>
</table>

| 三维建模操作要点 | 三维建模操作简图 |
| --- | --- |
| (19)『拉伸梅花实体』。<br>单击“”，激活“拉伸”命令；<br>将“曲线规则”设置为“单条曲线”；<br>单击“选择曲线”依次选中“梅花”树干如图 C-1-63 所示、“梅花”花瓣如图 C-1-64 所示。<br>整个“梅花”如图 C-1-65 所示。<br>将“指定矢量”设置为“ZC”；<br>将“拉伸高度”设置为“树干 0.15、梅花花瓣 0.3、整体 0.2”；<br>将“偏置”设置为“两侧”，“开始”设置为“－0.36”、“结束”设置为“0.36”。 |  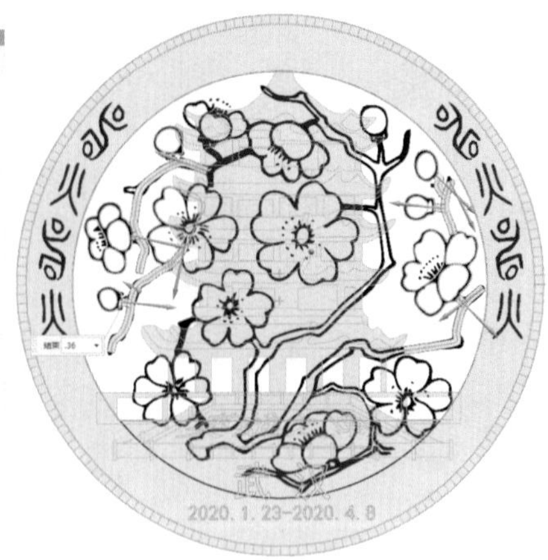 <br>图 C-1-63　“梅花”树干<br> 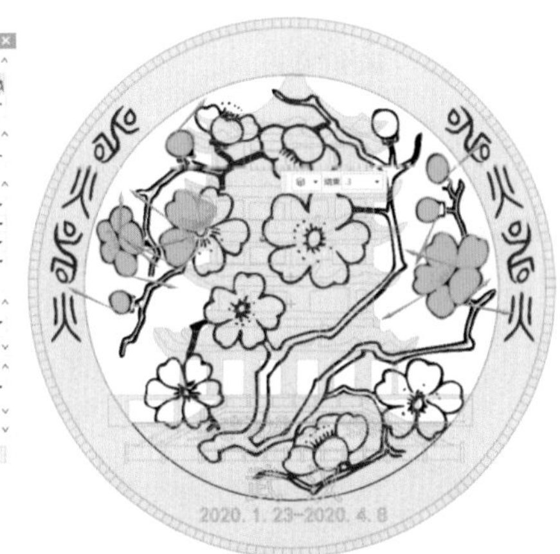 <br>图 C-1-64　“梅花”花瓣<br>  <br>图 C-1-65　整个“梅花” |

| 三维建模操作要点 | 三维建模操作简图 |
| --- | --- |
| 树干“拉伸”对话框设置如图C-1-66所示。<br>“拉伸”的梅花如图C-1-67所示。 | <br>图 C-1-66　“梅花”树干“拉伸”对话框设置<br><br>图 C-1-67　“拉伸”梅花 |
| (20) 拉伸“雷火”实体并求差<br>单击“ ”，激活“拉伸”命令。<br>单击“选择曲线”拾取“雷火甲骨文”艺术样条如图C-1-68所示；<br>将“指定矢量”设置为“-ZC”；<br>将“拉伸高度”“开始”设置为“0.05”、“结束”设置为“1”；<br>将“布尔”设置为“减去”；<br>单击“选择体”选中“内圈圆环”；<br>单击“确定”，“拉伸”雷火甲骨文“求差”如图C-1-69所示。 | 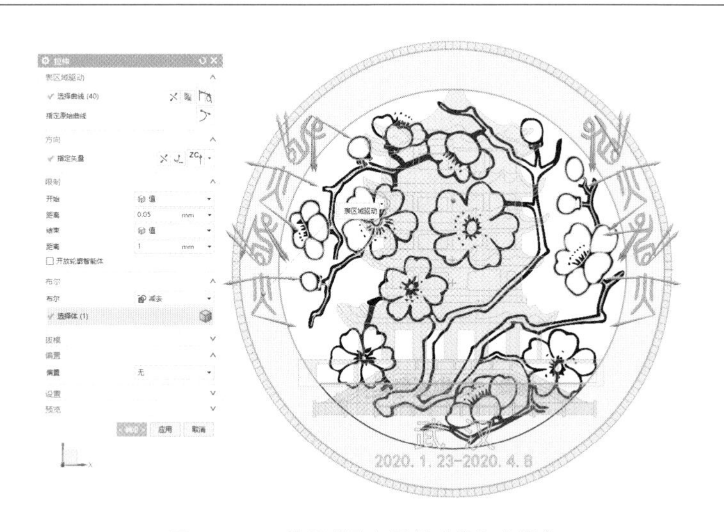<br>图 C-1-68　拾取“雷火甲骨文”艺术样条 |

续表

| 三维建模操作要点 | 三维建模操作简图 |
| --- | --- |
|  | 图 C-1-69 “拉伸”雷火甲骨文“求差” |
| (21) 合并移除参数完成绘制三维建模<br>单击“[合并图标]”，弹出“合并”命令对话框。<br>单击“目标”选中底部“圆柱”、“工具”选中其他所有实体，如图 C-1-70 所示。<br><br>单击“菜单”→“编辑”→“特征”→“移除参数”，如图 C-1-71 所示。 |  <br>图 C-1-70 整体“合并”<br>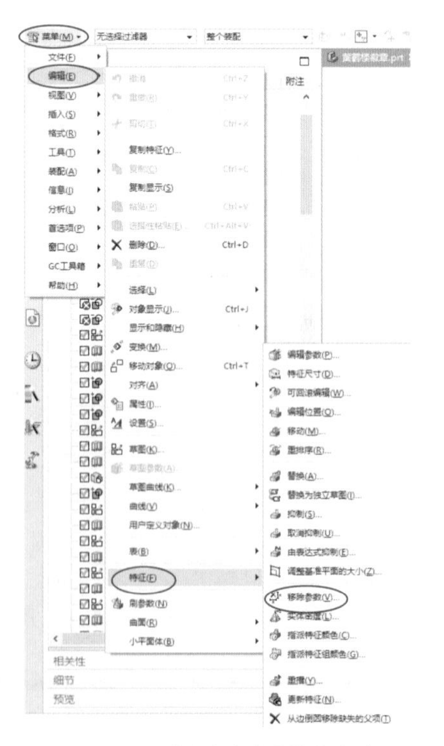<br>图 C-1-71 “移除参数”菜单命令 |

续表

| 三维建模操作要点 | 三维建模操作简图 |
| --- | --- |
| 弹出“移除参数”对话框如图C-1-72所示。<br>单击“选择对象”选中整个实体，单击“确定”，如图C-1-73所示。 | 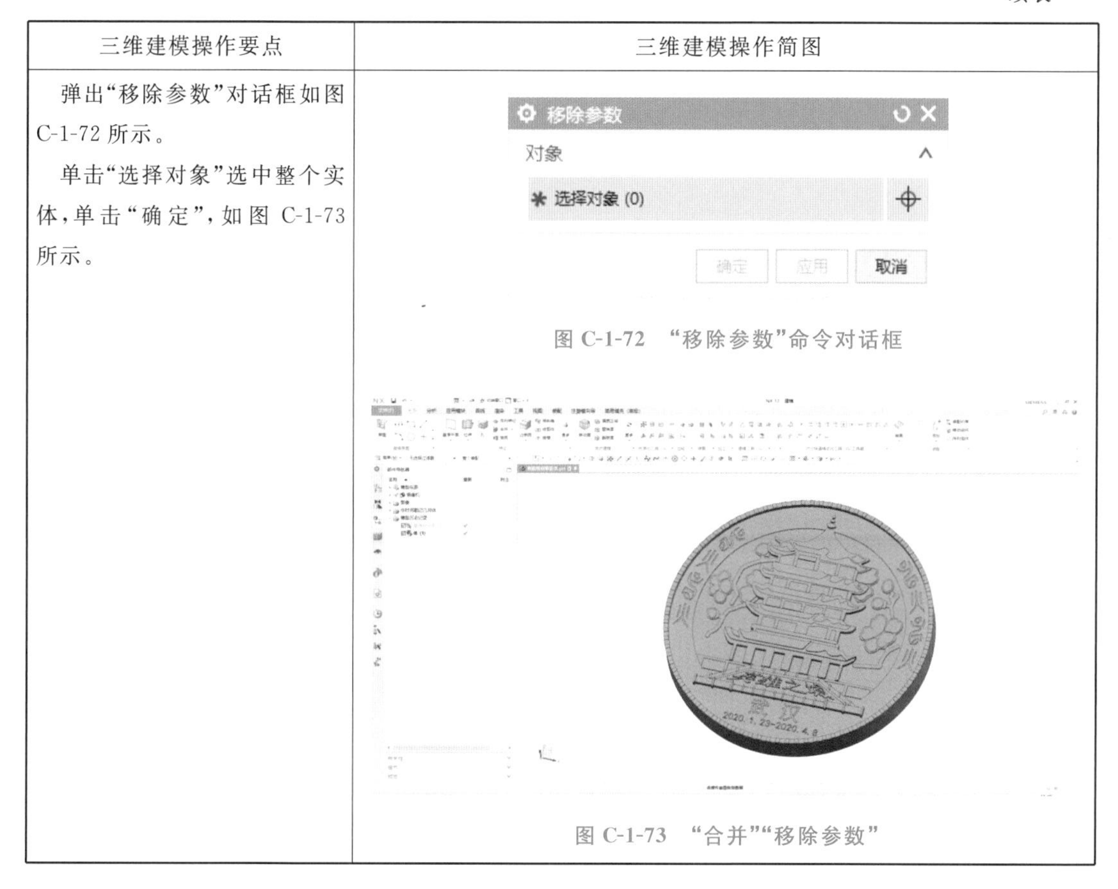<br>图 C-1-72 “移除参数”命令对话框<br>图 C-1-73 “合并”“移除参数” |

工作步骤 3 【任务评价】

| 项　　目 | 自 我 评 价 | | | 教 师 评 价 | | |
| --- | --- | --- | --- | --- | --- | --- |
| 草图 | □完成 | □基本完成 | □需要再学习 | □好 | □较好 | □一般 |
| 旋转增料 | □完成 | □基本完成 | □需要再学习 | □好 | □较好 | □一般 |
| 旋转除料 | □完成 | □基本完成 | □需要再学习 | □好 | □较好 | □一般 |
| 环形阵列 | □完成 | □基本完成 | □需要再学习 | □好 | □较好 | □一般 |
| 过渡 | □完成 | □基本完成 | □需要再学习 | □好 | □较好 | □一般 |
| 拉伸除料 | □完成 | □基本完成 | □需要再学习 | □好 | □较好 | □一般 |
| 绘图平面切换 | □完成 | □基本完成 | □需要再学习 | □好 | □较好 | □一般 |

## 任务小结

本任务综合运用了连续线、旋转、旋转阵列、拉伸、过渡及作图平面切换等功能的操作技巧；特别注意通过 F5、F6、F7 快捷键切换绘图平面，绘制旋转增料或旋转除料所需的空间旋转轴。

# 任务 C-2　工程图绘制

## 任务目标

根据图 C-2-1 所示的徽章模型，完成如图 C-2-2 所示徽章工程图绘制。

图 C-2-1　徽章模型

## 实施要点

通过标准视图、剖面图、分解、移动、尺寸、技术要求等功能，完成徽章的工程图绘制。

## 实施步骤

工作步骤 1：完成任务 C-2 的【创建基本视图】。

工作步骤 2：完成任务 C-2 的【创建剖面图】。

工作步骤 3：完成任务 C-2 的【创建轴测图】。

工作步骤 4：完成任务 C-2 的【调整视图】。

工作步骤 5：完成任务 C-2 的【创建徽章尺寸】。

工作步骤 6:完成任务 C-2 的【创建图幅】。

工作步骤 7:完成任务 C-2 的【创建技术要求】。

工作步骤 8:完成任务 C-2 的【任务评价】。

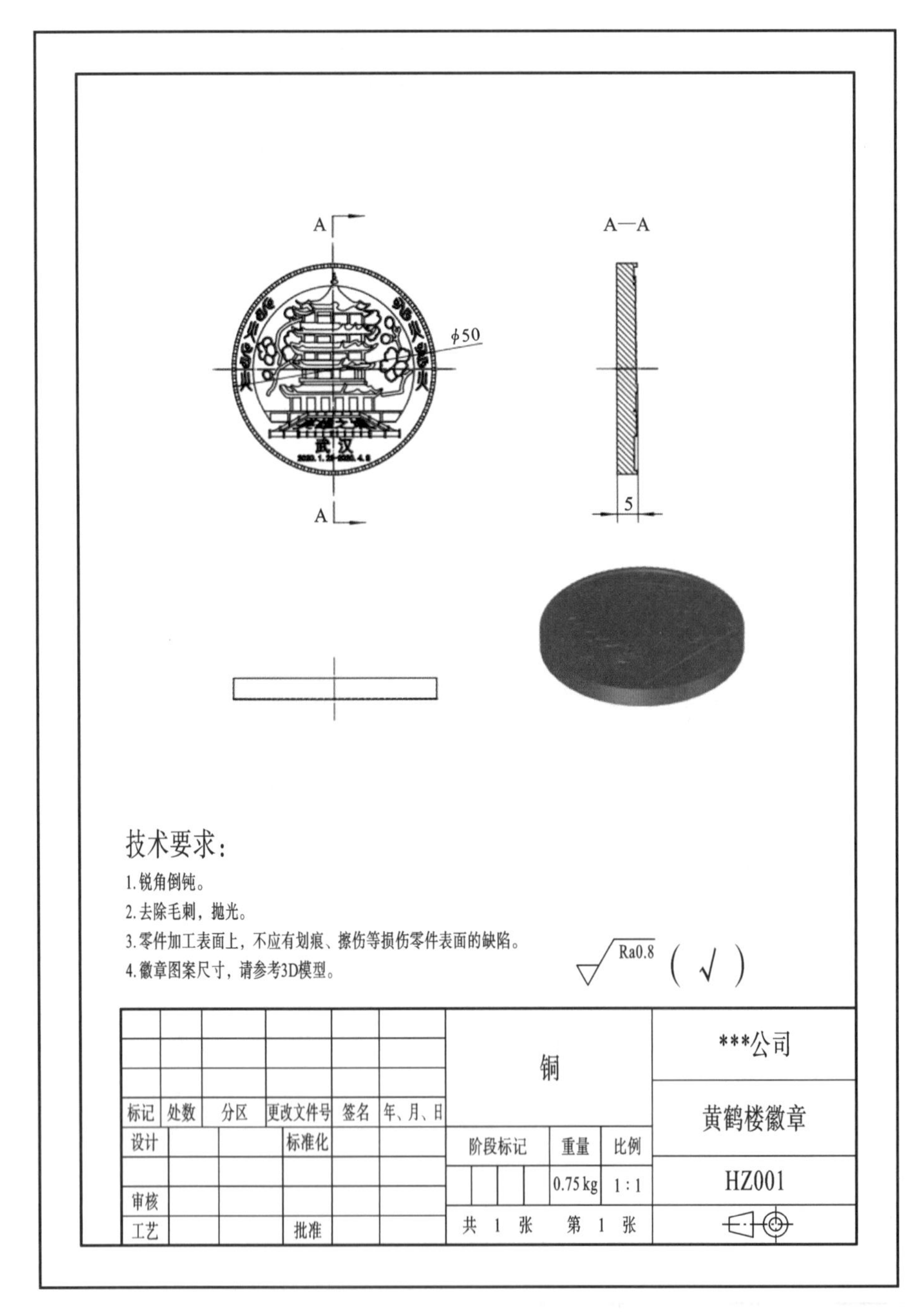


图 C-2-2　徽章工程图

## 实施过程

### 工作步骤 1 【创建基本视图】

创建基本视图的过程如表 C-2-1 所示。

表 C-2-1 创建基本视图的过程

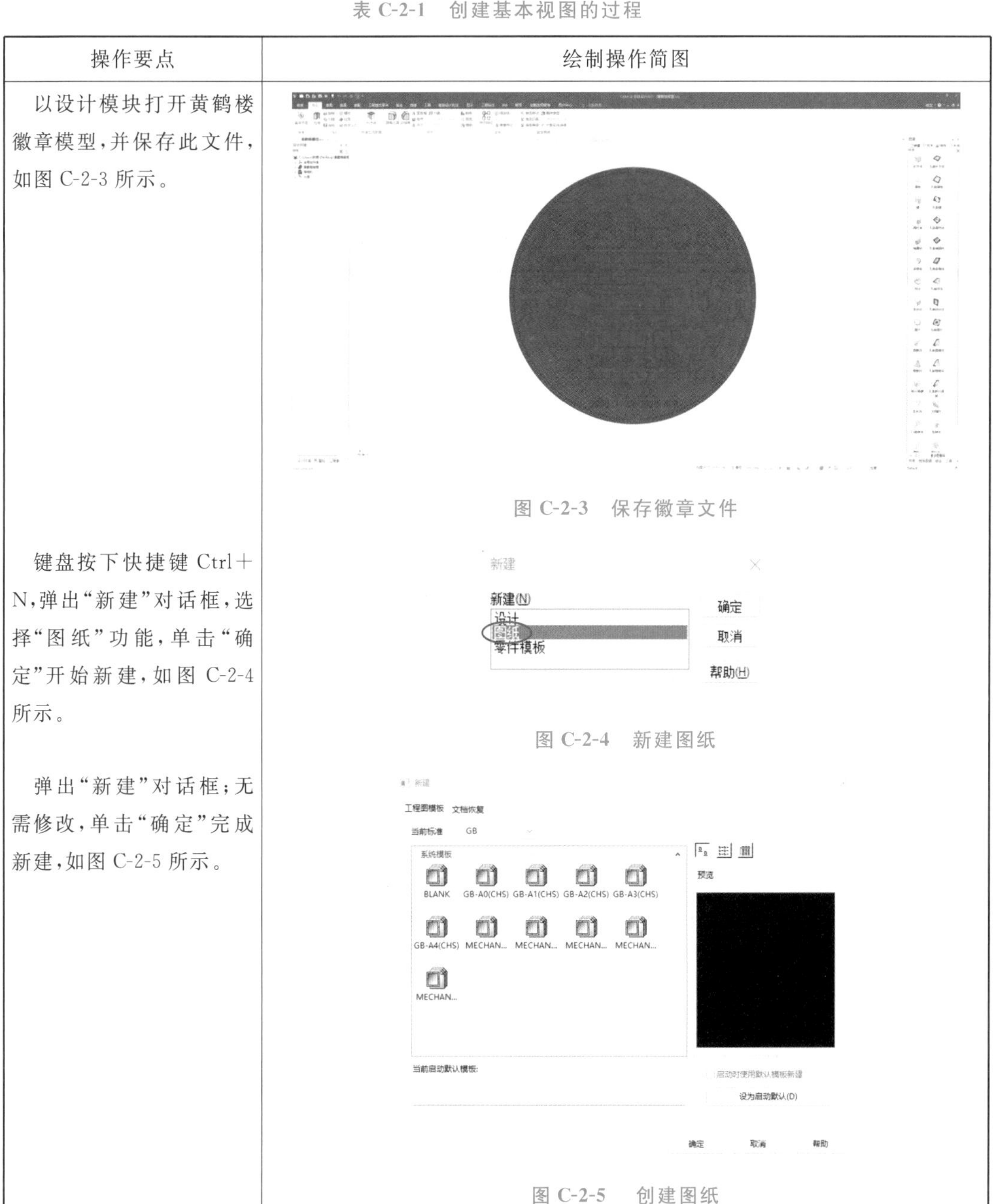

| 操作要点 | 绘制操作简图 |
| --- | --- |
| 以设计模块打开黄鹤楼徽章模型，并保存此文件，如图 C-2-3 所示。 | 图 C-2-3 保存徽章文件 |
| 键盘按下快捷键 Ctrl+N，弹出“新建”对话框，选择“图纸”功能，单击“确定”开始新建，如图 C-2-4 所示。 | 新建<br>新建(N)<br>设计<br>图纸<br>零件模板<br>确定<br>取消<br>帮助(H)<br>图 C-2-4 新建图纸 |
| 弹出“新建”对话框；无需修改，单击“确定”完成新建，如图 C-2-5 所示。 | 新建<br>工程图模板 文档恢复<br>当前标准 GB<br>系统模板<br>BLANK GB-A0(CHS) GB-A1(CHS) GB-A2(CHS) GB-A3(CHS)<br>GB-A4(CHS) MECHAN... MECHAN... MECHAN... MECHAN...<br>MECHAN...<br>预览<br>当前启动默认模板:<br>设为启动默认(D)<br>确定 取消 帮助<br>图 C-2-5 创建图纸 |

续表

<table>
<tr><th>操作要点</th><th>绘制操作简图</th></tr>
<tr><td>单击“视图生成”功能区→“标准视图”功能，如图C-2-6所示。</td><td>

图 C-2-6　“标准视图”功能

</td></tr>
<tr><td>弹出“标准视图输出”对话框：<br>通过中间部分箭头，将主视图调整至正对图案；<br>将“其他视图”中“主视图”和“俯视图”点选；<br>单击“确定”完成；<br>如图C-2-7所示。</td><td>

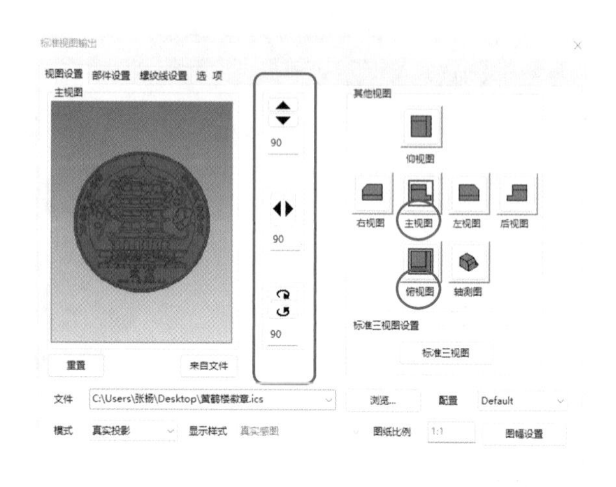


图 C-2-7　标准视图输出

</td></tr>
<tr><td>将标准视图以坐标原点进行放置，如图C-2-8所示。</td><td>

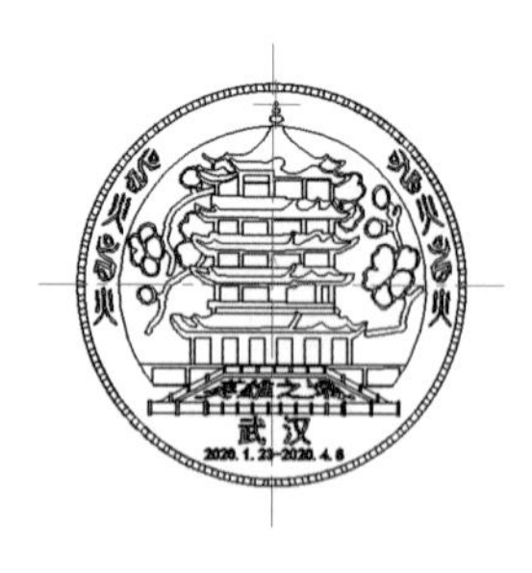


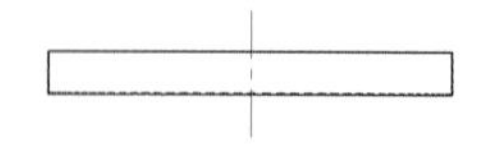

图 C-2-8　标准视图放置

</td></tr>
</table>

## 工作步骤 2 【创建剖面图】

创建剖面图的过程如表 C-2-2 所示。

表 C-2-2 创建剖视图的过程

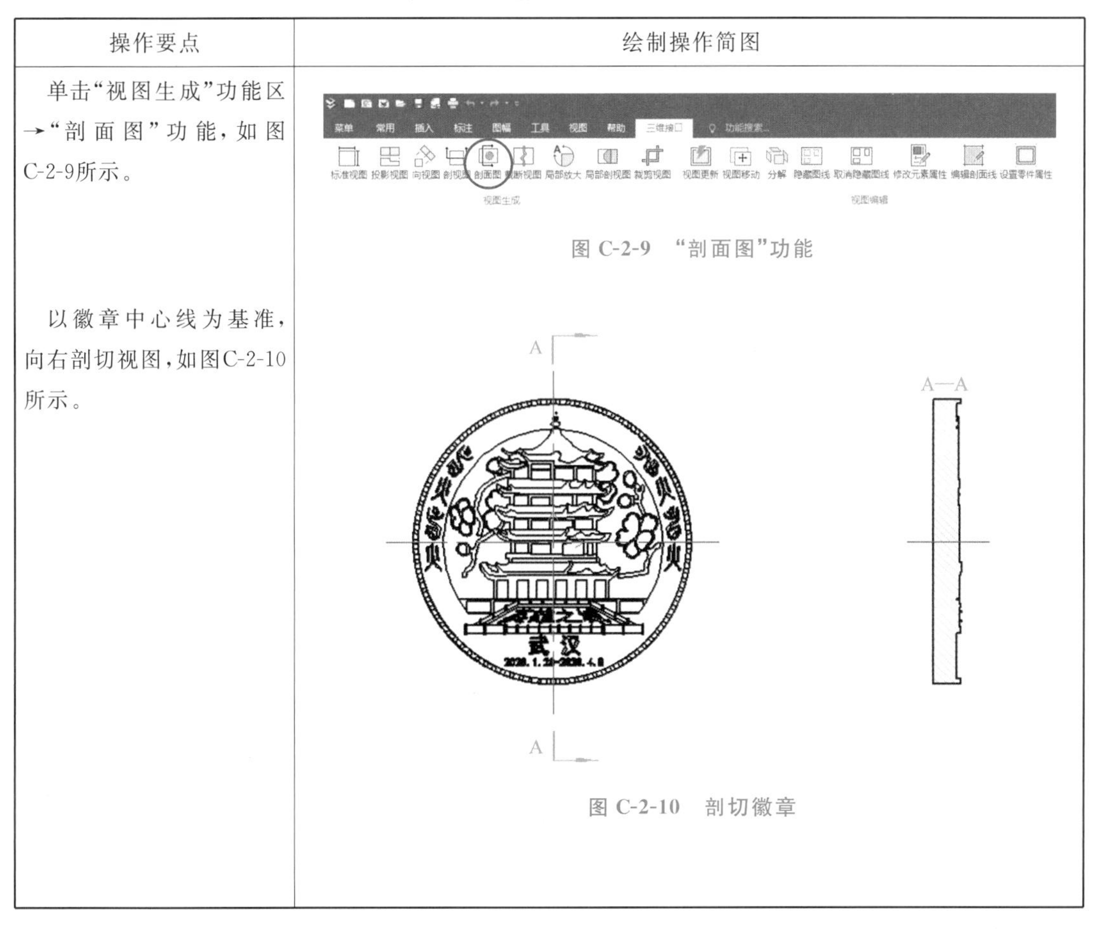

| 操作要点 | 绘制操作简图 |
| --- | --- |
| 单击“视图生成”功能区→“剖面图”功能，如图 C-2-9所示。 | 图 C-2-9 “剖面图”功能 |
| 以徽章中心线为基准，向右剖切视图，如图C-2-10所示。 | 图 C-2-10 剖切徽章 |

## 工作步骤 3 【创建轴测图】

创建轴测图的过程如表 C-2-3 所示。

表 C-2-3 创建轴测图的过程

| 操作要点 | 绘制操作简图 |
| --- | --- |
| 单击“视图生成”功能区→“标准视图”功能，如图 C-2-11 所示 | 图 C-2-11 “标准视图”功能 |

| 操作要点 | 绘制操作简图 |
| --- | --- |
| 弹出“标准视图输出”对话框：<br>将“其他视图”中“轴测图”点选；<br>将“模式”设置为快速投影；<br>单击“确定”完成，如图 C-2-12 所示。 | 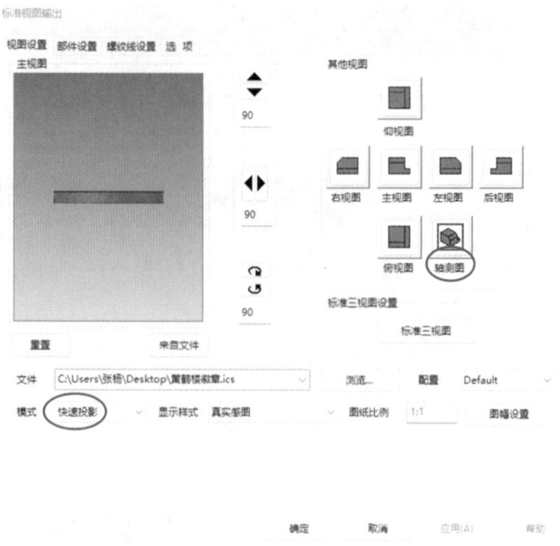 图 C-2-12　轴测图输出 |
| 将轴测图放置在视图右下角，如图 C-2-13 所示。 | 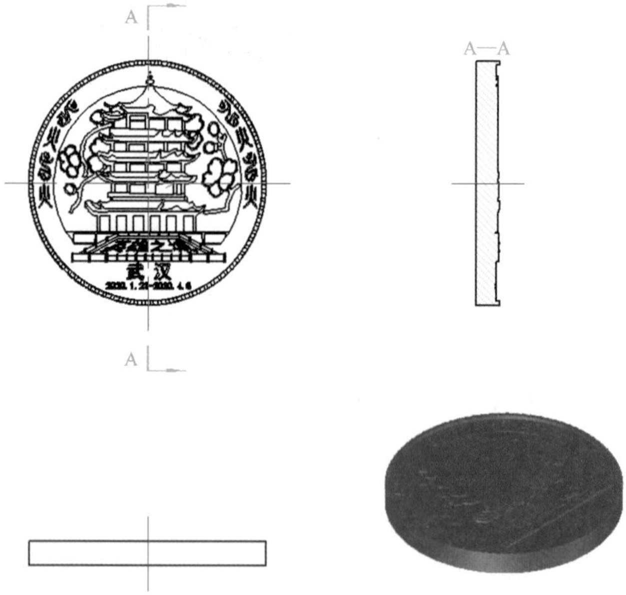 图 C-2-13　轴测图放置位置 |

工作步骤 4　【调整视图】

调整视图的过程如表 C-2-4 所示。

表 C-2-4 调整视图的过程

<table>
<tr><th>操作要点</th><th>绘制操作简图</th></tr>
<tr><td>选中主视图、剖视图和剖切箭头，如图 C-2-14 所示。</td><td>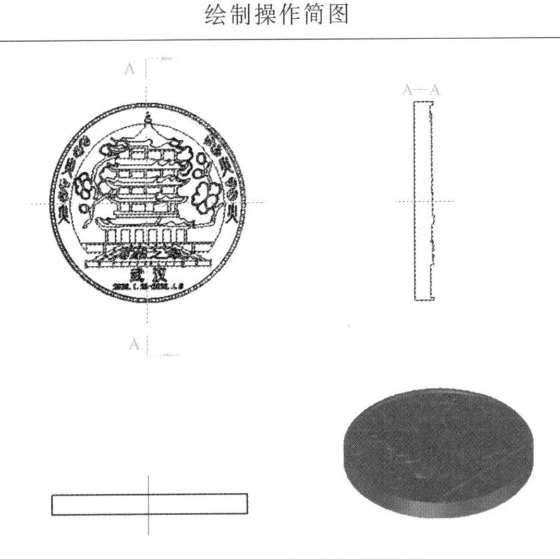

图 C-2-14 选中需分解视图</td></tr>
<tr><td>单击“视图编辑”功能区→“分解”功能，完成视图分解；如图 C-2-15 所示。</td><td>

图 C-2-15 “分解”功能</td></tr>
<tr><td>单击“常用”选项卡→“修改”功能区→“平移”功能，如图 C-2-16 所示；对图纸中不合理位置进行位移。</td><td>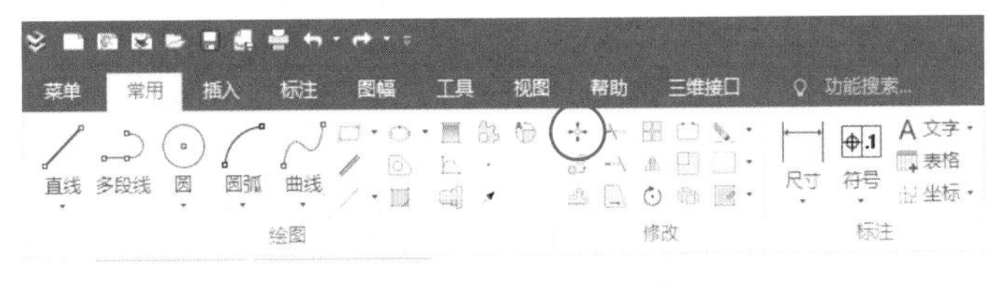

图 C-2-16 “平移”功能</td></tr>
<tr><td>使用键盘 Delete，删除多余的线条，如图 C-2-17 所示。</td><td>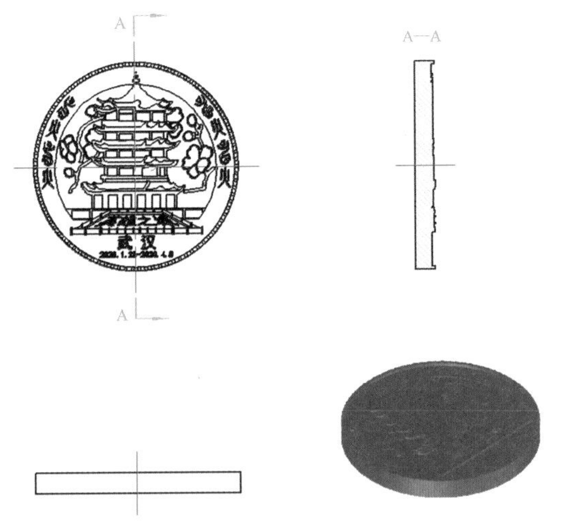

图 C-2-17 修改后的图纸</td></tr>
</table>

### 工作步骤 5 【创建徽章尺寸】

创建徽章尺寸的过程如表 C-2-5 所示。

表 C-2-5　创建徽章尺寸的过程

| 操作要点 | 绘制操作简图 |
| --- | --- |
| 单击“标注”功能区→“尺寸”功能，如图 C-2-18 所示。 | 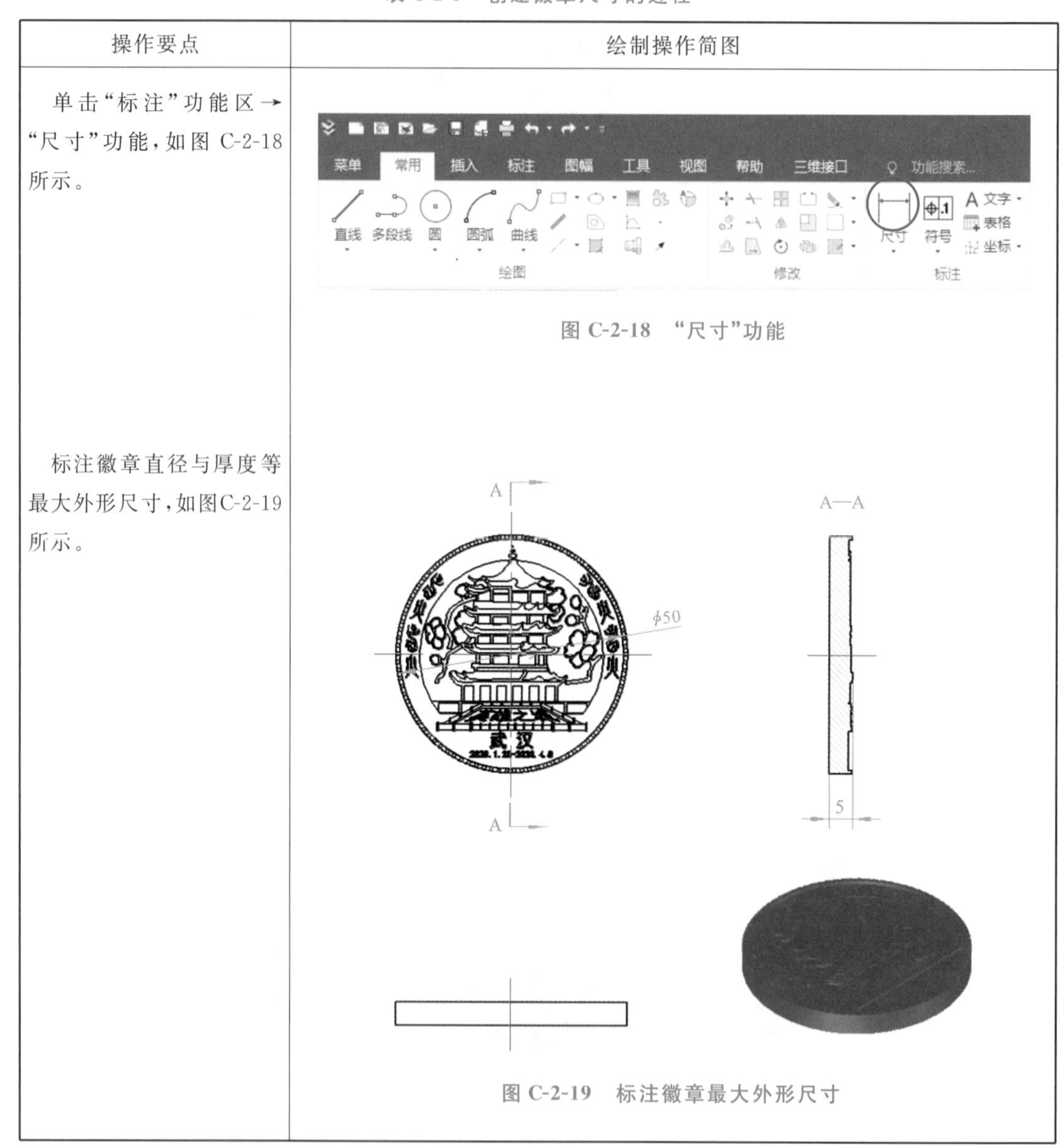<br><br>图 C-2-18　“尺寸”功能 |
| 标注徽章直径与厚度等最大外形尺寸，如图C-2-19所示。 | 图 C-2-19　标注徽章最大外形尺寸 |

### 工作步骤 6 【创建图幅】

创建图幅的过程如表 C-2-6 所示。

表 C-2-6　创建图幅的过程

| 操作要点 | 绘制操作简图 |
| --- | --- |
| 单击“图幅”选项卡→“图幅”功能区→“图幅设置”功能，如图 C-2-20 所示。 | 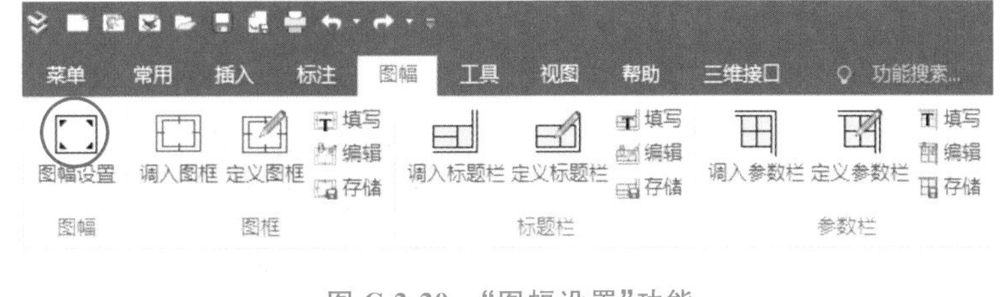<br>图 C-2-20　“图幅设置”功能 |
| 弹出“图幅设置”对话框：<br>将“标题栏”设置为 GB-A(CHS)；<br>单击“确定”完成，如图 C-2-21 所示。 | 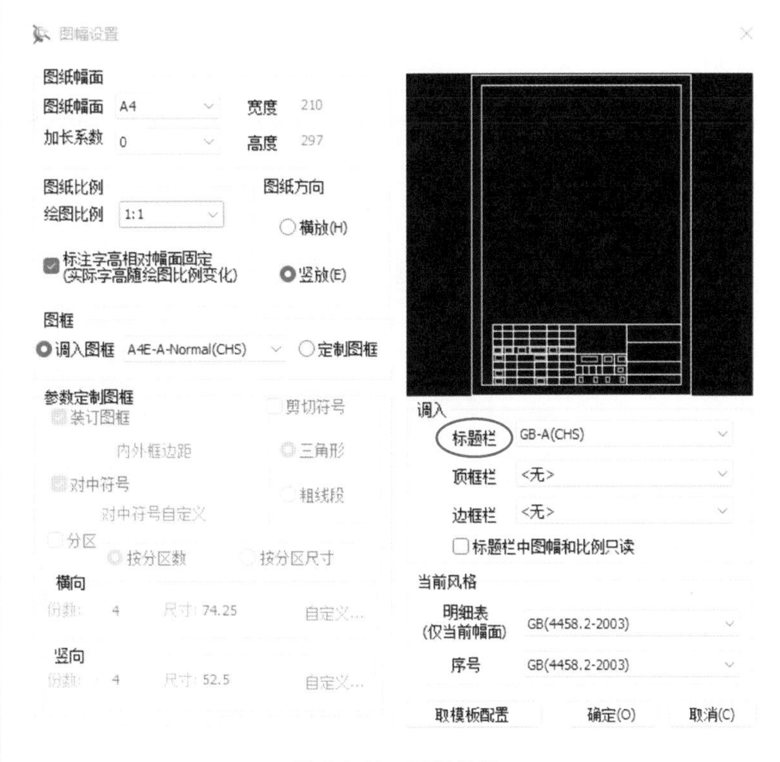<br>图 C-2-21　图幅设置 |
| 单击“常用”选项卡→“修改”功能区→“平移”功能，如图 C-2-22 所示； | 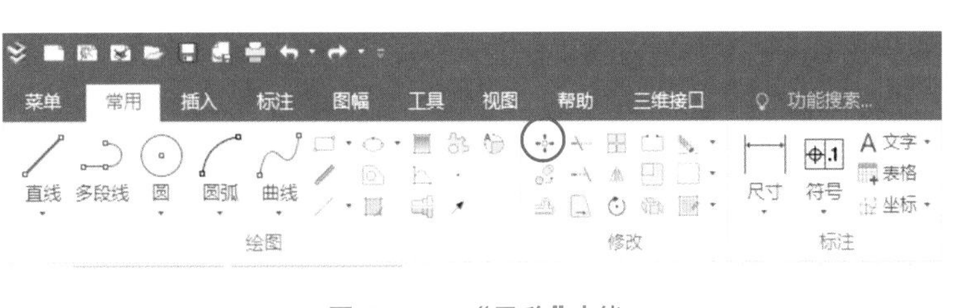<br>图 C-2-22　“平移”功能 |

续表

<table>
<tr><th>操作要点</th><th>绘制操作简图</th></tr>
<tr><td>移动图幅至合适的位置，如图 C-2-23 所示。</td><td>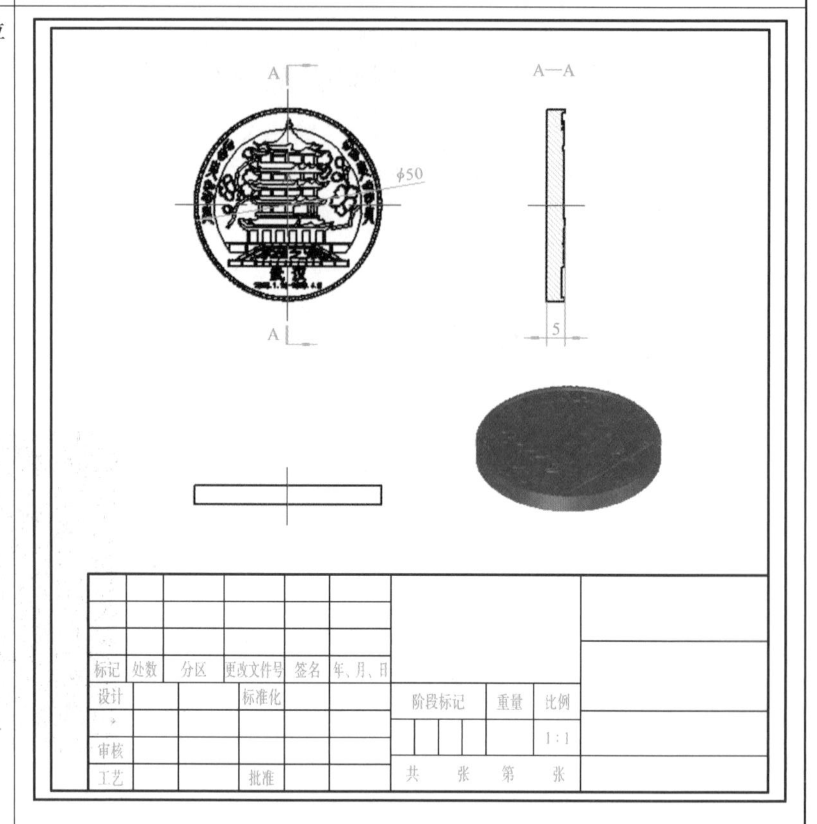

图 C-2-23　图幅放置的位置</td></tr>
<tr><td>双击标题栏，弹出“填写标题栏”对话框：<br>将“单位名称”设置为＊＊＊公司；<br>将“图纸名称”设置为黄鹤楼徽章；<br>将“图纸编号”设置为 HZ001；<br>将“材料名称”设置为铜；<br>将“重量”设置为 0.75 kg；<br>将“页码”和“页数”设置为 1；<br>单击“确定”完成填写，如图 C-2-24 所示。</td><td>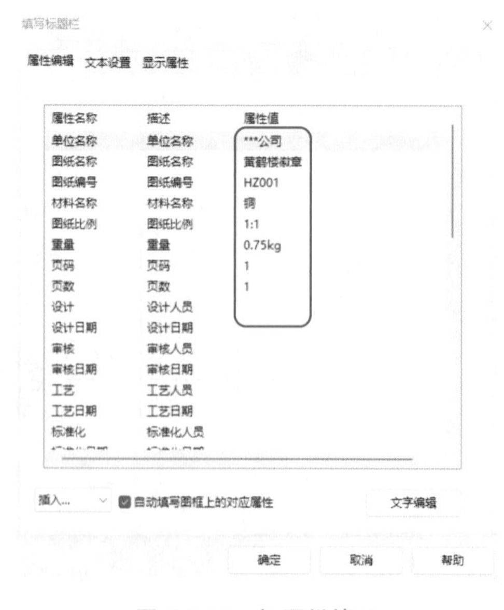

图 C-2-24　标题栏填写</td></tr>
</table>

续表

| 操作要点 | 绘制操作简图 |
| --- | --- |
| 在标题栏右下角绘制第一视角符号，如图 C-2-25 所示。 | 图 C-2-25　第一视角符号 |

工作步骤 7　【创建技术要求】

创建技术要求的过程如表 C-2-7 所示。

表 C-2-7　创建技术要求的过程

| 操作要点 | 绘制操作简图 |
| --- | --- |
| 单击“标注”选项卡→“文字”功能区→“技术要求”功能，如图 C-2-26 所示。 | <br>图 C-2-26　“技术要求”功能 |
| 弹出“技术要求库”对话框，填写技术要求如下：<br>1. 锐角倒钝。<br>2. 去除毛刺，抛光。<br>3. 零件加工表面上，不应有划痕、擦伤等损伤零件表面的缺陷。<br>4. 徽章图案尺寸，请参考 3D 模型。如图 C-2-27 所示。 | 图 C-2-27　技术要求填写 |

<table>
<tr><th>操作要点</th><th>绘制操作简图</th></tr>
<tr><td>单击“生成”技术要求，将技术要求放置在空白区域，如图 C-2-28 所示。</td><td>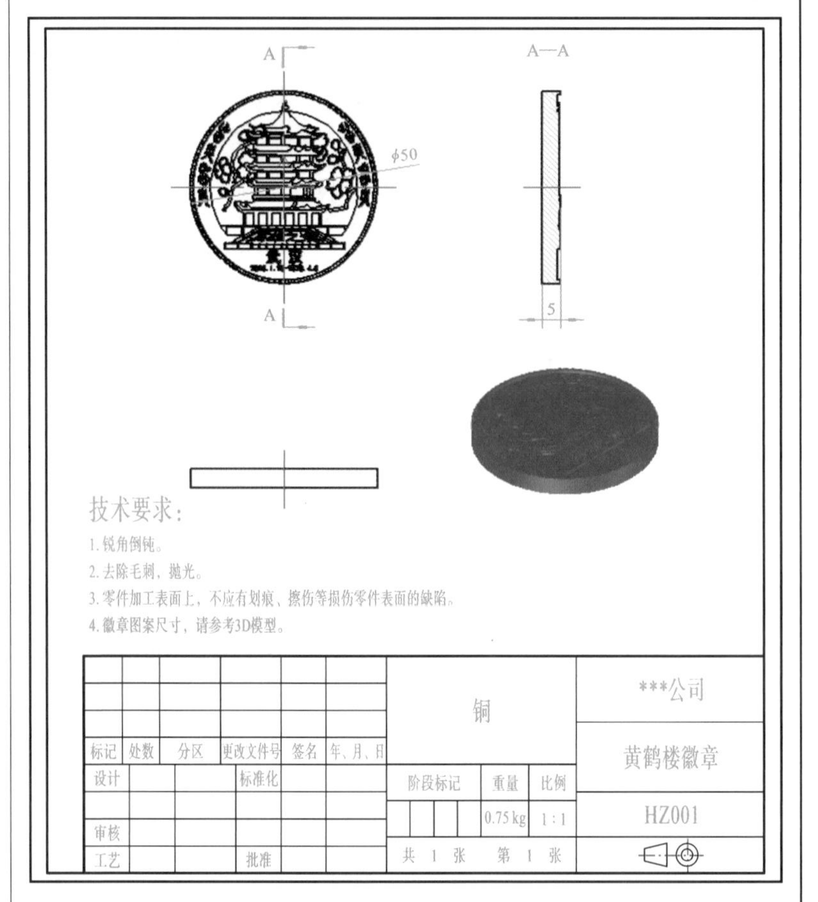

图 C-2-28　放置技术要求</td></tr>
<tr><td>单击“符号”功能区→“粗糙度”功能，如图C-2-29所示。</td><td>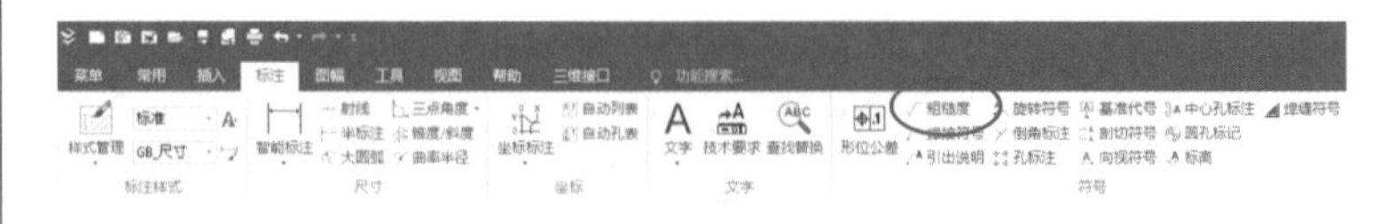
图 C-2-29　“粗糙度”功能</td></tr>
</table>

续表

| 操作要点 | 绘制操作简图 |
| --- | --- |
| 键盘按下 Alt+1，弹出“表面粗糙度”对话框：<br>将“下限值”清空；<br>将横线下方填写 Ra0.8，如图 C-2-30 所示。 | <br><br>图 C-2-30　表面粗糙度设置 |
| 单击“确定”，将表面粗糙度符号放置在空白区域，如图 C-2-31 所示。 | 技术要求：<br>1. 锐角倒钝。<br>2. 去除毛刺，抛光。<br>3. 零件加工表面上，不应有划痕、擦伤等损伤零件表面的缺陷。<br>4. 徽章图案尺寸，请参考3D模型。<br><br><br>图 C-2-31　表面粗糙度符号放置位置 |
| 单击“文字”功能区→“文字”功能，如图 C-2-32 所示。 | 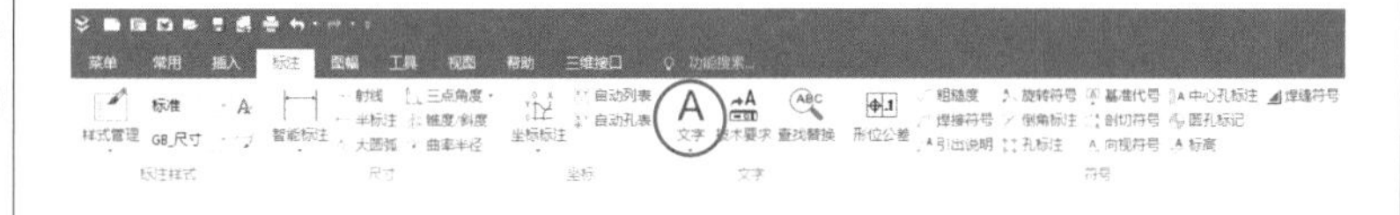<br>图 C-2-32　“文字”功能 |
| 在空白处双击确定文字放置位置，如图 C-2-33 所示。 | 技术要求：<br>1. 锐角倒钝。<br>2. 去除毛刺，抛光。<br>3. 零件加工表面上，不应有划痕、擦伤等损伤零件表面的缺陷。<br>4. 徽章图案尺寸，请参考3D模型。<br><br><br>图 C-2-33　文字放置位置 |
| 弹出“文本编辑器”对话框：<br>将“文字高度”设置为 10；<br>下方输入符号(√)；<br>点击“确定”完成；<br>如图 C-2-34 所示。 | <br><br>图 C-2-34　符号输入 |

续表

| 操作要点 | 绘制操作简图 |
|---|---|
| 完成黄鹤楼徽章工程图绘制，如图 C-2-35 所示。 | 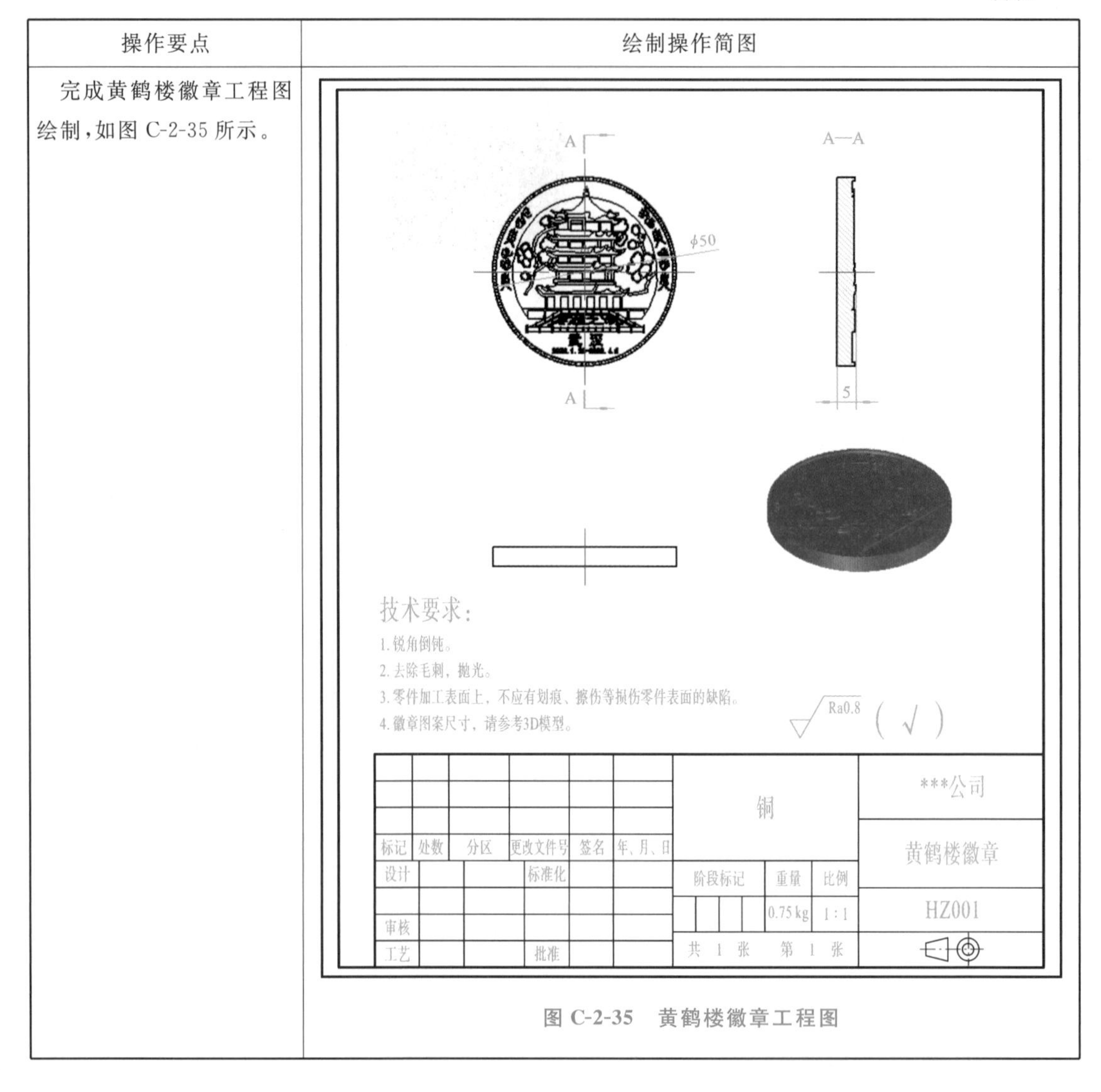<br>图 C-2-35　黄鹤楼徽章工程图 |

工作步骤 8 【任务评价】

| 项　　目 | 自 我 评 价 | | | 教 师 评 价 | | |
|---|---|---|---|---|---|---|
| 基本视图创建 | □完成 | □基本完成 | □需要再学习 | □好 | □较好 | □一般 |
| 剖面图创建 | □完成 | □基本完成 | □需要再学习 | □好 | □较好 | □一般 |
| 尺寸标注 | □完成 | □基本完成 | □需要再学习 | □好 | □较好 | □一般 |
| 图幅创建 | □完成 | □基本完成 | □需要再学习 | □好 | □较好 | □一般 |
| 标题栏填写 | □完成 | □基本完成 | □需要再学习 | □好 | □较好 | □一般 |
| 技术要求填写 | □完成 | □基本完成 | □需要再学习 | □好 | □较好 | □一般 |

## 任务小结

本任务综合运用了标准视图、剖面图、移动、分解、图框设置、尺寸、技术要求等功能，完成了一幅徽章的工程图。由于徽章图案是由不规则线条组成，无法对其进行标注，只能在技术要求中以“参考 3D 模型”的方式进行表达。

# 任务 C-3　徽章数控加工制作

## 任务目标

根据图 C-3-1 所示的徽章模型，完成如图 C-3-2 所示徽章的加工。

图 C-3-1　徽章模型

图 C-3-2　徽章刀路仿真

## 实施要点



通过刀具、提取曲面、平面区域粗加工、扫描线精加工、实体仿真、后置处理等功能，完成徽章的刀路设计。

## 实施步骤

工作步骤 1：完成任务 C-3 的【加工准备】。
工作步骤 2：完成任务 C-3 的【加工工艺】。
工作步骤 3：完成任务 C-3 的【轨迹生成】。
工作步骤 4：完成任务 C-3 的【仿真加工】。
工作步骤 5：完成任务 C-3 的【后置处理】。
工作步骤 6：完成任务 C-3 的【机床操作】。
工作步骤 7：完成任务 C-3 的【任务评价】。

## 实施过程

### 工作步骤 1 【加工准备】

徽章加工准备如表 C-3-1 所示。

表 C-3-1 徽章加工准备表

<table>
<tr><td>序号</td><td>项目</td><td colspan="7">内　　容</td></tr>
<tr><td>1</td><td>毛坯</td><td colspan="7">$\phi$50 mm×5 mm　黄铜</td></tr>
<tr><td rowspan="6">2</td><td rowspan="6">刀具</td><td>序号</td><td>名称</td><td>规格</td><td>主轴转速 (r/min)</td><td>切削速度 (r/min)</td><td>背吃刀量 (mm)</td><td>侧吃刀量 (mm)</td></tr>
<tr><td>1</td><td>立铣刀</td><td>$\Phi$10</td><td>5000</td><td>1000</td><td>2</td><td>5</td></tr>
<tr><td>2</td><td>球刀</td><td>$\Phi$4R2</td><td>8000</td><td>3000</td><td>1</td><td>0.25</td></tr>
<tr><td>3</td><td>球刀</td><td>$\Phi$2R1</td><td>8000</td><td>2500</td><td>0.1</td><td>0.15</td></tr>
<tr><td>4</td><td>球刀</td><td>$\Phi$1R0.5</td><td>8000</td><td>2000</td><td>0.1</td><td>0.12</td></tr>
<tr><td>5</td><td>雕刻刀</td><td>$\Phi$0.2</td><td>9000</td><td>1200</td><td>0.05</td><td>0.05</td></tr>
<tr><td>3</td><td>机床</td><td colspan="7">XK713 数控铣床</td></tr>
<tr><td>4</td><td>夹具</td><td colspan="7">液压虎钳</td></tr>
<tr><td>5</td><td>量具</td><td colspan="7">深度游标卡尺</td></tr>
<tr><td>6</td><td>辅具</td><td colspan="7">刀柄、扳手等</td></tr>
</table>

### 工作步骤 2 【加工工艺】

徽章加工工艺如表 C-3-2 所示。

表 C-3-2　徽章加工工艺

| 工序名称及内容 | 工序简图 |
| --- | --- |
| （1）铣削软钳口<br>用安装软钳口液压虎钳装夹 30 mm 宽垫块，如图 C-3-3 所示。<br>软钳口坐标系的 X、Y 轴设置在正中间的位置，Z 轴设置在软钳口表面。<br>铣削软钳口，铣削直径为 50 mm，铣削深度为 2 mm。<br>策略：平面区域粗加工。<br>刀具：Φ10 立铣刀。 | 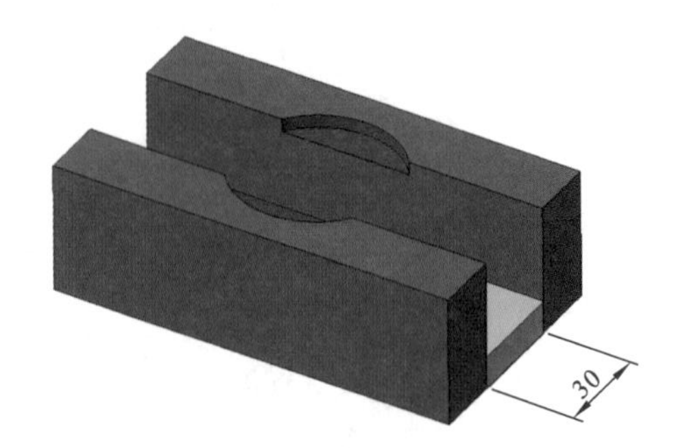<br><br>图 C-3-3　软钳口 |
| （2）粗加工<br>松开虎钳并抽出垫块，将毛坯放在软钳口位置并夹紧，此时毛坯表面与软钳口表面相差 1 mm，在机床面板的外部零点偏置处将 Z 值抬高 1 mm，如图 C-3-4 所示。<br>策略：扫描线粗加工<br>刀具：Φ4*R*2 球刀。 | <br>图 C-3-4　粗加工 |
| （3）半精加工<br>半精加工如图 C-3-5 所示。<br>策略：扫描线半精加工。<br>刀具：Φ2R1 球刀。 | <br>图 C-3-5　半精加工 |

续表

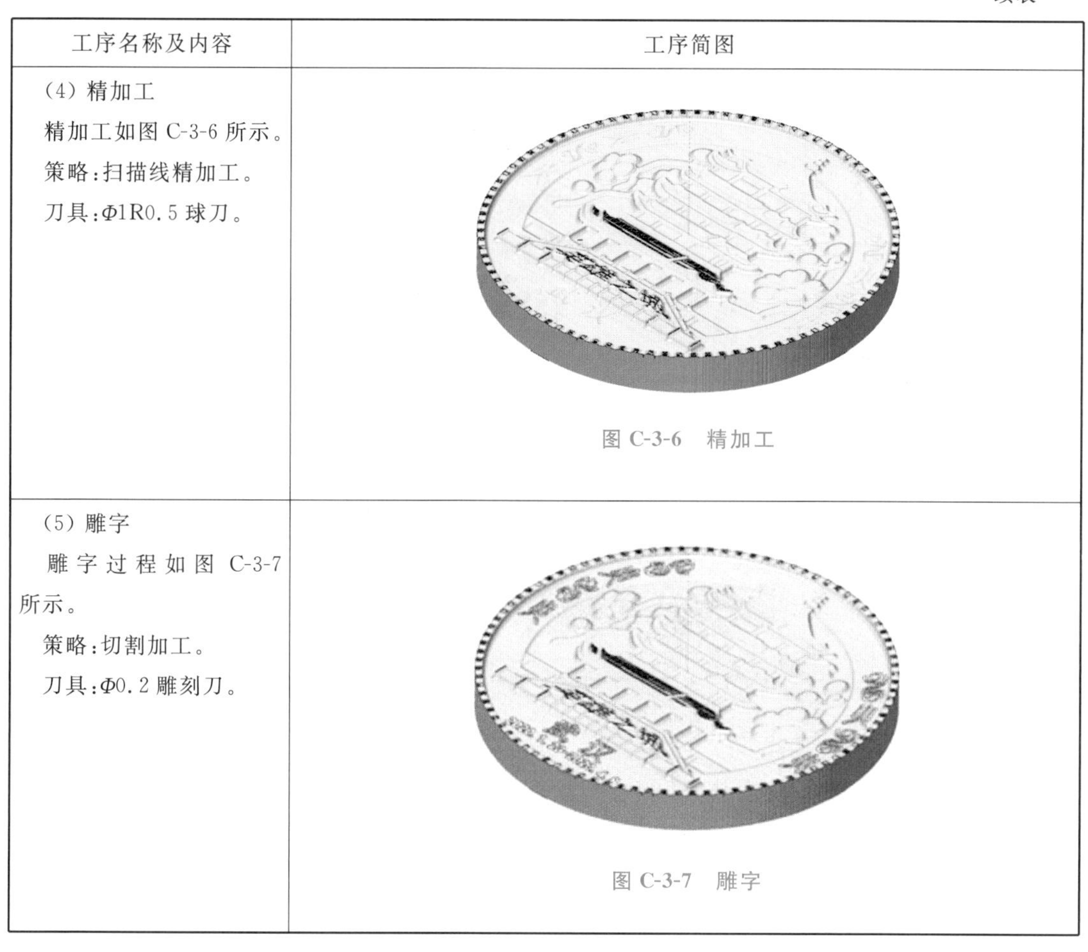

| 工序名称及内容 | 工序简图 |
| --- | --- |
| (4) 精加工<br>精加工如图 C-3-6 所示。<br>策略:扫描线精加工。<br>刀具:Φ1R0.5 球刀。 | 图 C-3-6　精加工 |
| (5) 雕字<br>雕字过程如图 C-3-7 所示。<br>策略:切割加工。<br>刀具:Φ0.2 雕刻刀。 | 图 C-3-7　雕字 |

## 工作步骤 3 【轨迹生成】

徽章的三维建模操作如表 C-3-3 所示。

表 C-3-3　徽章的三维建模操作

| 轨迹生成操作要点 | 轨迹生成操作简图 |
| --- | --- |
| (1) 创建坐标系<br>单击“制造”选项卡→“创建”功能区→“坐标系”功能,如图 C-3-8 所示。 | 图 C-3-8　“坐标系”功能 |

续表

| 轨迹生成操作要点 | 轨迹生成操作简图 |
| --- | --- |
| 弹出“编辑坐标系”对话框：<br>将“点”设置到圆料底面圆心处；<br>将“Z”设置为 2；<br>单击“确定”完成，如图 C-3-9 所示。 | 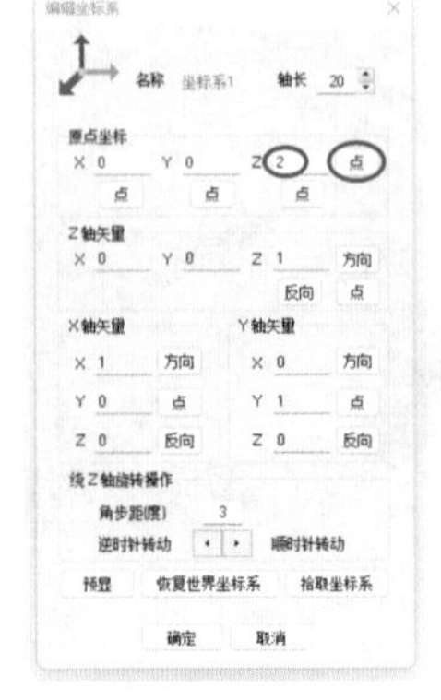 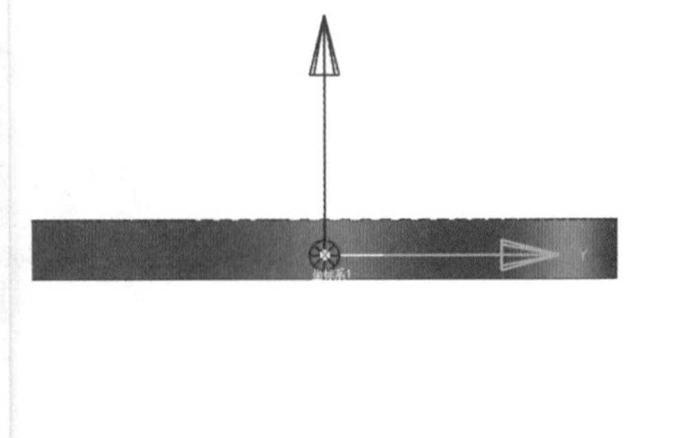<br>图 C-3-9　坐标系的设置 |
| （2）创建刀具<br>单击“创建”功能区→“刀具”功能，如图 C-3-10 所示。 | <br>图 C-3-10　“刀具”功能 |
| 弹出“创建刀具”对话框：<br>将“类型”设置为立铣刀；<br>将“直径”设置为 10；<br>将“刀具号”、“半径补偿号”、“长度补偿号”设置为 1；<br>“速度参数”根据“徽章加工准备表”进行设置；<br>单击“入库”完成，如图 C-3-11 所示。<br>根据“徽章加工准备表”完成其他刀具的设置。 | 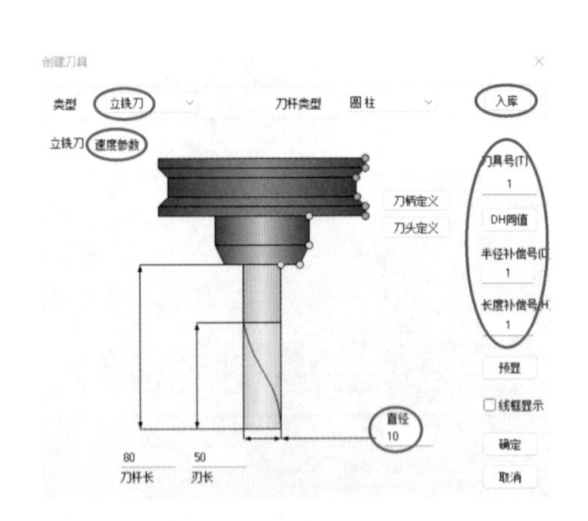<br>图 C-3-11　刀具的创建 |
| （3）创建毛坯<br>单击“创建”功能区→“毛坯”功能，如图 C-3-12 所示。 | <br>图 C-3-12　“毛坯”功能 |

<table>
<tr><th>轨迹生成操作要点</th><th>轨迹生成操作简图</th></tr>
<tr><td>弹出“创建毛坯”对话框：<br>将类型设置为“圆柱体”；<br>将“底面中心点”设置为圆柱底面，即X、Y、Z均设置为0；<br>将“高度”设置为5，“半径”设置为25；<br>单击“确定”完成，如图C-3-13所示。</td><td>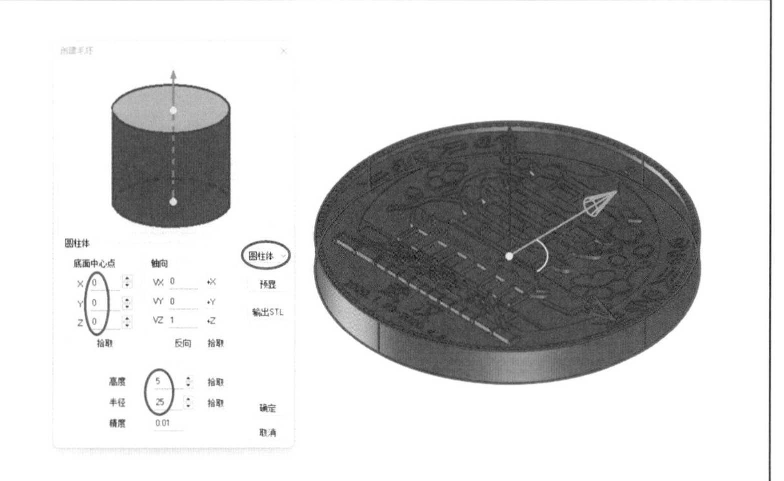<br>图 C-3-13　创建圆柱毛坯</td></tr>
<tr><td>(4) 铣削软钳口<br>单击“二轴”功能区→“平面区域粗加工2”功能，如图C-3-14所示。<br><br>弹出“创建;平面区域粗加工2”对话框，单击“加工参数”选项卡：<br>将“加工方式”设置为单向；<br>将“走刀方式”设置为环切；<br>将“加工余量”设置为0；<br>将“加工精度”设置为0.01；<br>将“底层高度”设置为−2；<br>将“层数”设置为1；<br>将“行距”设置为5；<br>如图C-3-15所示。</td><td>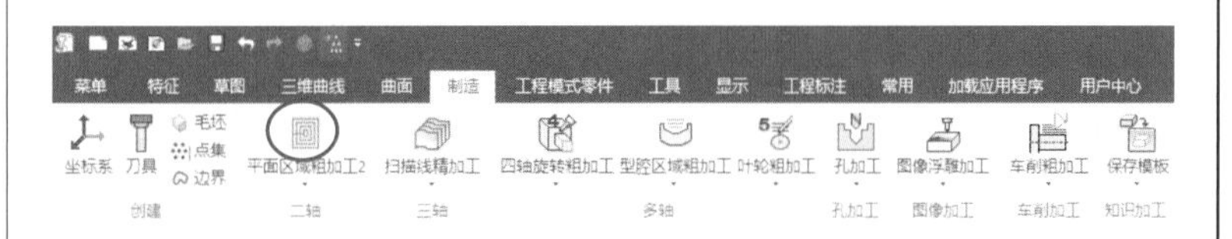<br>图 C-3-14　“平面区域粗加工2”功能<br><br>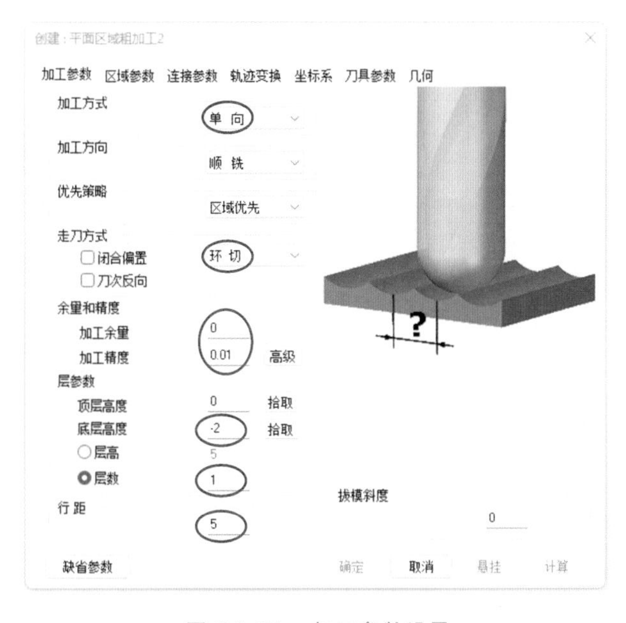<br>图 C-3-15　加工参数设置</td></tr>
</table>

续表

| 轨迹生成操作要点 | 轨迹生成操作简图 |
| --- | --- |
| 单击“连接参数”选项卡，单击“连接方式”子选项卡，将“接近”中的“加下刀”勾选；<br>单击“下刀方式”子选项卡，将“倾斜角（与XY平面）”设置为1.5；<br>如图C-3-16所示。 | 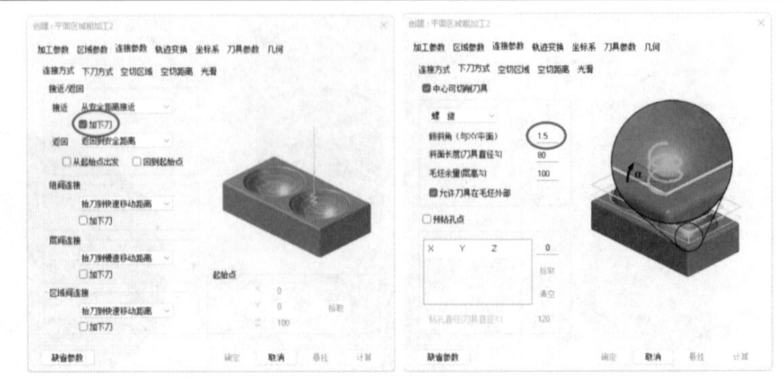<br>图 C-3-16　连接参数设置 |
| 单击“刀具参数”选项卡，单击“刀库”命令，选择1号Φ10立铣刀，如图C-3-17所示。 | 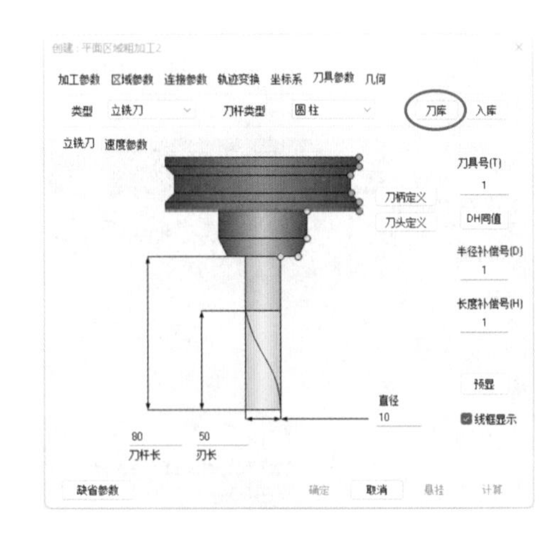<br>图 C-3-17　刀具的选择 |
| 单击“几何”选项卡：<br>将“加工区域类型”设置为封闭区域；<br>单击“加工区域”命令；<br>如图C-3-18所示。 | 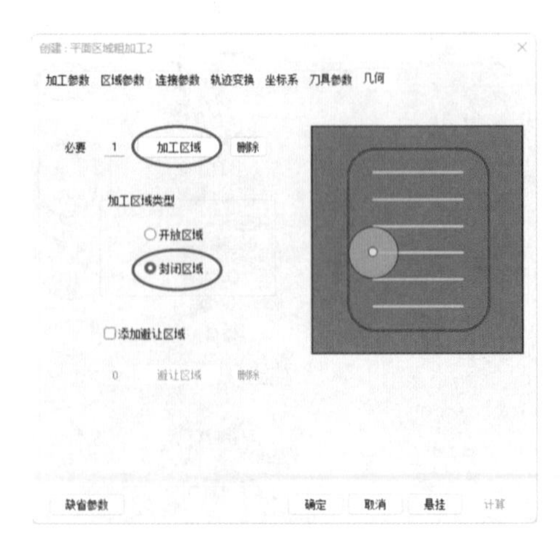<br>图 C-3-18　几何的设置 |

续表

| 轨迹生成操作要点 | 轨迹生成操作简图 |
| --- | --- |
| 弹出“轮廓拾取工具”对话框：<br>以“零件上的边”的类型，选择圆柱底面轮廓；<br>如图 C-3-19 所示。<br><br>单击“确定”完成，生成刀轨，如图 C-3-20 所示。 | 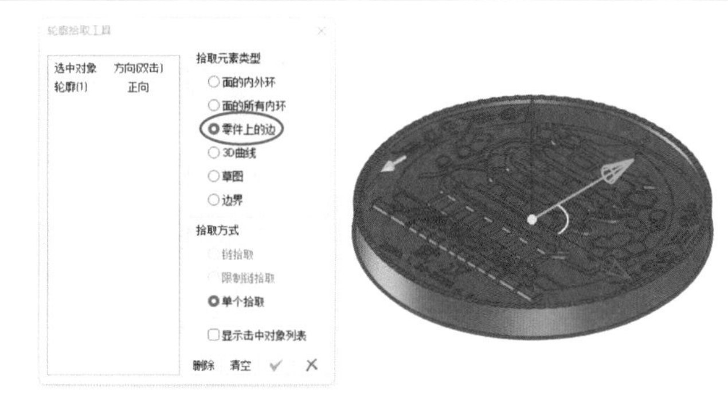<br>图 C-3-19　加工区域的选择<br>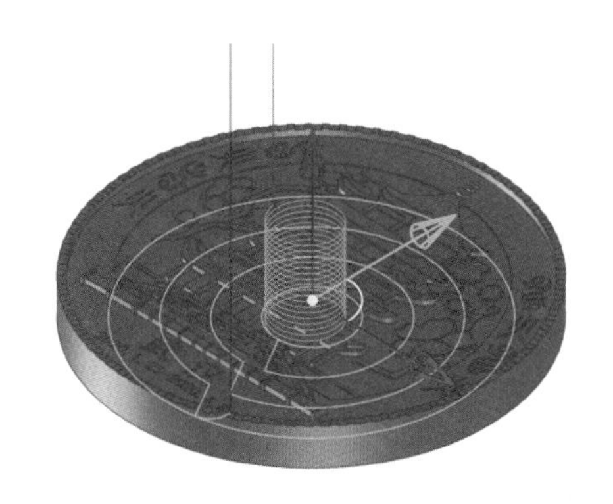<br>图 C-3-20　铣削软钳口刀轨 |
| (5) 提取加工平面<br>单击“曲面”选项卡→“曲面”功能区→“提取曲面”功能，如图 C-3-21 所示。<br><br>弹出“提取曲面”对话栏：<br>框选零件顶部图案面；<br>如图 C-3-22 所示。 | 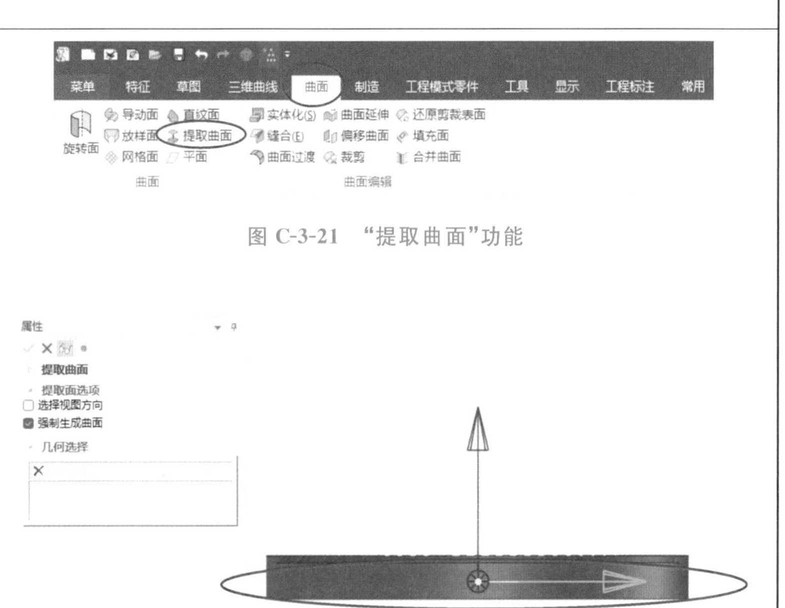<br>图 C-3-21　“提取曲面”功能<br>图 C-3-22　提取零件表面 |

<table>
<tr><th>轨迹生成操作要点</th><th>轨迹生成操作简图</th></tr>
<tr><td>单击‘√’完成，得到曲面，如图 C-3-23 所示。</td><td>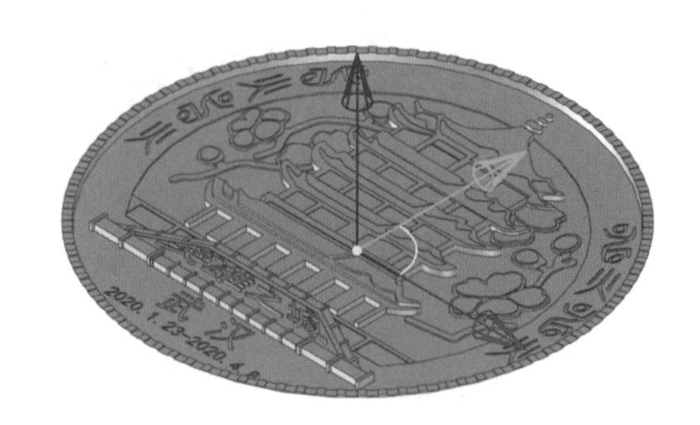<br>图 C-3-23　提取的曲面</td></tr>
<tr><td>（6）粗加工<br>单击“制造”选项卡→“三轴”功能区→“扫描线精加工”功能，如图 C-3-24 所示。<br><br>弹出“创建：扫描线精加工”对话框：<br>将“加工方式”设置为往复；<br>将“余量类型”设置为径轴向余量；<br>将“轴向余量”设置为 0.1；<br>将“加工精度”设置为 0.01；<br>将“最大行距”设置为 0.25；<br>如图 C-3-25 所示。</td><td>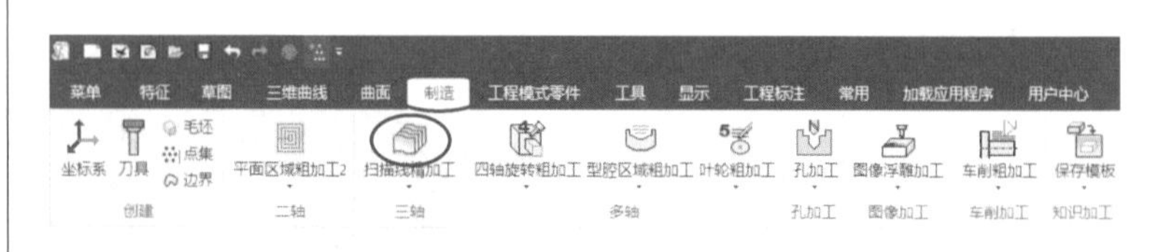<br><br>图 C-3-24　“扫描线精加工”功能<br><br>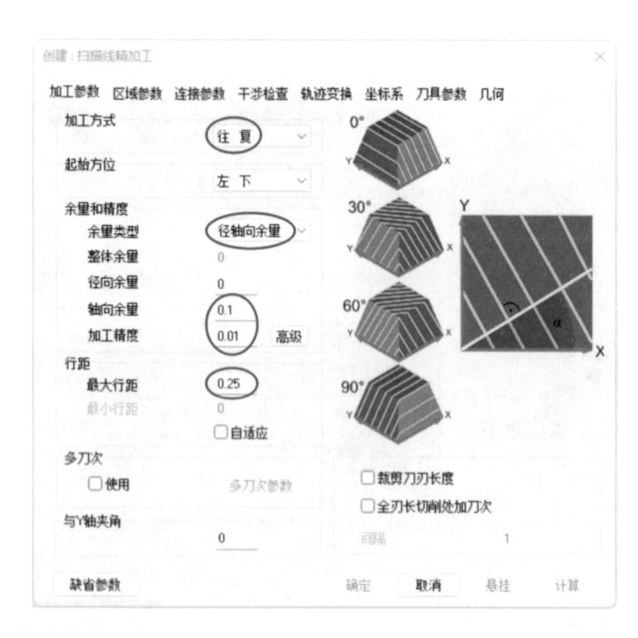<br><br>图 C-3-25　加工参数设置</td></tr>
</table>

续表

<table>
<tr><th>轨迹生成操作要点</th><th>轨迹生成操作简图</th></tr>
<tr><td>单击“连接参数”选项卡；<br>单击“行间连接”子选项卡，将“大行间连接方式”设置为直接连接；<br>如图 C-3-26 所示。</td><td>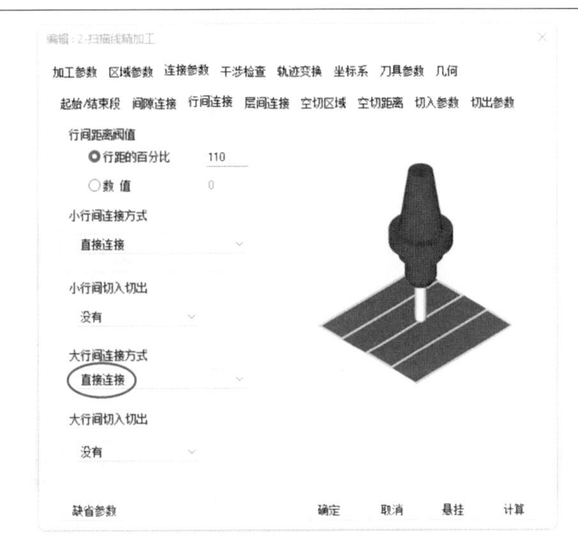<br><br>图 C-3-26　行间连接的设置</td></tr>
<tr><td>单击“刀具参数”选项卡；<br>单击“刀库”命令，选择 2 号 $\Phi 4$ 球刀；<br>单击“几何”选项卡；<br>单击“加工曲面”命令；<br>如图 C-3-27 所示。</td><td>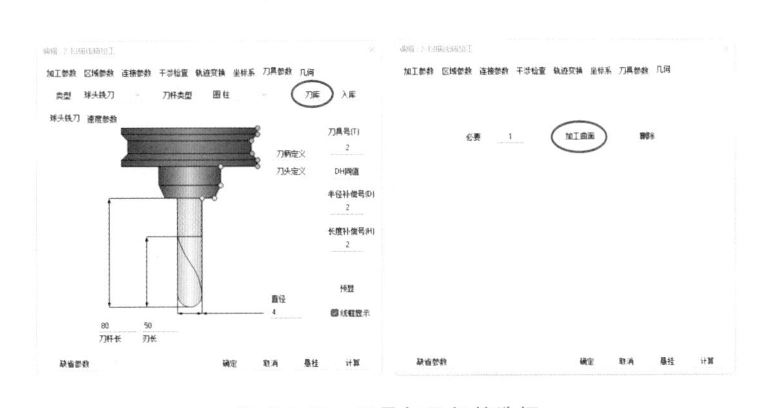<br><br>图 C-3-27　刀具与几何的选择</td></tr>
<tr><td>弹出“面拾取工具”对话框：<br>以“零件”的拾取方式，选择(5)提取的曲面；<br>如图 C-3-28 所示。</td><td><br><br>图 C-3-28　选择曲面</td></tr>
</table>

续表

| 轨迹生成操作要点 | 轨迹生成操作简图 |
| --- | --- |
| 单击“确定”完成生成刀轨，如图 C-3-29 所示。 | 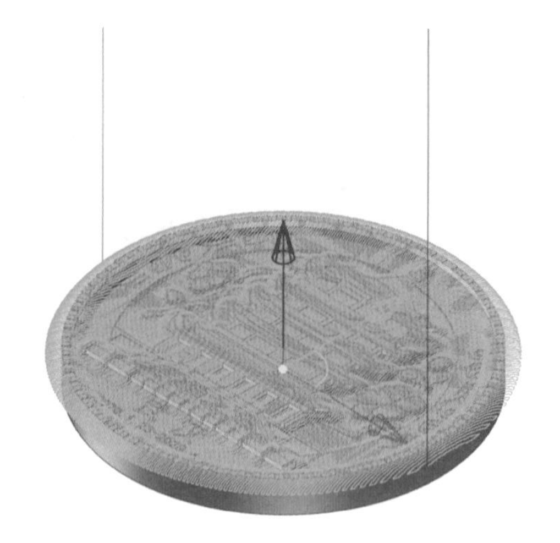<br>图 C-3-29　粗加工刀轨 |
| （7）半精加工<br>复制两份“2-扫描线精加工”程序，用于半精加工和精加工的继续编程，如图 C-3-30 所示。<br>双击“3-扫描线精加工”程序→“加工参数”选项卡，如图 C-3-30 所示。 | 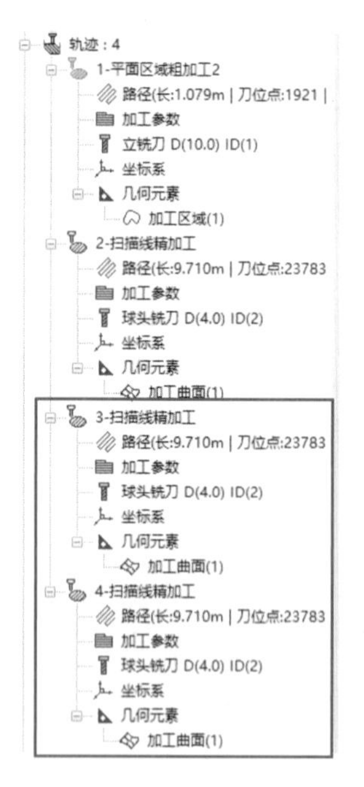<br>图 C-3-30　复制的扫描线精加工程序 |

续表

<table>
<tr><th>轨迹生成操作要点</th><th>轨迹生成操作简图</th></tr>
<tr><td>弹出“编辑:扫描线精加工”对话框：<br>将“轴向余量”修改为0.05；<br>将“最大行距”修改为0.18；<br>将“与Y轴夹角”设置为45°；<br>如图C-3-31所示。</td><td>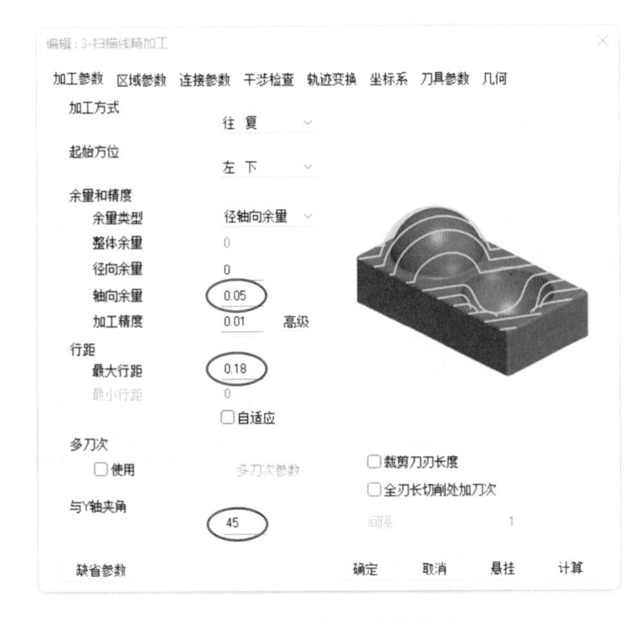

图 C-3-31　加工参数修改</td></tr>
<tr><td>单击“刀具参数”选项卡；<br>单击“刀库”命令，选择3号Φ2球刀；<br>如图C-3-32所示。</td><td>

图 C-3-32　刀具修改</td></tr>
</table>

续表

| 轨迹生成操作要点 | 轨迹生成操作简图 |
| --- | --- |
| 单击“确定”完成生成刀轨，如图 C-3-33 所示。 | 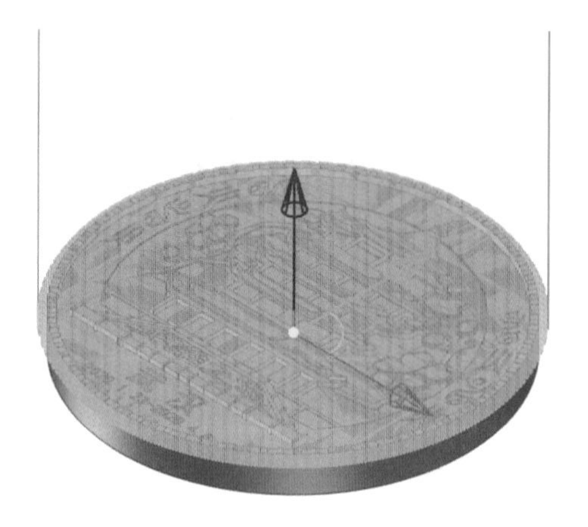<br>图 **C-3-33**　半精加工刀轨 |
| (8) 半精加工<br>如图 C-3-30 一样，双击“4-扫描线精加工”程序→“加工参数”选项卡，弹出“编辑：扫描线精加工”对话框：<br>将“轴向余量”修改为 0；<br>将“最大行距”修改为 0.12；<br>将“与 Y 轴夹角”修改为 90°；<br>如图 C-3-34 所示。 | 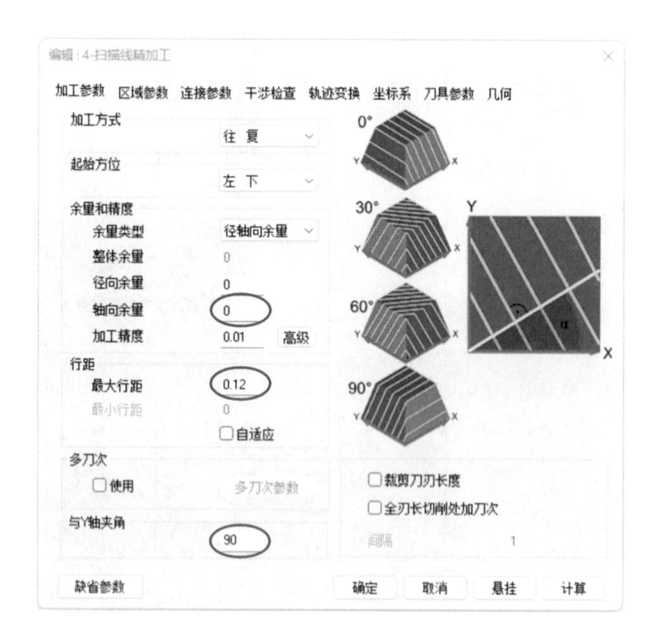<br><br>图 **C-3-34**　加工参数修改 |

| 轨迹生成操作要点 | 轨迹生成操作简图 |
| --- | --- |
| 单击“刀具参数”选项卡；<br>单击“刀库”命令，选择4号Φ1球刀；<br>如图C-3-35所示。 | <br><br>图 C-3-35　刀具修改 |
| 单击“确定”完成生成刀轨，如图C-3-36所示。 | 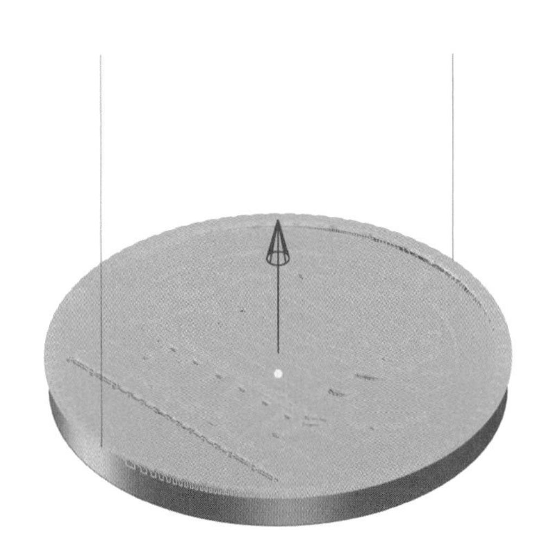<br>图 C-3-36　精加工刀轨 |
| (9) 雕字<br>单击“二轴”功能区→“切割加工”功能，如图C-3-37所示。 | 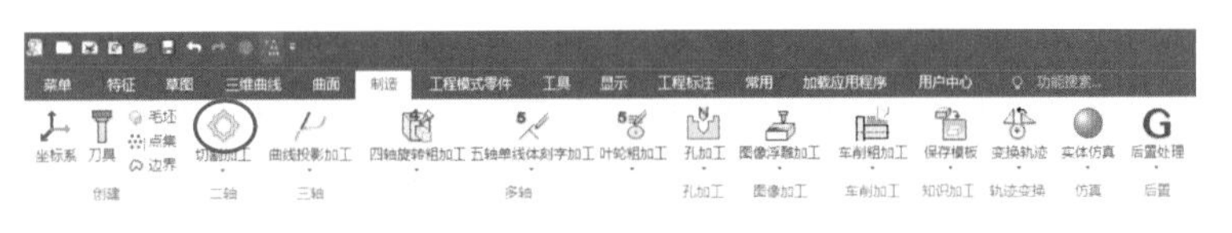<br><br>图 C-3-37　“切割加工”功能 |

<table>
<tr><th>轨迹生成操作要点</th><th>轨迹生成操作简图</th></tr>
<tr><td>弹出“创建：切割加工”对话框：<br>将“顶层高度”设置为2.15；<br>将“底层高度”设置为2.1；<br>如图C-3-38所示。</td><td>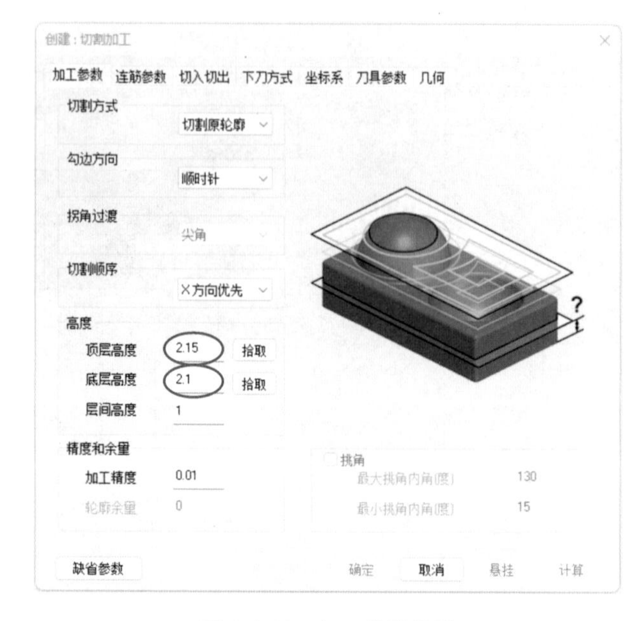<br><br>图 C-3-38　加工参数设置</td></tr>
<tr><td>单击“刀具参数”选项卡；<br>单击“刀库”命令，选择5号$\Phi$0.2立铣刀（实为$\Phi$0.2雕刻刀）；<br>如图C-3-39所示。</td><td>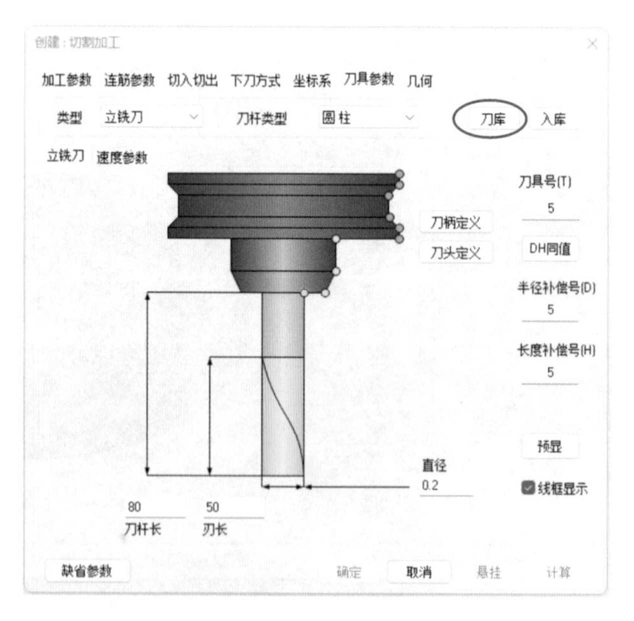<br><br>图 C-3-39　刀具的选择</td></tr>
</table>

续表

<table>
<tr><th>轨迹生成操作要点</th><th>轨迹生成操作简图</th></tr>
<tr><td>单击“几何”选项卡；<br>单击“图案轮廓”命令；<br>如图 C-3-40 所示</td><td>

图 C-3-40　几何的选择</td></tr>
<tr><td>弹出“轮廓拾取工具”对话框：<br>以“面的内外环”的方式，拾取需加工的轮廓；<br>如图 C-3-41 所示。</td><td>

图 C-3-41　轮廓的拾取</td></tr>
</table>

续表

| 轨迹生成操作要点 | 轨迹生成操作简图 |
| --- | --- |
| 单击“确定”完成生成刀轨，如图 C-3-42 所示。<br><br>完成全部刀轨的编制。 | 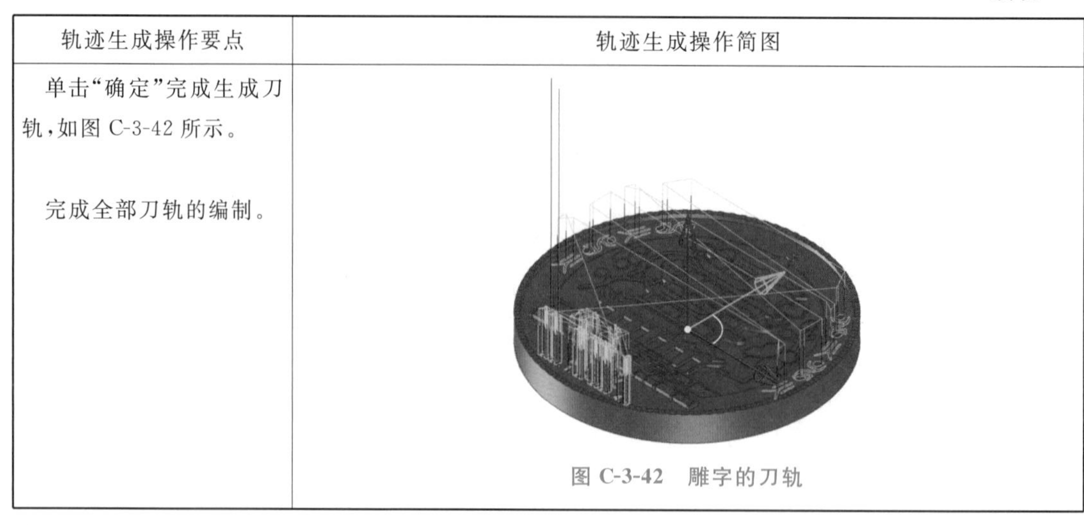<br>图 C-3-42　雕字的刀轨 |

### 工作步骤 4 【仿真加工】

徽章的仿真加工操作如表 C-3-4 所示。

表 C-3-4　徽章的仿真加工操作

| 仿真加工的操作要点 | 仿真加工操作简图 |
| --- | --- |
| 单击“仿真”功能区→“实体仿真”功能，如图 C-3-43 所示。<br><br>弹出“实体仿真”对话框：<br>将“轨迹”拾取为 2-5 号程序；<br>将“仿真坐标系”拾取为坐标系 1；<br>将“毛坯”拾取为圆柱体毛坯(按住 CTRL 可多选，右键确认结束拾取)；<br>如图 C-3-44 所示。 | 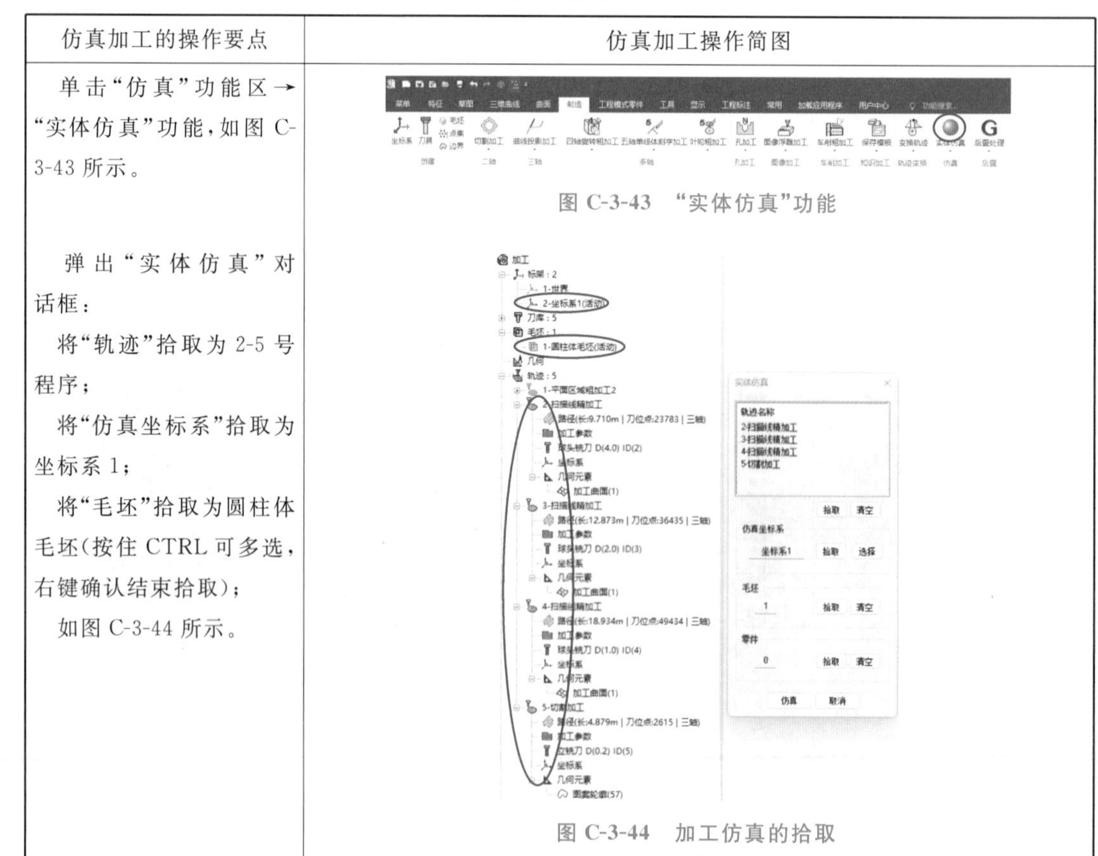<br>图 C-3-43　“实体仿真”功能<br><br>图 C-3-44　加工仿真的拾取 |

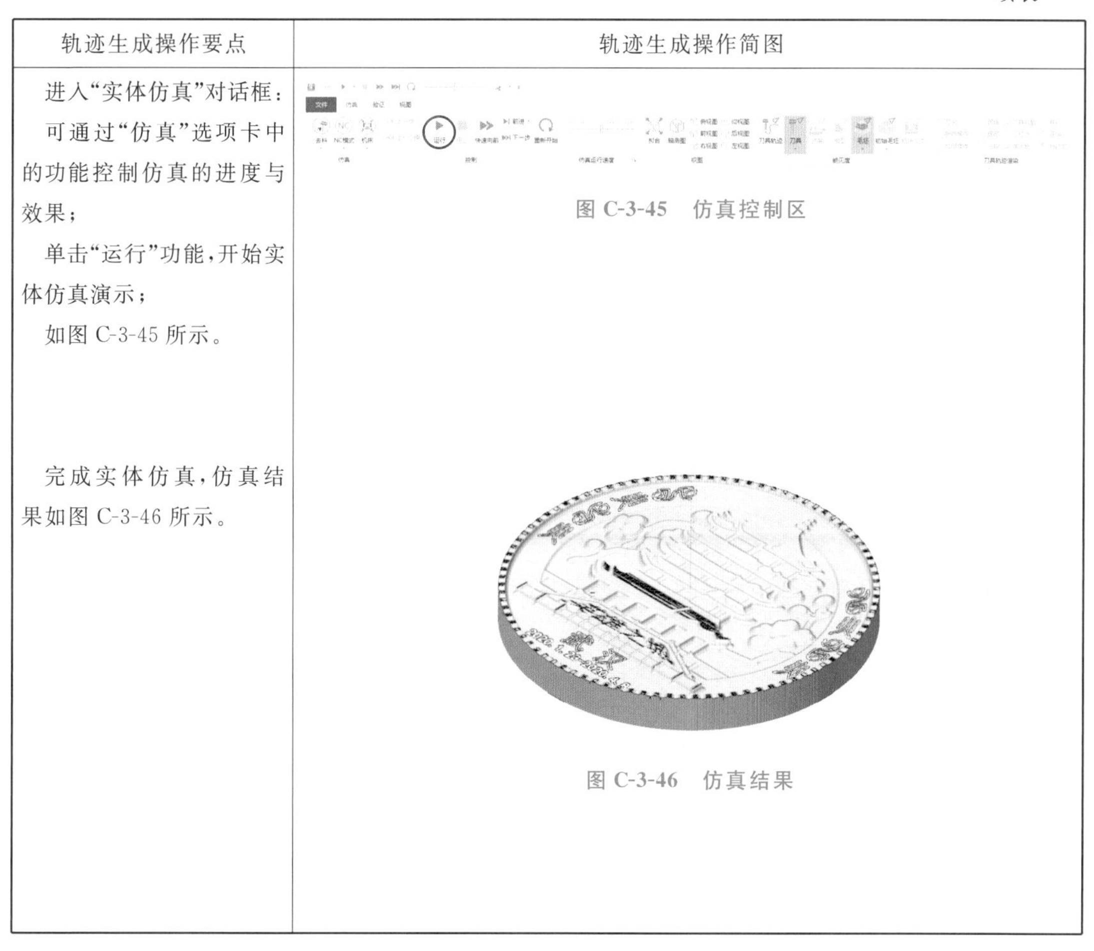

| 轨迹生成操作要点 | 轨迹生成操作简图 |
| --- | --- |
| 进入“实体仿真”对话框：<br>可通过“仿真”选项卡中的功能控制仿真的进度与效果；<br>单击“运行”功能，开始实体仿真演示；<br>如图 C-3-45 所示。 | 图 C-3-45　仿真控制区 |
| 完成实体仿真，仿真结果如图 C-3-46 所示。 | 图 C-3-46　仿真结果 |

## 工作步骤 5　【后置处理】

徽章程序输出后置处理如表 C-3-5 所示。

表 C-3-5　徽章程序输出后处理操作

| 后置处理操作要点 | 程序输出后置处理操作简图 |
| --- | --- |
| 单击“后置”功能区→“后置处理”功能；如图 C-3-47所示。 | 图 C-3-47　“后置处理”功能 |

续表

<table>
<tr><th>后置处理操作要点</th><th>轨迹生成操作简图</th></tr>
<tr><td>弹出“后置处理”对话框：<br>将“轨迹”拾取为1-平面区域粗加工2(根据需输出的程序进行选择)；<br>将“机床坐标系”拾取为坐标系1；<br>将“控制系统”设置为Fanuc；<br>将“设备配置”设置为铣加工中心_3X(根据实际机床类型与系统类型进行选择)；<br>单击“后置”进行处理；<br>如图C-3-48所示。</td><td>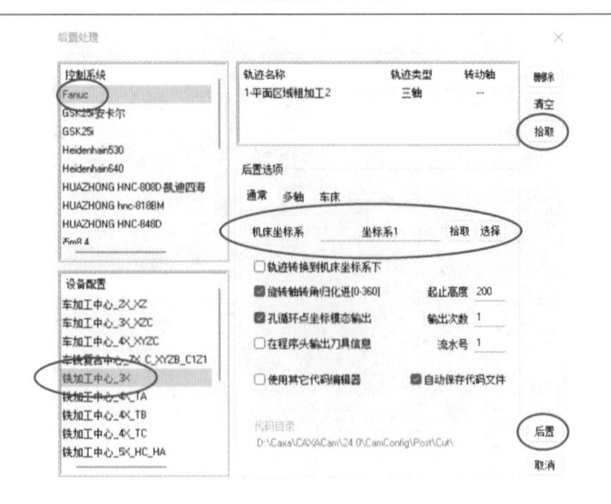

图 C-3-48　后置处理的设置</td></tr>
<tr><td>弹出“编辑”对话框，点击“另存文件”功能，如图C-3-49所示。</td><td>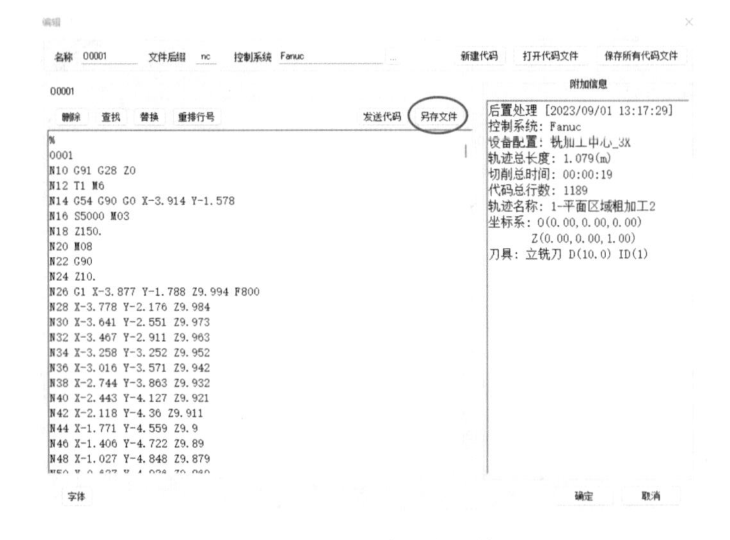

图 C-3-49　另存程序文件</td></tr>
<tr><td>弹出“另存为”对话框：<br>将“文件名”修改为对应的名称；<br>将“保存类型”设置为NC文件；<br>保存文件到对应的文件夹中；<br>如图C-3-50所示。</td><td>

图 C-3-50　另存为文件</td></tr>
</table>

### 工作步骤 6 【机床操作】

准备好加工准备表所需的物品，如图 C-3-51 所示。

图 C-3-51 准备所需物品

图 C-3-52 软钳口中间放置一块垫铁

将虎钳上原装的硬钳口换成一副铝制软钳口，并将虎钳安装在机床上。将软钳口中间放置一块垫铁，垫铁顶部和软钳口顶部的距离大于 5 mm，锁紧虎钳，如图 C-3-52 所示。

在机床主轴装上一把直径较小的刀具，将刀具移动至软钳口中间位置（Y 方向在虎钳钳口间隙内即可）。将此处的 XY 坐标录入到 G54 坐标中，Z 坐标对刀至软钳口顶面即可，如图 C-3-53 所示。

运行“加工 软钳”程序，加工出圆片毛坯的夹持位置。取出垫铁，将圆片毛坯放置对应的夹持区域内，并锁紧虎钳（夹持力无需太大），如图 C-3-54 所示。

图 C-3-53 G54 对刀操作

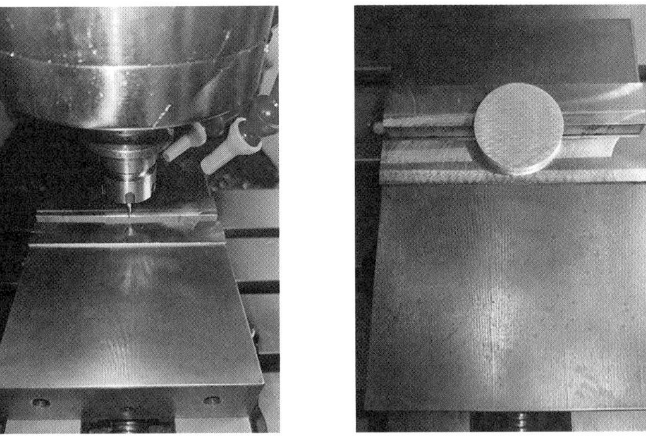

图 C-3-54 夹持圆片毛坯

运行“徽章加工”程序，完成徽章的全部加工。

工作步骤 7 【任务评价】

| 项目 | 自我评价 | | | 教师评价 | | |
|---|---|---|---|---|---|---|
| 创建刀具 | □完成 | □基本完成 | □需要再学习 | □好 | □较好 | □一般 |
| 创建几何体 | □完成 | □基本完成 | □需要再学习 | □好 | □较好 | □一般 |
| 平面铣 | □完成 | □基本完成 | □需要再学习 | □好 | □较好 | □一般 |
| 固定轮廓铣 | □完成 | □基本完成 | □需要再学习 | □好 | □较好 | □一般 |
| 机床仿真 | □完成 | □基本完成 | □需要再学习 | □好 | □较好 | □一般 |
| 后处理 | □完成 | □基本完成 | □需要再学习 | □好 | □较好 | □一般 |

## 任务小结

本任务综合运用了刀具、提取曲面、平面区域粗加工、扫描线精加工、实体仿真、后置处理及程序复制粘贴等功能的操作技巧。

# 任务 C-4　徽章 3D 打印制作

## 任务目标

根据图 C-4-1 所示的徽章模型,完成徽章产品的 3D 打印。

图 C-4-1　徽章模型

## 实施要点

通过旋转、支撑设置、切片设置、移动、切片等功能 ,完成徽章的 3D 打印制作。

## 实施步骤

工作步骤 1:完成任务 C-4 的【打印准备】。

工作步骤 2:完成任务 C-4 的【编程步骤】。

工作步骤 3:完成任务 C-4 的【三维建模】。

工作步骤 4:完成任务 C-4 的【机床操作】。

工作步骤 5:完成任务 C-4 的【任务评价】。

## 实施过程

工作步骤 1 【打印准备】

徽章打印准备如表 C-4-1 所示。

表 C-4-1 徽章打印准备表

| 序号 | 项目 | 内容 |
|---|---|---|
| 1 | 材料 | 肤色-钢性树脂 |
| 2 | 机床 | ZY-RP300 |
| 3 | 辅具 | U 盘、电子剪钳、塑料铲、油灰刀、酒精、纸巾、小盆子、一次性手套、砂纸 |

工作步骤 2 【编程步骤】

徽章的 3D 打印编程步骤如表 C-4-2 所示。

表 C-4-2 3D 打印编程步骤表

| 序号 | 编程步骤图 | 主要功能 |
|---|---|---|
| 1 | 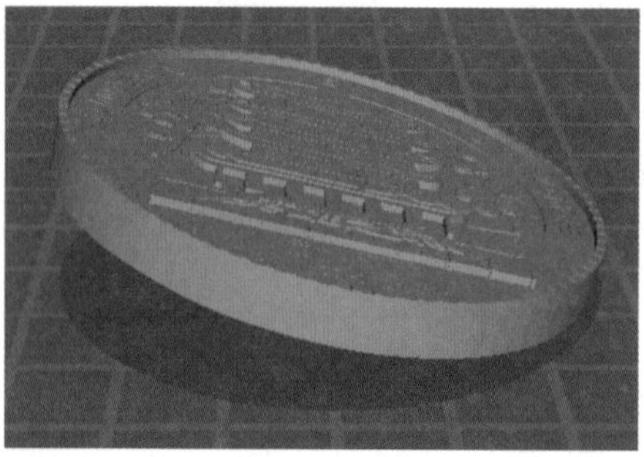 图 C-4-2 摆放角度 | 摆放一定角度，如图 C-4-2 所示 |
| 2 | 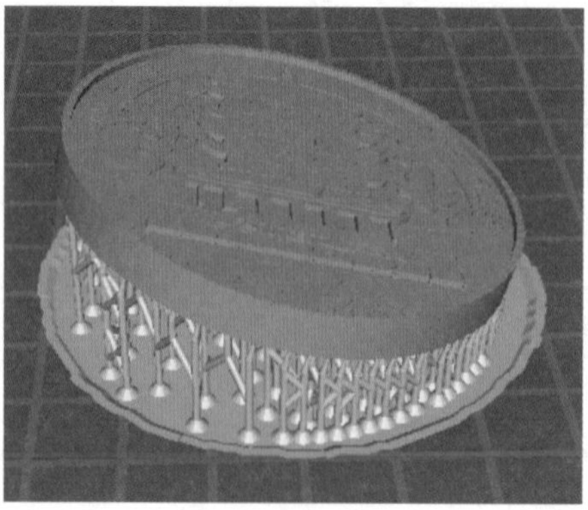 图 C-4-3 生成支撑 | 生成支撑，如图 C-4-3 所示 |

续表

| 序号 | 编程步骤图 | 主要功能 |
| --- | --- | --- |
| 3 | 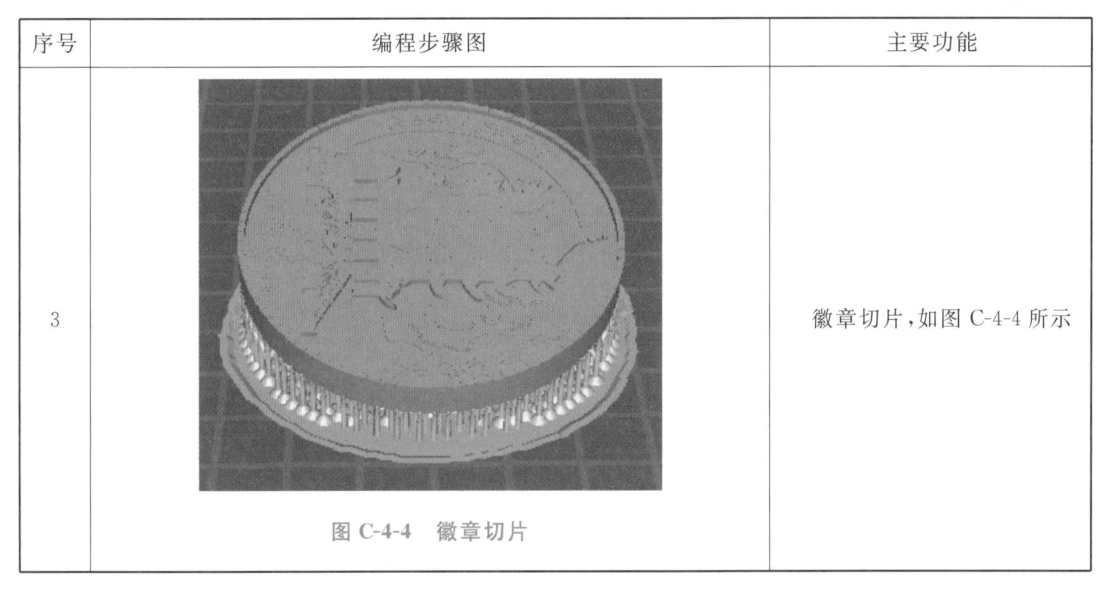<br>图 C-4-4　徽章切片 | 徽章切片，如图 C-4-4 所示 |

### 工作步骤 3　【三维建模】

徽章的三维建模操作如表 C-4-3 所示。

表 C-4-3　徽章的三维建模操作

| 轨迹生成操作要点 | 轨迹生成操作简图 |
| --- | --- |
| 单击“打开文件”功能，打开黄鹤楼徽章的 STL 格式文件，如图 C-4-5 所示。<br><br>单击“移动”→“居中”功能，将徽章放置在平台的中间，如图 C-4-6 所示。 | <br><br>图 C-4-5　“打开文件”功能<br>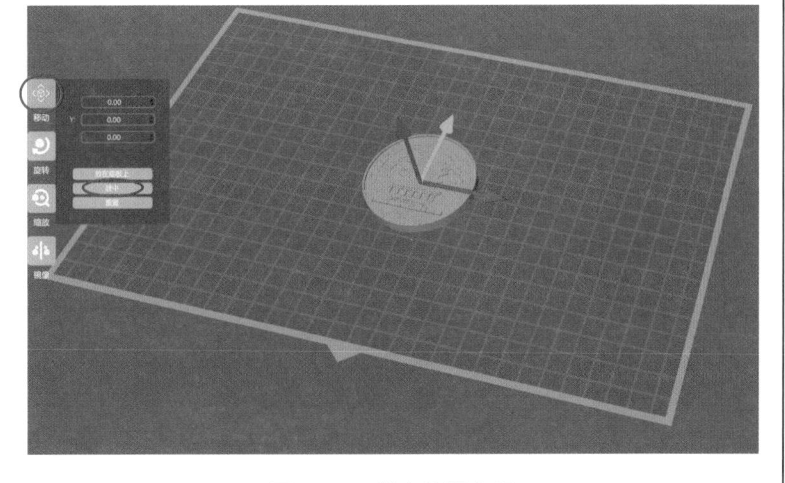<br>图 C-4-6　徽章放置中间 |

续表

<table>
<tr><th>轨迹生成操作要点</th><th>轨迹生成操作简图</th></tr>
<tr><td>单击“旋转”功能，将“Y轴”旋转 13°，如图 C-4-7 所示。</td><td>
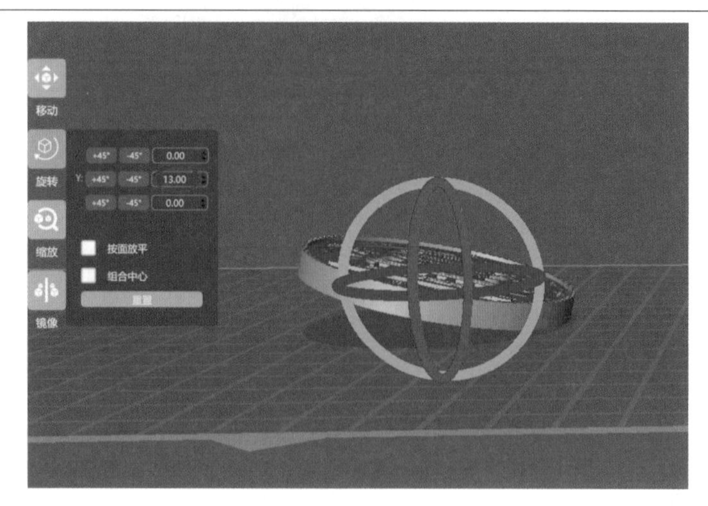

图 C-4-7　旋转 Y 轴
</td></tr>
<tr><td>点击右侧“支撑”选项卡，弹出“支撑”对话框，点击“顶部”子选项卡：<br>将“Z 抬升高度”设置为 5；<br>将“支撑设置”设置为细；<br>将“接触形状”设置为球；<br>将“接触形状直径”设置为 0.4；<br>将“接触深度”设置为 0.2；<br>将“连接形状”设置为圆锥体；<br>将“上端直径”设置为 0.3；<br>将“下端直径”设置为 0.8；<br>将“连接长度”设置为 2；<br>将“密度”设置为 50；<br>将“角度”设置为 45°；<br>如图 C-4-8 所示。<br>点击“中部”子选项卡：<br>将“形状”设置为圆柱体；<br>将“直径”设置为 0.8；<br>将“角度”设置为 70°；<br>如图 C-4-9 所示。</td><td>

图 C-4-8　支撑设置

图 C-4-9　中部的设置
</td></tr>
</table>

<table>
<tr><th>轨迹生成操作要点</th><th>轨迹生成操作简图</th></tr>
<tr><td>点击“底部”子选项卡：<br>将“平台接触形状”设置为无；<br>将“模型接触形状”设置为无；<br>如图 C-4-10 所示。<br><br>点击“底筏”子选项卡：<br>将“底筏形状”设置为滑板；<br>将“底筏面积比例”设置为 105；<br>将“底筏厚度”设置为 0.5；<br>将“底筏高度”设置为 1；<br>将“底筏坡度”设置为 30°；<br>如图 C-4-11 所示。</td><td><br><br>图 C-4-10　底部的设置<br><br><br>图 C-4-11　底筏的设置</td></tr>
<tr><td>点击“所有”功能，生成底筏和支撑，如图 C-4-12 所示。</td><td><br><br><br>图 C-4-12　生成底阀和支撑</td></tr>
<tr><td>点击“参数设置”选项卡，点击“切片设置”功能，如图 C-4-13 所示。</td><td><br><br>图 C-4-13　切片设置功能</td></tr>
</table>

续表

| 轨迹生成操作要点 | 轨迹生成操作简图 |
| --- | --- |
| 弹出“切片设置”对话框，点击“机器”子选项卡；<br>将“分辨率”的 X 设置为 3840，Y 设置为 2160；<br>将“尺寸”的 X 设置为 270，Y 设置为 165，Z 设置为 300（分辨率和尺寸需根据实际机床进行设置）；<br>如图 C-4-14 所示。 | 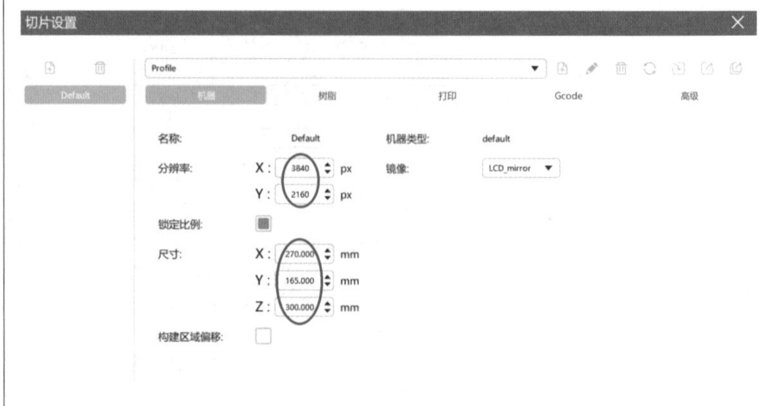<br><br>图 C-4-14　机器参数设置 |
| 点击“打印”子选项卡；<br>将“厚度”设置为 0.05；<br>将“底层数”设置为 7；<br>将“曝光时间”设置为 3.5；<br>将“过渡层数”设置为 3；<br>将“底层抬升距离”设置为 7；<br>将“抬升距离”设置为 7；<br>（打印参数需根据实际打印材料进行设置）<br>如图 C-4-15 所示。 | 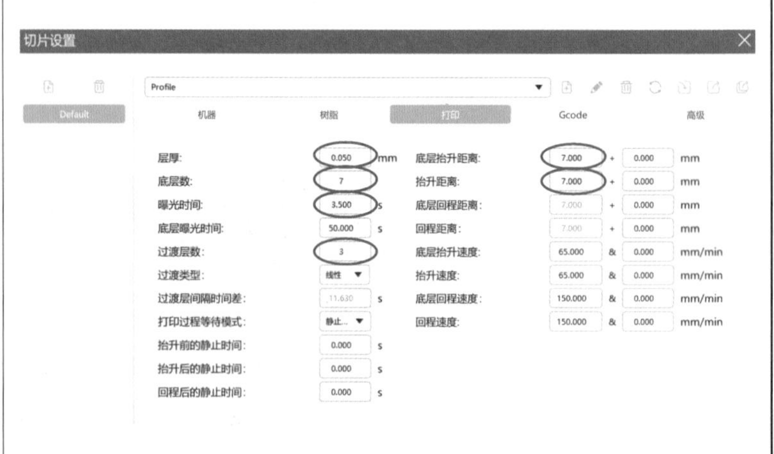<br><br>图 C-4-15　打印参数设置 |
| 点击“切片”功能，如图 C-4-16 所示。 | <br><br>图 C-4-16　切片 |

续表

<table>
<tr><th>轨迹生成操作要点</th><th>轨迹生成操作简图</th></tr>
<tr><td>点击“保存”功能，生成并保存程序，如图 C-4-17 所示。<br><br>保存格式根据实际机器选择。</td><td>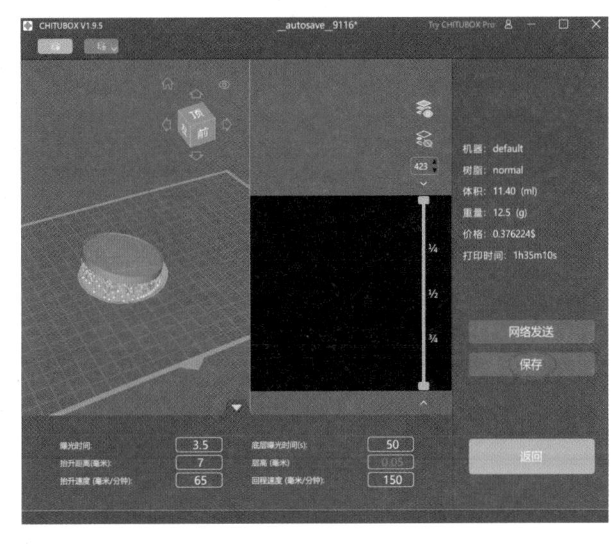

图 C-4-17　保存程序</td></tr>
</table>

工作步骤 4　【机床操作】

按打印准备表，将打印需要的物品准备齐全，如图 C-4-18 所示。

将光敏树脂在瓶中摇匀，再倒入料盘中，如图 C-4-19 所示。

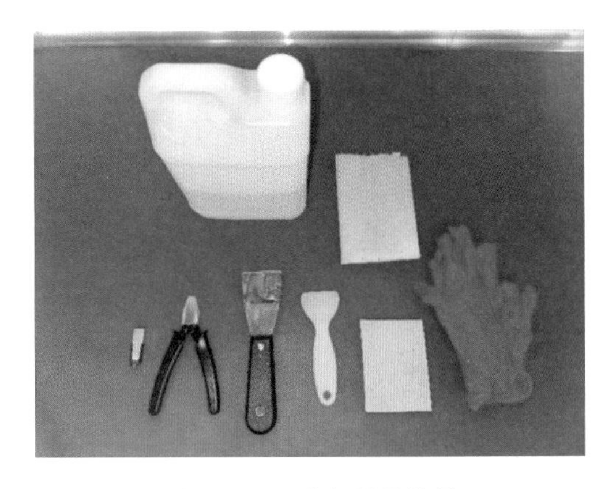

图 C-4-18　准备所需物品

图 C-4-19　树脂倒入料盘

将程序传入 U 盘，再将 U 盘插入机器，打开程序，运行即可，如图 C-4-20 所示。

打印完毕，使用油灰刀铲下徽章。带上一次性手套，在盆中使用酒精进行初步清洗，使用电子钳拆除底部支撑，继续使用酒精进行二次清洗，如图 C-4-21 所示。

清洗完后的徽章，放入紫外灯烤箱进行固化，如图 C-4-22 所示。

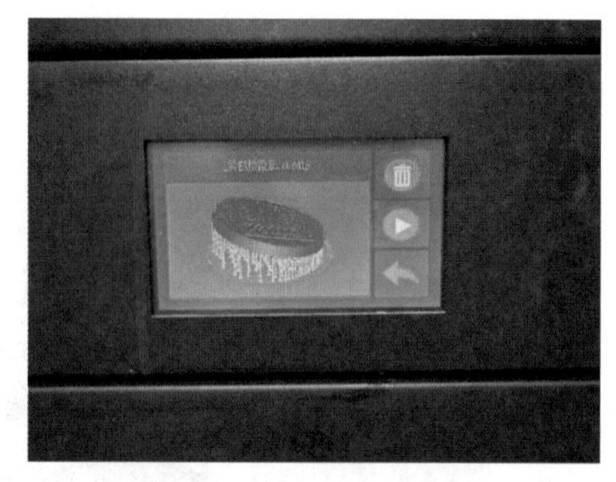

图 C-4-20　运行程序

图 C-4-21　清洗徽章

图 C-4-22　固化徽章

使用砂纸对徽章不平整位置进行简单抛光，如图 C-4-23 所示。

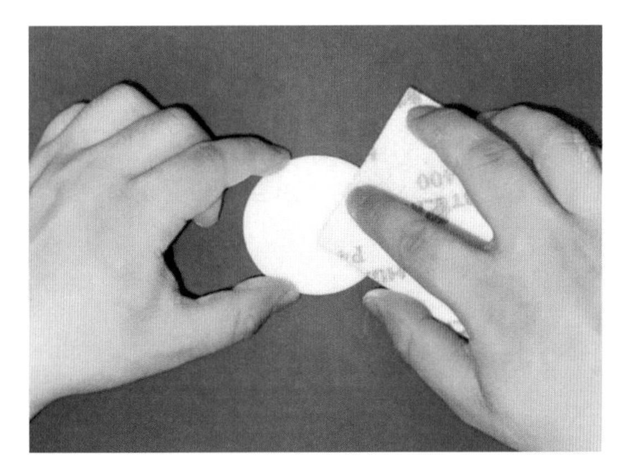

图 C-4-23　徽章抛光

工作步骤 5　【任务评价】

| 项目 | 自我评价 | | | 教师评价 | | |
|---|---|---|---|---|---|---|
| 模型位置角度 | □完成 | □基本完成 | □需要再学习 | □好 | □较好 | □一般 |
| 支撑设计 | □完成 | □基本完成 | □需要再学习 | □好 | □较好 | □一般 |
| 打印参数 | □完成 | □基本完成 | □需要再学习 | □好 | □较好 | □一般 |
| 支撑拆除 | □完成 | □基本完成 | □需要再学习 | □好 | □较好 | □一般 |
| 清洗结果 | □完成 | □基本完成 | □需要再学习 | □好 | □较好 | □一般 |
| 抛光结果 | □完成 | □基本完成 | □需要再学习 | □好 | □较好 | □一般 |

## 任务小结

本任务综合运用了移动、旋转、支撑设置、切片等功能，可尝试通过修改摆放角度、支撑样式和打印参数，优化打印的时间和打印质量。

# 任务 C-5　徽章激光内雕制作

## 任务目标

根据图 C-5-1 所示的徽章模型，完成如图 C-5-2 所示徽章的加工。

图 C-5-1　徽章模型

图 C-5-2　徽章水晶

## 实施要点

通过算点、电压、雕刻等功能，完成徽章水晶的设计与雕刻。

## 实施步骤

工作步骤 1：完成任务 C-5 的【内雕准备】。
工作步骤 2：完成任务 C-5 的【内雕步骤】。
工作步骤 3：完成任务 C-5 的【三维建模】。
工作步骤 4：完成任务 C-5 的【任务评价】。

## 实施过程

### 工作步骤 1 【内雕准备】

徽章内雕准备如表 C-5-1 所示。

表 C-5-1 徽章内雕准备表

| 序号 | 项目 | 内容 |
|---|---|---|
| 1 | 毛坯 | 31×31×11 mm 六方水晶块 |
| 2 | 机床 | TY-EG-403010 |
| 3 | 量具 | 游标卡尺 |
| 4 | 辅具 | 纸巾 |

### 工作步骤 2 【内雕步骤】

徽章内雕步骤如表 C-5-2 所示。

表 C-5-2 徽章内雕步骤

| 主要功能 | 工序简图 |
|---|---|
| 1. 调整徽章尺寸<br>如图 C-5-3 所示 | 图 C-5-3 调整尺寸 |

续表

| 主要功能 | 工序简图 |
| --- | --- |
| 2. 生成点文件<br>如图 C-5-4 所示 | 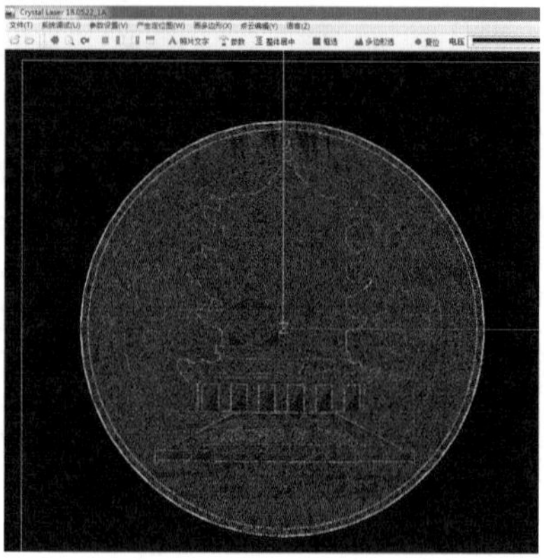 图 C-5-4 生成点文件 |
| 3. 设置打点参数<br>如图 C-5-5 所示 | 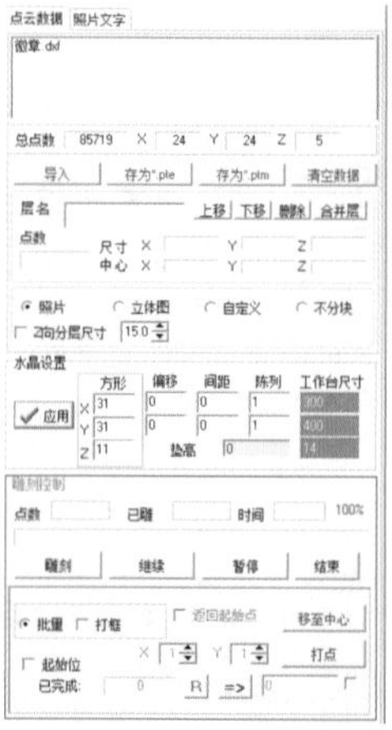 图 C-5-5 设置参数 |
| 4. 雕刻水晶<br>如图 C-5-6 所示 |  图 C-5-6 雕刻水晶 |

## 工作步骤 3 【三维建模】

徽章的三维建模操作如表 C-5-3 所示。

表 C-5-3 徽章的三维建模操作

| 轨迹生成操作要点 | 轨迹生成操作简图 |
| --- | --- |
| (1) 调整徽章尺寸<br>双击“算点・快捷方式”软件图标，如图 C-5-7 所示。 | 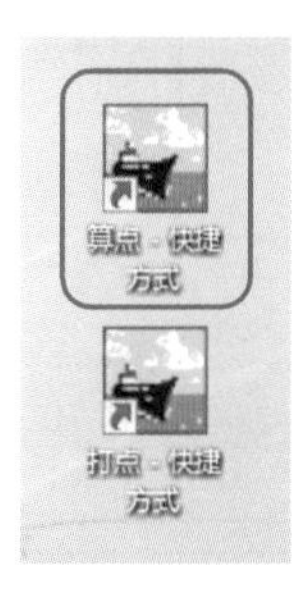<br><br>图 C-5-7 “算点・快捷方式”软件 |
| 弹出“算点”软件对话框；单击“打开”功能，打开黄鹤楼徽章的 DXF 格式文件；如图 C-5-8 所示。 | 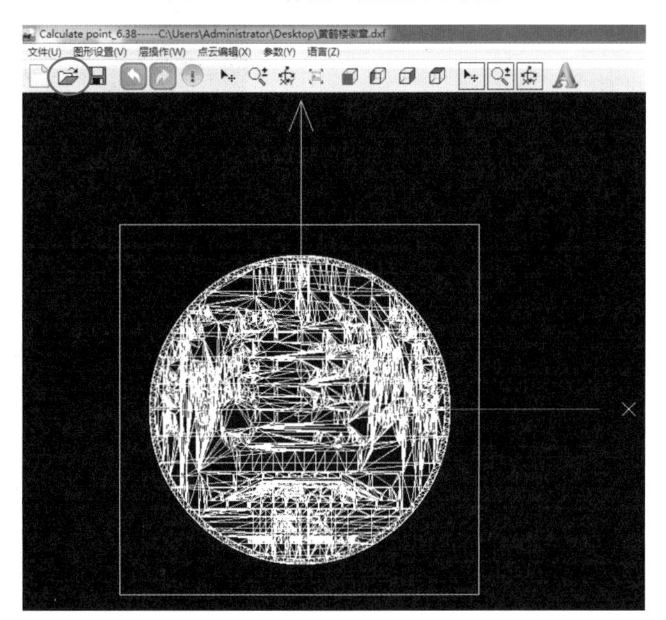<br><br>图 C-5-8 打开黄鹤楼文件 |
| 单击“图像设置”选项卡→“基本设置”功能，如图 C-5-9 所示。 | 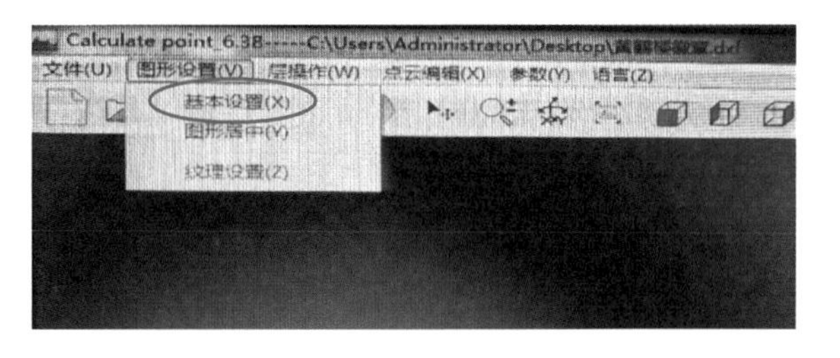<br><br>图 C-5-9 “基本设置”功能 |

| 轨迹生成操作要点 | 轨迹生成操作简图 |
| --- | --- |
| 弹出“Setting”对话框：<br>将“Lock”去除勾选；<br>将“Scale X”设置为 48；<br>将“Scale Y”设置为 48；<br>将“ScaleZ”设置为 100；<br>(以上为模型尺寸缩放)<br>将“Size X”设置为 31；<br>将“Size Y”设置为 31；<br>将“Size Z”设置为 11；<br>(以上为水晶毛坯尺寸)<br>如图 C-5-10 所示。 | 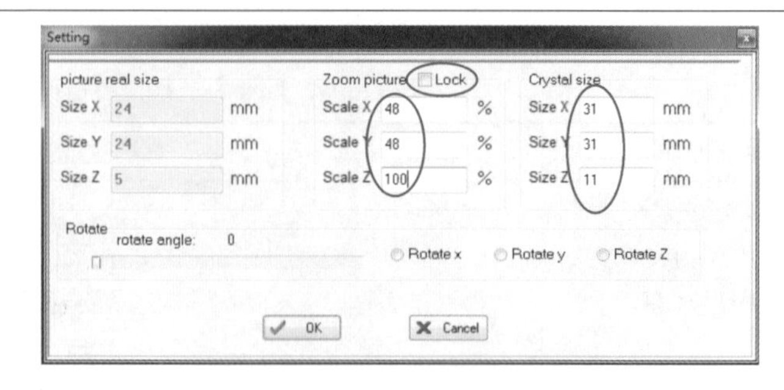<br>图 C-5-10　模型与水晶尺寸设置 |
| (2) 生成点文件<br>单击“鼠标清零”功能图标；<br>等待片刻，将模型转换为点；<br>如图 C-5-11 所示。<br><br>单击“保存点云”功能，另存为徽章. DXF 文件；如图 C-5-12 所示。 | 图 C-5-11　“鼠标清零”功能<br>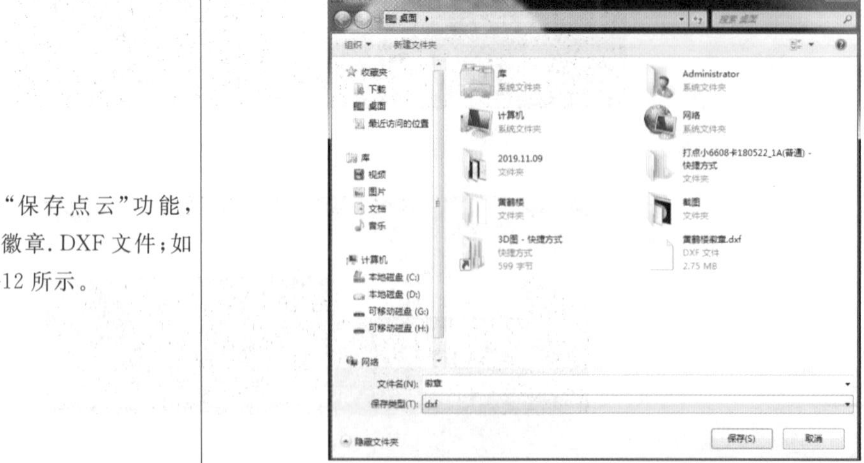<br>图 C-5-12　保存点云文件 |

续表

<table>
<tr><th>轨迹生成操作要点</th><th>轨迹生成操作简图</th></tr>
<tr><td>(3) 设置打点参数<br>将激光内雕机“驱动”和“激光”开启，如图 C-5-13 所示。<br><br>双击“打点 · 快捷方式”软件图标，如图 C-5-14 所示。<br><br>弹出“打点”软件对话框，打开“徽章. DXF”点云文件，如图 C-5-15 所示。</td><td>
<br>图 C-5-13　开启“驱动”和“激光”<br>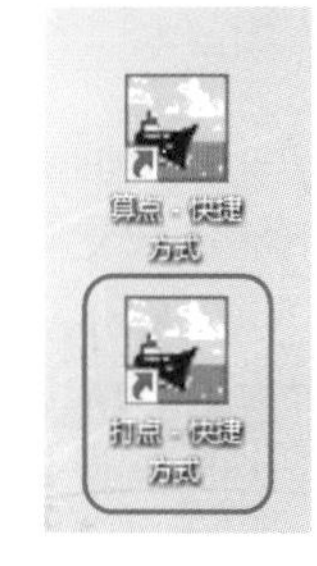
<br>图 C-5-14　“打点”软件<br>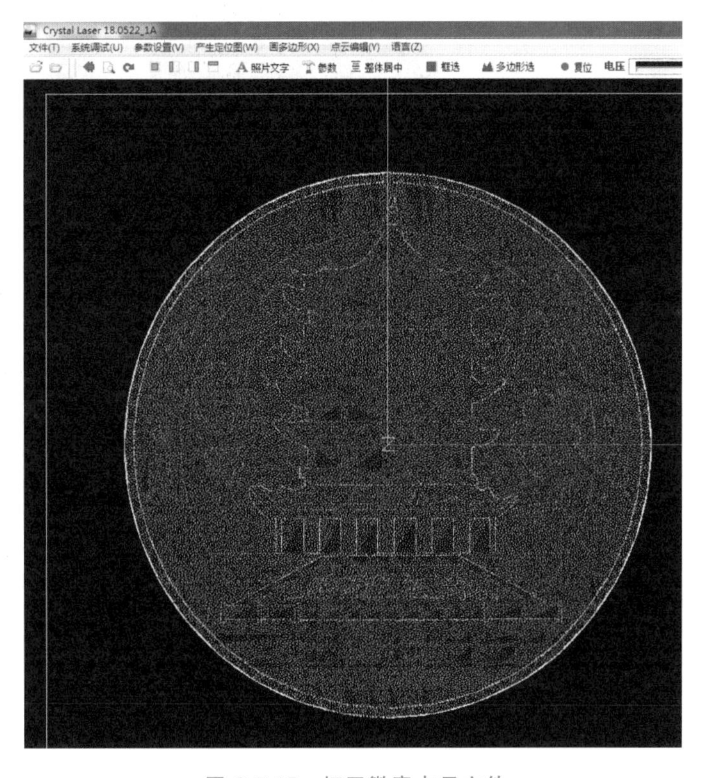
<br>图 C-5-15　打开徽章点云文件</td></tr>
</table>

<table>
<tr><th>轨迹生成操作要点</th><th>轨迹生成操作简图</th></tr>
<tr><td>将“电压”设置为 12 V，如图 C-5-16 所示。</td><td><br>图 C-5-16　设置电压</td></tr>
<tr><td>单击“复位”功能，激光内雕机开始进行复位运动，如图 C-5-17 所示。<br>将“水晶设置”功能区中“方形”尺寸的 X 设置为 31，Y 设置为 31，Z 设置为 11（根据实际水晶尺寸设置），如图 C-5-18 所示。</td><td><br>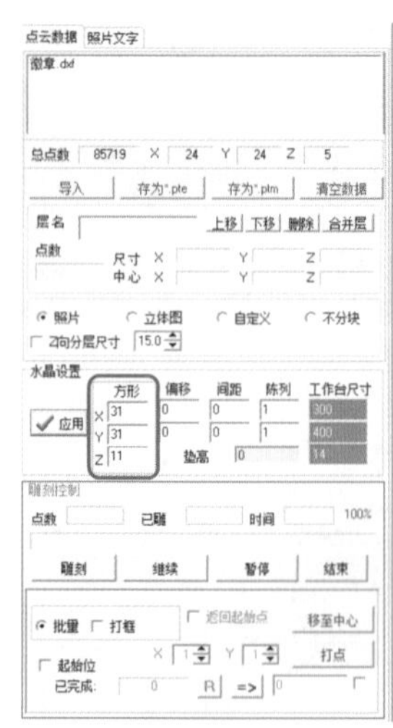<br>图 C-5-17　复位中的机器　　图 C-5-18　水晶尺寸设置</td></tr>
<tr><td>（4）雕刻水晶<br>将水晶表面擦拭干净，放置平台右上角，如图 C-5-19 所示。</td><td><br>图 C-5-19　放置水晶</td></tr>
</table>

<table>
<tr><th>轨迹生成操作要点</th><th>轨迹生成操作简图</th></tr>
<tr><td>单击“雕刻控制”功能区→“雕刻”功能，如图C-5-20所示。</td><td>
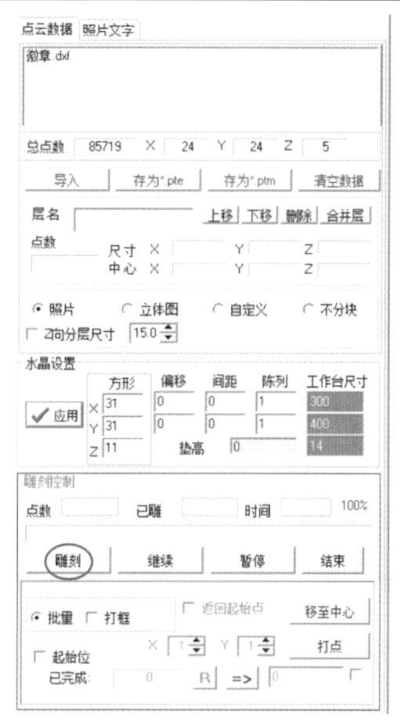

图 C-5-20 “雕刻”功能
</td></tr>
<tr><td>激光内雕开始雕刻，如图 C-5-21 所示。</td><td>

图 C-5-21 雕刻中的机器
</td></tr>
<tr><td>雕刻完成，取出水晶，如图 C-5-22 所示。</td><td>

图 C-5-22 雕刻完成的水晶
</td></tr>
</table>

工作步骤 4 【任务评价】

| 项目 | 自我评价 | | | 教师评价 | | |
|---|---|---|---|---|---|---|
| 尺寸设置 | □完成 | □基本完成 | □需要再学习 | □好 | □较好 | □一般 |
| 点云转换 | □完成 | □基本完成 | □需要再学习 | □好 | □较好 | □一般 |
| 打点参数 | □完成 | □基本完成 | □需要再学习 | □好 | □较好 | □一般 |
| 雕刻结果 | □完成 | □基本完成 | □需要再学习 | □好 | □较好 | □一般 |

## 任务小结

本任务综合运用了软件的各种功能，完成水晶徽章的设计与制作，水晶雕刻的质量与水晶的大小、水晶的透明度、点云的数量、摆放的角度和电压的大小等参数均有关，可尝试雕刻不同的模型与图片，提高对激光内雕的理解。

# 参考文献

[1] 陈根.工业设计看这本就够了[M].北京:化学工业出版社,2019.

[2] 徐勇民.快题设计的程序与表现方法[M].武汉:湖北长江出版社,2009.

[3] 欧阳超英,葛菲.快速掌握图形创意设计诀窍[M].武汉:湖北美术出版社,2007.

[4] 欧阳超英,江南.快速掌握设计诀窍[M].武汉:湖北美术出版社,2006.

[5] 梁宁.梁宁·增长思维 30 讲[OL].2023.9.10.https://www.dedao.cn/course/detail?id=D75xge6dAqWVpPasOOVYRzmGO14jPZ.